한치의 의심도 없는
진화이야기

KB254014

옮긴이 김명주

성균관대 생물학과와 이화여대 통번역대학원을 졸업했으며, 현재 전문번역가로 활동하고 있다. 그동안 옮긴 책으로는『생명 최초의 30억 년: 지구에 새겨진 진화의 발자취』(2007년 과학기술부 인증 우수과학도서)를 비롯해『메이팅 마인드』,『용－서양의 괴물 동양의 반짝이는 신』,『사용 설명서－술』,『데카르트의 비밀노트』,『위험한 호기심』등이 있다.

Making of the Fittest: DNA and the Ultimate Forersic Record of Evolution

Copyright © 2006 by Sean B. Carroll ALL RIGHT RESERVE

Korean translation edition © Chiho Publishing House, 2008
Published by arrangement with Sean B. Carroll via Duran Kim Agency, Seoul

MAKING OF THE FITTEST

한 치의 의심도 없는 진화 이야기

DNA와 진화의 확고한 증거들

션 B. 캐럴 지음 | 김명주 옮김

지호

| **차례** |

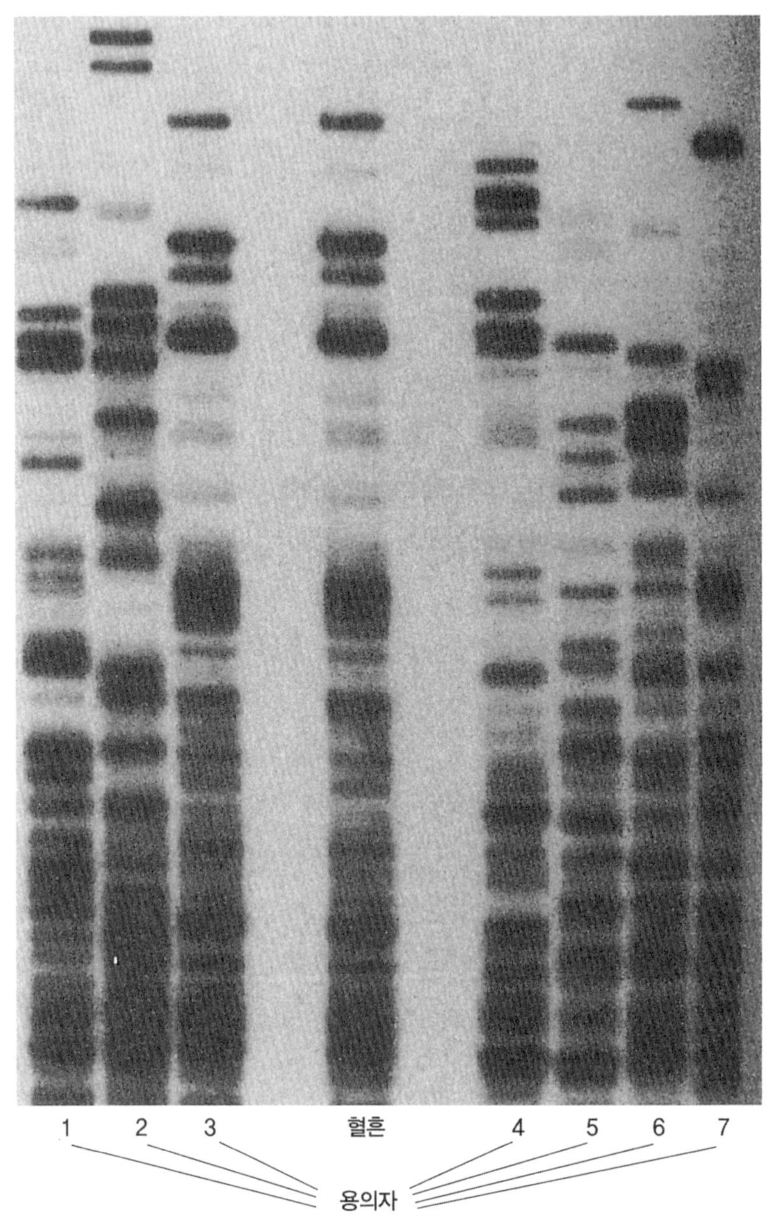

과학수사의 DNA 분석 각 줄의 띠 패턴은 범죄현장에서 나온 샘플과 용의자들의 DNA '프로필' 이다. 혈흔 DNA는 용의자 3번의 DNA하고만 일치한다. 사진: 셀마크 다이어그노틱스 사(社)

'한 치의 의심도 남지 않도록'

· · · · · · · · · · · ·

| 사실은 부인한다고 사라지는 것이 아니다. 올더스 헉슬리

1979년, 임신 9개월이었던 다이애나 그린은 심한 구타를 당했고, 뱃속의 태아는 유산되었다. 그녀는 기억상실증에 걸렸으며 재판정에서 본인의 이름 철자도 말하지 못했지만, 범인이 남편 케빈 그린이라고 증언했다. 케빈 그린은 살인 및 살인미수 죄로 유죄판결을 받았다.

1996년, 캘리포니아 주 법무부 소속 실험실 연구원들은 17년 전의 살인현장에서 나온 증거를 가지고 DNA 분석을 했다. 현장에서 나온 시료의 DNA를 그린의 DNA와 비교하고, 새로 만들어진 범죄자 데이터베이스와 비교한 결과, 17년 전의 시료에서 채취한 DNA는 그린의 DNA가 아니라는 사실이 밝혀졌다. 그 DNA 시료와 또 다른 네 건의 살인사건에서 채취한 DNA 시료는 당시 가석방 위반으로 복역

중이던 제럴드 파커의 것으로 드러났다. DNA 증거를 들이대자 파커는 죄를 자백했고 (그리고 사형선고를 받았다), 그린은 저지르지도 않은 범죄로 인한 16년간의 복역을 끝내고 출옥했다.

머리카락이나 지문 분석보다 정확하고 엄밀하며, 증인의 증언보다도 믿을 만한 DNA 분석은 범죄현장에 누가 있었는지, 혹은 있지 않았는지에 대한 결정적인 증거이다. DNA 증거의 위력과 케빈 그린과 같은 사례들은 사법재판 시스템에 혁명을 불러왔으며, 범인을 가려내고 결백한 사람을 풀어주기 위한 용도로 DNA 검사가 널리 쓰이게 되었다. 수십 년 전의 '영구미제사건'을 포함하여 과거에 미결로 남았던 수많은 범죄들이 현재 순조롭게 해결되고 있으며 또한 무죄로 풀려나는 경우도 늘어나고 있다. DNA 검사를 바탕으로 무죄증명을 지원하는 공익단체 결백프로젝트의 보고에 따르면 미국에서 지난 13년 동안 150명의 재소자들이 무죄를 입증받아 풀려났으며, 이 가운데는 사형을 받을 뻔한 사람들도 다수 포함되어 있었다.

DNA 검사는 사법제도 외의 다른 곳에서도 위력을 발휘한다. 친자확인과 유전병 검사도 DNA 과학 덕분에 가능한 일이다. 하지만 유독 한 곳에만 DNA의 위력이 통하지 않는데, 바로 우리가 철학적 영역이라고 부르는 분야다.

사람마다 DNA 서열이 다르듯이, 모든 종은 각기 다른 DNA 서열을 가지고 있다. 겉모습에서 소화기관에 이르기까지 종들 사이의 진화적 변화들은 모두 DNA의 변화 때문에 일어나며 그 변화는 DNA에 기록되어 있다. 종의 '부모'가 누구인지도 DNA에 기록되어 있다. 그러니까 DNA는 진화에 대한 최종적인 과학수사기록인 셈이다.

그런데 이 사실은 재미있는 아이러니를 만들어낸다. 판사와 배심원들은 DNA 증거에 근거해서 수천 명의 용의자들을 석방하고 투옥하며, 그들의 삶과 죽음을 결정한다. 그리고 미국인들은 이것을 백 퍼센트 지지하는 듯 보인다. 그러나 일반여론이라는 법정으로 옮겨가면, 미국인의 절반 넘는 비율이 생물이 진화한다는 사실을 의심하거나 완전히 부인한다. 우리는 확실히 DNA의 응용에 대해서는 거리낌이 없어도, DNA의 함의에 대해서는 그렇지 않은 것 같다.

100여 년 전에 윌리엄 베이트슨은 다윈 시대 이후에 나온 진화에 대한 중요한 책들 가운데 하나를 다음과 같은 권고의 말로 시작하고 있다. "옛 종류의 사실들이 도움이 되지 않으면 새로운 종류의 사실들을 찾아나서야 한다. 나는 이러한 새 출발의 시기가 왔음을 대부분의 자연학자들이 인식하기 시작했다고 생각한다."

DNA 과학이 일상의 구석구석까지 침투하고 있는 지금, 우리는 또다시 새 출발을 해야 할 시기, 새로운 종류의 사실들을 찾아야 할 시기를 맞이했다. 이 책의 목표는 DNA에서 나온 진화에 대한 새로운 종류의 사실들을 소개하는 것이다. 지난 몇 년 동안 생물학은 인간과 인간의 가까운 친척을 포함한 온갖 종류의 생물에서 엄청난 양의 DNA 자료를 입수했다. 20년 만에 DNA 데이터베이스는 4만 배로 불어났으며, 그 가운데 대다수가 21세기에 얻어낸 것이다. 그 수치를 찬찬히 뜯어보면, 1982년에 밝혀진 모든 종들의 DNA 염기서열은 백만 가지 형질이 채 되지 않았다. 여러분이 지금 읽고 있는 종이에 프린트를 한다면, 이 책 두께만 한 책 한 권이면 다 들어갈 양이었다. 그러나 우리가 현재 보유하고 있는 DNA 텍스트를 책에 인쇄해 차곡

차곡 쌓는다면, 아마 시카고에 있는 110층짜리 시어스 타워보다도 더 두 배가 높은 높이일 것이다. 게다가 이 생명의 도서관은 매년 30층씩 증축되고 있다.

이 책들 안에는 온갖 종류의 세균, 균류, 식물, 동물을 만드는 DNA 유전암호가 들어 있다. A, C, G, T라는 단 네 개의 철자가 거의 무한히 나열된 이 텍스트들의 해독은 진화생물학 역사상 가장 큰 기회를 열어주고 있다. 생물학자들은 이 새롭고 무궁무진한 자료를 캐냄으로써 자연사의 가장 매혹적인 비밀들을 풀고, 여러 중요한 형질들이 어떻게 진화했는지를 자세히 밝혀나가고 있다. 이 책에서 나는 유전체학Genomics이라는 새로운 과학—종의 DNA에 대한 포괄적인 **비교** 연구—이 생명 진화에 대한 우리의 지식을 얼마나 깊고 넓게 확장하고 있는지를 이야기할 것이다.

유전체학은 진화 과정을 깊숙이 들여다볼 수 있게 해준다. 다윈 이후 백 년이 넘도록 자연선택은 핀치나 나방 같은 전체 생물의 차원에서 개체들 간의 생존이나 번식능력의 차이로밖에는 관찰할 수 없었다. 그러나 이제 우리는 자연선택에서 적자가 어떻게 **만들어지는**지를 **볼 수** 있다. DNA는 다윈의 상상과 희망을 뛰어넘는 완전히 새로운 차원의 정보를 제공하지만, 진화에 대한 다윈의 생각이 옳았음을 결정적으로 입증해주고 있다. 지금 우리는 종이 변화하는 환경에 적응하고 새로운 삶의 방식을 진화시킬 수 있게 만든 DNA의 변화들을 구체적으로 찾아낼 수 있다.

이와 같은 새로운 차원의 지식은 결정적인 증거를 제공하는 것을 넘어, 진화에 대한 우리의 시야를 넓혀주는 몇 가지 놀라운 사실들도 알려준다. 놀라운 사실 가운데 한 가지는 모든 종의 DNA에는 화석 유전자가 있다는 사실이다. 이들은 한때 온전했고 사용되었지만 지금은 쓸모없어져서 소멸한 DNA 텍스트의 파편들이다. 이러한 흔적들은 종이 새로운 삶의 방식을 진화시키면서 폐기해버린 형질과 능력들이 무엇인지를 밝혀주는 완전히 새로운 정보원이다.

DNA 기록은 또한 진화가 반복될 수 있고 실제로 반복되고 있음을 보여준다. 나비와 인간처럼 다른 종에서, 비슷하거나 똑같은 적응이 똑같은 수단에 의해 일어나고 있다. 이것은 똑같은 난관이나 기회가 닥쳤을 때 똑같은 해결책이 생명사의 서로 다른 시기와 장소에서 되풀이될 수 있음을 보여주는 강력한 증거이다. 이런 반복은 만일 우리가 생명사의 테이프를 되감으면 지금과는 전혀 다른 결과가 펼쳐지리라는 견해를 뒤엎는 것이다.

DNA 증거는 인간의 기원과 초기 문명에 대한 연구도 혁명적으로 바꾸고 있다. 언론의 관심을 사로잡는 것은 주로 인간의 유전자 서열이 밝혀졌다는 소식이지만, 다른 영장류와 포유류의 유전자와 게놈 서열이 해독되어야 인간 DNA 텍스트의 의미를 해석할 수 있다. 우리의 유전자에는 우리가 어떻게 다른지뿐만 아니라 우리가 어떻게 그렇게 진화했는지에 대한 분명한 단서들이 들어 있다. 또한 많은 유전자들이 자연선택의 상흔, 다시 말해 우리의 조상들이 수천 년 동안 인간문명을 할퀸 병균들과 벌인 전투의 상처를 간직하고 있다.

나는 다양한 독자들을 염두에 두고 이 책을 썼다. 첫째는 자연사에 관심이 많은 독자들이다. 이 책에서 나는 지구 곳곳을 돌면서, 수많은 매혹적인 종들이 펄펄 끓는 샘, 동굴, 정글, 용암대지, 심해저와 같은 놀라운 장소에 어떻게 적응했는지를 보여줄 것이다. 단순한 유전암호의 철자 한 두 개가 바뀜으로써 복잡한 생명체의 겉모습이나 생리적 특성이 극적으로 달라질 수 있다는 새로운 사실은 실로 장엄하기까지 하다. 둘째로 나는 학생과 교사들을 생각하며 이 책을 썼다. 이들을 위해 진화 과정의 핵심 요소들을 가장 잘 보여주면서도 생명의 놀라운 다양성과 적응성에 경외심을 갖게 하는 예들에 초점을 맞추었다. 내가 소개할 이야기들의 대부분은 아직 과학 교과서에 실리지 않은 것들이지만, 앞으로 진화과학의 핵심을 차지할 내용들이다. 마지막으로 진화론을 믿지 않는 사람들의 말장난과 사이비과학을 낱낱이 파헤치려는 사람들을 위해서 이 책을 썼다. 이 책은 적들이 진화론을 의심하고 부인할 때 사용하는 전술과 논증들을 이해할 수 있는 배경지식을 알려줄 것이며, 그러한 논증들을 물거품으로 만들어버릴 풍부한 과학적 증거들을 제공할 것이다.

새로운 DNA 증거는 진화 과정을 밝히는 것을 넘어 매우 중대한 사명을 띠고 있다. DNA 증거는 학교 차원에서는 진화론을 가르치느냐 마느냐, 사회에서는 진화론을 인정하느냐 마느냐를 둘러싼 지루한 논쟁에 마침표를 찍어줄 수 있을 것이다. 배심원들더러는 유전적 차이와 DNA 증거에 의존해 용의자를 살려주고 석방시킬지를 결정하라고 하면서 그러한 증거와 생물학이 바탕으로 삼고 있는 진화의 기본원리들을 학교에서 가르치지 말라는 것은 그저 아이러니로 치부하고 말 일이 아니다. 진화론 반대운동은 진화와 진화 과정에 대한 완전히 잘못된 개념에 바탕을 두고 있다. 내가 이 책에서 소개할 새로운 증거들은 진화가 생명다양성의 밑바탕이라는 주장에 대해 '한 치의 의심도 남지 않도록' 해줄 것이다.

부베 섬 오슬로의 콤미스욘 호스 야코브 뒤바에서 출판된 『노르웨이 남극탐험의 과학적 결과 1927~1928』(1935)에서.

서론:
부베 섬의 피 없는 물고기

우리가 생물을 볼 때 마치 야만인이 기선을 보듯 전혀 이해되지 않는 것으로 보지 않게 될 때, 우리가 자연계의 모든 생성물을 오랜 역사를 갖고 있는 것으로 간주하고, 모든 복잡한 구조와 본능을, 마치 커다란 기계적 발명품이 수많은 노동자들의 노력, 경험, 추론, 과실을 모아놓은 것으로 보듯, 제각기 그 소유주에게 유용한 수많은 고안물들을 모아놓은 것이라고 생각할 때, 우리가 이와 같이 각 생물을 볼 때, 나의 경험으로부터 말하건대 자연사 연구는 얼마나 더 흥미로워질 것인가!

찰스 다윈 「종의 기원」 (1859)

이곳은 아마도 지구상에서 가장 외딴 곳일 터이다.

넓디넓은 대서양 남쪽에 외로이 찍힌 점인 자그마한 부베 섬은 희망봉(아프리카)에서 남서쪽으로 약 2,400킬로미터, 혼 곶(남아메리카)에서 동쪽으로 5,000킬로미터쯤 떨어져 있다^{그림1.1}. HMS 레졸루션 호를 진두지휘한 제임스 쿡 선장이 1770년대에 남대서양을 항해하며 이곳을 찾으려 노력했지만 두 번 다 실패했다. 두꺼운 빙상으로 뒤덮여 있고 검은 화산암 해변은 빙벽으로 둘러싸인, 평균기온이 영하를 맴도는 이 섬은 지금도 찾는 사람이 거의 없다.

내 이야기와 자연사를 위해서는 천만다행으로, 1928년에 노르웨

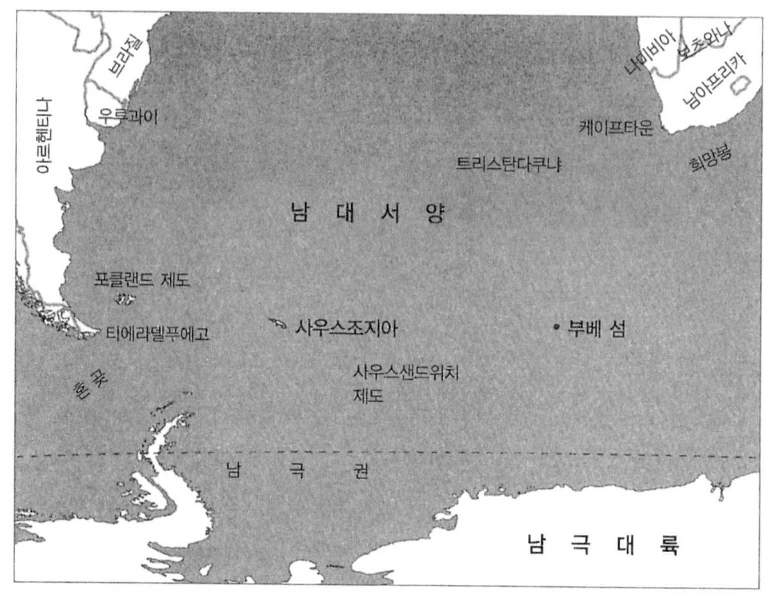

그림. 1.1. 남대서양 지도

그림: 리앤 올즈.

이의 연구용 선박 노르베쟈 호가 부베 섬에 닻을 내렸다. 주목적은 배가 난파되었을 때 선원들이 이용할 수 있도록 피난소와 보급기지를 설치하는 것이었다. 노르베쟈 호에 승선했던 동물학도 디틀레프 루스타드는 부베 섬에 있는 동안 아주 신기하게 생긴 물고기를 잡았다. 이 물고기는 다른 면들은 여느 물고기와 같았다. 커다란 눈, 큰 가슴지느러미와 꼬리지느러미, 길고 툭 튀어나온 턱, 그리고 그 안에 가득 들어찬 이빨. 그런데 이 물고기는 너무나 창백해서 투명할 정도였다^{그림 1.2와 화보 A와 B}. 루스타드가 '흰색 악어 물고기'라고 이름붙인 이 물고기는, 더 자세히 관찰하니 피가 완전히 투명했다.

2년 후, 루스타드의 동료였던 요한 루드가 고래잡이배 바이킹 호를 타고 남극으로 갔다. 그는 플렌저(flenser, 고래 지방과 껍질을 벗기

그림 1. 2. 얼음물고기　　　　　　　　사진: 이탈리아 남극 프로그램, PNRA의 허가를 받아 실음.

는 사람)가 "피 없는 물고기가 이곳에 산다는 거 알아요?"라고 말했을 때 자신을 놀리는 줄 알았다.

그래서 루드는 "그래요? 그럼 잡아와봐요"라고 받아쳤다.

훌륭한 동물생리학도였던 루드는 그런 물고기는 세상에 존재하지 않는다고 확신했다. 모든 척추동물(어류, 양서류, 파충류, 조류, 포유류)의 피 속에는 호흡색소인 헤모글로빈을 함유한 적혈구가 있다고 배웠으니까. 이것은 산소로 호흡한다는 것만큼이나 확고부동한 사실이었다. 플렌저와 그의 친구들은 그날 결국 피 없는 물고기를 잡아오지 못했고, 루드는 그 이야기를 단지 선원들 사이에 떠도는 전설로 치부했다.

루드는 다음 해에 노르웨이로 돌아와서 친구 루스타드에게 그 물고기 이야기를 했다. 루스타드는 이야기를 듣고 깜짝 놀라서 "나도 그런 물고기를 봤다"고 말하며 탐험 길에서 찍어온 사진들을 루드에게 보여주었다.

그러고 20년 동안 루드는 피 없는 물고기에 대한 소식을 더 이상 듣지 못했다. 그런데 또 다른 노르웨이 생물학자가 남극탐험에서 돌아와 다른 장소에서 피가 투명한 물고기를 보았다고 이야기했다. 다시 호기심이 발동한 루드는 남극에 가는 동료들에게 고기잡이배 선원들이 '악마의 물고기'라고 부르는, 또는 투명에 가까운 몸뚱이 때문에 '얼음물고기'라고 부르는 물고기를 찾아봐달라고 부탁했다. 그리고 마침내 1953년, 루드는 첫 번째 여행 이후 25년 만에, 이 물고기를 직접 찾아서 연구하여 투명한 피의 비밀을 풀어보겠다는 희망을 품고 남극탐험 길에 올랐다.

루드는 사우스조지아 섬(1916년에 영국 탐험가 어니스트 섀클턴이 좌초한 인듀어런스 호의 선원들을 구하기 위해 배를 저어갔던 섬)에 임시 연구소를 세웠다. 그러고 곧장 귀중한 표본 몇 개를 얻어서 그 이상한 혈액을 조심스럽게 분석했다. 1954년에 보고된 루드의 연구결과는 지금도 그 이야기를 처음으로 접하는 생물학자라면 충격에 사로잡힐 만한 것이었다. 남극에서 발견된 그 물고기는 이전까지 모든 현생 척추동물에서 볼 수 있었던 붉은빛을 띠는 산소운반 세포인 적혈구를 전혀 갖고 있지 않았다. 사실 그 이후로도 붉은 피가 흐르지 않는 척추동물은 현재 알려진 15여 종의 얼음물고기 말고는 발견되지 않았다.

적혈구는 헤모글로빈 분자들을 많이 함유하고 있다. 헤모글로빈은 적혈구들이 폐나 아가미를 통과할 때 산소와 결합했다가 몸의 나머지 부분을 돌 때 이 산소들을 다시 방출한다. 헤모글로빈 분자는 글로빈이라는 단백질과 헴이라고 부르는 작은 분자로 이루어져 있다. 피가 붉은빛을 띠는 것은 헤모글로빈 분자 속에 파묻혀 산소와 결합하는 헴 분자 때문이다. 우리는 적혈구가 없으면 죽는다(빈혈증은 적혈구 수치가 낮은 병이다). 얼음물고기의 가까운 친척인 남극의 대구와 뉴질랜드의 은대구조차도 피가 붉은 색이다.

이 놀라운 물고기의 존재는 수많은 질문을 불러일으킨다. 이 물고기는 언제 어디서 어떻게 진화했을까? 이들의 헤모글로빈에 무슨 일이 일어났을까? 이 물고기는 헤모글로빈이나 적혈구 없이 어떻게 생존할 수 있을까?

우리는 종의 기원을 탐구할 때 대개 화석기록부터 뒤진다. 하지만 이 물고기와 그들의 친척들은 화석기록이 전혀 없다. 설사 화석이 있다 하더라도, 보존된 뼈에서 피가 무슨 색이었고 언제 변했는지 따위를 알아낼 수는 없다. 그런데 얼음물고기의 역사를 간직하고 있는 기록 한 가지가 지금 우리 손에 있다. 바로 얼음물고기의 DNA이다.

얼음물고기의 헤모글로빈에 무슨 일이 일어났을까? 이 질문에 대한 놀랍고도 분명한 대답은 루드가 처음으로 이 물고기의 혈액을 채취한 지 40년이 흐른 뒤 얼음물고기의 DNA에 대한 연구가 이루어지면서 나왔다. 이 놀라운 물고기의 DNA에는 헤모글로빈 분자의 글로빈에 대한 유전암호를 담고 있는 유전자 두 개가 사라지고 없었다. 첫 번째 유전자는 분자 화석이 된 상태다. 다시 말해, 흔적으로만 남아 있다. 이 유전자는 얼음물고기의 DNA에 있긴 하지만 지금은 전혀 사용되지 않으며, 풍화 속에 사라져가는 화석처럼 점점 퇴화하고 있다. 두 번째 글로빈 유전자는 피가 붉은 물고기의 경우에는 DNA에서 첫 번째 글로빈 유전자 근처에 위치하는데, 얼음물고기에서는 이 유전자가 완전히 사라지고 없다. 이것은 5억 년 넘게 조상들의 삶을 지탱해온 분자를 만드는 유전자를 얼음물고기가 완전히 폐기했다는 확실한 증거이다.

얼음물고기는 무엇 때문에 지구상의 척추동물들이 한결같이 추구하는 삶의 방식으로부터 이렇듯 극적으로 돌아섰을까?

그것은 바다의 수온과 해류에 극적이고 장기적인 변화가 일어남에 따라 생긴 **필요**와 **기회** 때문이었다.

지난 5천5백만 년 동안 남대서양의 수온이 일부 지역에서 섭씨 20도에서 영하 1.1도 이하로 떨어졌다. 약 3천3백만 년에서 3천4백만 년 전 지구의 지각판들이 계속 움직일 때 남극이 남아메리카 대륙의 남쪽 끝단에서 떨어져 나와 완전히 바다에 둘러싸이게 되었다. 잇따라 일어난 해류의 변화는 남극을 둘러싼 해수를 고립시켰다. 이것은 물고기 개체군들의 이주에 제약을 가했고, 물고기들은 변화에 적응하거나 멸종할 수밖에 없었다(대부분은 멸종했다). 다른 물고기들이 사라져가는 동안 어떤 한 집단이 변화하는 생태계를 이용하기 시작했다. 얼음물고기는 작은 과로, 현재 남극어장의 중심을 이루는 200여 종으로 구성된 노토테니오이다이아목*Notothenioidae*에 속한다.

남대서양의 낮은 수온은 물고기들의 생리기능에 큰 부담을 준다. 위스콘신의 겨울철에 내 자동차의 엔진오일이 그러하듯 영하에 머무는 남극의 수온에서는 체액의 점도가 증가하며, 이는 혈액의 펌프질을 어렵게 한다. 일반적으로 남극 어류는 순환하는 혈액의 단위 부피당 적혈구 수를 줄임으로써 이 문제에 대처한다. 피가 붉은 남극의 어류는 헤마토크릿, 즉 혈액에서 적혈구가 차지하는 비율이 15~18

퍼센트이지만, 우리 인간의 헤마토크릿은 약 45퍼센트에 이른다. 그런데 얼음물고기는 적혈구 수를 극한까지 떨어뜨렸다. 다시 말해, 적혈구를 모조리 제거하고 헤모글로빈 유전자를 없애버리는 변이를 일으킨 것이다. 혈액 부피의 단 1퍼센트만 세포(모두 백혈구이다)일 만큼 혈액이 묽은 얼음물고기들의 혈관에는 말 그대로 얼음물이 흐르고 있다고 해도 과언이 아니다. 그러면 얼음물고기는 생명유지에 필수적인 헤모글로빈이 없는 상태로 어떻게 살 수 있는 걸까?

헤모글로빈의 소실과 함께 영하의 수온에서 살 수 있기 위한 대대적인 변화가 일어난 것이 분명하다. 따뜻한 물과 차가운 물의 중요한 차이점 한 가지는 차가운 물의 산소용해도가 훨씬 높다는 것이다. 차디찬 바다는 산소가 특별히 풍부한 환경이다. 얼음물고기는 비교적 큰 아가미를 가지고 있으며, 비늘이 없는 피부에 유달리 넓은 모세혈관을 갖도록 진화했다. 이 두 가지 특징은 산소를 더 잘 흡수할 수 있도록 해준다. 또한 얼음물고기는 피가 붉은 친척 물고기들보다 심장이 더 크고 혈액이 더 많다.

얼음물고기의 심장에도 또 한 가지 명백하고 중요한 차이가 있다. 이들의 심장은 대개 창백하다. 척추동물의 심장(그리고 골격근)이 분홍빛을 띠는 것은 헴을 포함하는 또 다른 산소결합분자인 미오글로빈 때문이다. 미오글로빈은 헤모글로빈보다 산소와 더 단단히 결합하고 있다가 근육이 운동할 때 필요한 산소를 근육에 떨어뜨려준다. 고래, 바다표범, 돌고래의 근육은 미오글로빈이 매우 많아서 갈색을 띠며, 이 바다 포유류들은 풍부한 미오글로빈 덕분에 물속에 잠수해서 오래 머물 수 있다. 그렇다고 얼음물고기가 사라진 헤모글로빈 대신 미오글로빈을 가지고 있는 것도 아니다. 미오글로빈은 얼음물고기 모든 종의 근육과 다섯 종의 심장에 존재하지 않는다(그래서 심장이 창백하다). 척추동물에서는 한 개의 유전자가 미오글로빈 단백질을 책임진다. 심장이 창백한 얼음물고기 종들의 DNA를 분석해보았더니 미오글로빈 유전자에 변이가 일어나 있었다. 미오글로빈 단백질을 만드는 DNA에 다섯 개의 염기가 추가로 끼어들어 유전암호를 망가뜨렸다. 이들 종에서는 미오글로빈 유전자도 화석 유전자가 되고 있는 중이다. 얼음물고기는 이렇듯 두 가지 산소운반분자를 완전히 잃었지만 심혈관계가 여러 적응을 거쳤기 때문에 조직에 산소를 충분히 전달할 수 있다.

얼음장 같은 물에서 살아가기 위해서는 이밖에도 다른 적응들이 필요했으며, 진화적 변화가 일어났다는 명백한 증거들이 얼음물고기의 DNA 곳곳에서 발견된다. 세포 안의 기본구조들조차도 추운 환경에 적응하도록 변형된 것 같다. 예를 들어, 미세소관은 세포 안에서 매우 중요한 지지대 또는 '골격'을 형성한다. 이 구조는 세포의 모양을 유지할 뿐 아니라 세포분열과 운동에 관여한다. 미세소관이 하는 일이 이렇듯 많은 탓에, 모든 척추동물뿐 아니라 모든 진핵생물(동물, 식물, 균류를 포함하는 집단)이 미세소관을 형성하는 단백질들을 잘 보존하고 있다. 포유류의 경우 미세소관은 섭씨 10도 이하의 온도에서 불안정하다. 만일 남극 어류에서도 그렇다면, 이들 물고기들은 살 수 없을 것이다. 하지만 그렇기는커녕 오히려 남극에 사는 어류의 미세소관은 영하의 수온에서도 만들어지며 대단히 안정되어 있다. 미세소관의 이런 놀라운 성질 변화는 미세소관의 구성요소들을 만드는 유전자들에 일어난 일련의 변화들 때문인데, 이런 변화는 추운 환경에 적응한 물고기(얼음물고기와 남극에 사는 얼음물고기의 피가 붉은 친척들)에서만 나타난다.

생명유지에 필요한 갖가지 과정들이 영하의 수온에서도 잘 일어날 수 있도록 이밖에도 많은 유전자들에 변형이 일어났다. 그런데 추운 환경에 대한 적응은 유전자의 변형과 소실에 그치지 않았다. 몇 가지 **발명**도 필요했다. 가장 눈에 띄는 예는 '결빙방지' 단백질의 발명이다. 남극 어류의 원형질에는 이 특이한 단백질이 가득한데, 이 단백질은 얼음결정이 생기기 시작하는 온도를 낮춤으로써 얼음장 같은 물속에서도 물고기들이 잘 살 수 있도록 돕는다. 이 단백질이 없다면 이런 물고기들은 얼어버릴 것이다. 결빙방지 단백질들은 매우 특이하고 단순한 구조를 하고 있다. 대부분의 단백질들이 스무 개의 아미노산 종류들을 모두 포함하는 반면, 결빙방지 단백질들은 단 세 종류의 아미노산이 4차례에서 55차례까지 반복되는 구조이다. 따뜻한 물에 사는 물고기는 이런 종류의 단백질을 가지고 있지 않는 것으로 보아, 결빙방지 유전자는 남극 어류가 발명한 것이 분명하다. 그렇다면 남극 어류는 결빙방지 유전자가 어디서 났을까?

일리노이 대학교의 청 쪼힝과 아서 드브리스를 비롯한 연구팀은 결빙방지 유전자들이 지금의 기능과는 완전히 무관한 다른 유전자의 일부에서 생겼음을 알아냈다. 이 유전자는 원래 소화효소를 만들던 것인데, 물고기 게놈에서 이 유전자의 유전암호 일부가 떨어져 나와 새로운 위치에 붙게 되었다. 아홉 개의 염기로 이루어진 이 단순한 유전암호에서 결빙방지 단백질을 만드는 새로운 유전암호가 진화했다. 결빙방지 단백질의 유래는 진화가 무에서 유를 창조하기보다는 이미 존재하는 재료들(여기서는 다른 유전자의 유전암호 일부)을 조작하는 방식으로 일어난다는 사실을 극명하게 보여주는 예다.

　나 역시 추운 지방에 사는 사람으로서, 얼음물고기의 기지와 창의력에 감탄하지 않을 수 없다. 우리 위스콘신 사람들도 영하의 기온에서 자동차를 몰기 위해 다양한 조치들을 취하지만, 얼음물고기는 **자동차가 움직이고 있는 동안** 엔진을 통째로 바꾸는 일을 해낸 것이다. 이 물고기는 새로운 결빙방지 유전자를 발명하고, 점도가 지극히 낮은 새로운 등급의 기름(혈액)으로 바꾸고, 연료 펌프(심장)를 늘리고, 지난 5억 년 동안 모든 어류 모델에서 사용되던 부품 몇 가지를 폐기했다.

　얼음물고기를 비롯한 모든 종의 DNA 기록은 진화 과정을 보여주는 완전히 새로운 차원의 증거이다. 이제 우리는 겉으로 보이는 뼈와 혈액 수준을 넘어, 진화의 근본적인 텍스트를 들여다볼 수 있다. 이 특별한 얼음물고기가 만들어진 과정은 DNA의 차원에서 적합한 생명체가 만들어지는 일반적인 과정을 대략적으로 보여준다. 얼음물고기는 따뜻한 물에서 살았던, 그래서 추운 환경의 삶에는 부적합했던 피가 붉은 조상들에서 진화했다. 남대서양의 변화하는 환경에 대한 얼음물고기의 적응은 즉각적인 설계의 문제도 아니고, 한 방향으로 '진보하는' 과정도 아니다. 이것은 몇몇 새로운 유전암호의 발명, 몇몇 오래된 유전암호의 파괴, 그리고 훨씬 더 많은 유전암호의 변형을 포함하는 수많은 단계들을 일련의 즉흥연주처럼 엮어낸 결과이다.

　여러 얼음물고기들, 그들의 피가 붉은 친척들, 그리고 그 밖의 다른 남극 어류들의 유전자를 비교하면 얼음물고기 진화의 어떤 단계에 어떤 변화들이 일어났는지를 알 수 있다. 200종쯤 되는 노토테니오이다이아목에 속하는 종들은 모두 결빙방지 유전자를 갖고 있다.

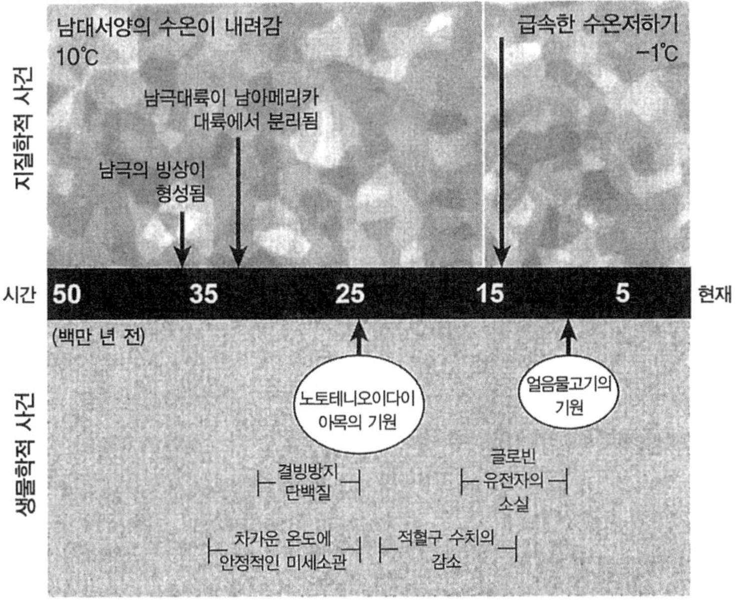

그림1. 3. 얼음물고기 진화의 시간표 (위쪽) 지난 5천만 년 동안 지구 남반구의 지질학적 변화는 해류와 수온에 큰 변화를 일으켰다. (아래쪽) 노토테니오이다이아목의 어류 집단은 결빙방지 단백질, 차가운 수온에서 안정적인 미세소관, 낮은 수준의 헤마토크릿을 진화시킴으로써 차가운 수온에 적응했다. 결국 글로빈 유전자는 피 없는 얼음물고기의 공통조상에서 화석화되었다.   그림: 리앤 울즈.

따라서 이 유전자는 아주 오래 전에 발명되었을 것이다. 미세소관 유전자의 변형도 마찬가지로 오래 전에 일어났다. 반면 약 15종의 얼음물고기들에만 헤모글로빈 유전자가 화석화되어 있다. 이 사실은 헤모글로빈 유전자가 폐기된 것은 얼음물고기가 처음 진화했을 때였음을 의미한다. 또한 어떤 얼음물고기들은 미오글로빈을 만들 수 없거나 만들지 않는 반면, 또 다른 얼음물고기들은 미오글로빈을 만든다. 이 사실은 미오글로빈 유전자의 변화는 얼음물고기가 생긴 뒤 나중에 일어났으며, 미오글로빈의 용도(또는 용도폐기)가 아직도 진화하는 중임을 의미한다. 각 종에서 이 밖의 다른 DNA 염기서열들을 분석하면 이 사건들이 일어난 시기를 남대서양의 지질학 시간표 위에 배치할 수 있다. 노토테니오이다이아목의 기원시점은 약 2천5백만 년 전이고, 얼음물고기의 기원시점은 겨우 8백만 년 전이다^{그림 1.3}. 이 DNA 기록은 얼음물고기가 헤모글로빈에 의존하는 따뜻한 물에서의 삶에서 헤모글로빈에 (그리고 몇몇 물고기의 경우는 미오글로빈에) 독립적인 차가운 물에서의 삶으로 건너가기 위해서는 단 한 번의 도약이 아니라 여러 단계가 필요했음을 알려준다.

따뜻한 물에 살았던 피가 붉은 조상들로부터 진화하는 오랜 과정 동안 얼음물고기에 누적되어온 수많은 변형들을 기록하고 있는 얼음물고기 DNA는 진화의 두 가지 핵심 원리를 생생하게 증언해준다. 바로, 자연선택natural selection과 변형을 동반한 계통descent with modification. 이것은 루스타드와 루드보다 백 년 먼저 남대서양을 항해했던 또 다른 동물학도 찰스 다윈이 처음으로 밝힌 원리들이다. 내가 이 책에서 이야기하고자 하는 새로운 DNA 기록의 힘과, 진화 과정을 밝히는 일에서 DNA 기록이 어떤 역할을 하는지를 이해하려면, 이 두 가지 원리에 대해, 그리고 『종의 기원』에 그 원리들이 어떻게 쓰여 있는지에 대해 먼저 알아야 한다.

다윈을 다시 불러내며

다윈은 1831년 12월, 22살의 나이로 대영제국 군함 비글 호에 올랐다. 이 여행은 결국은 5년간의 세계일주 항해가 되었다. 편집증적인 완벽주의자 로버트 피츠로이 선장이 강과 항구를 샅샅이 답사하느라, 항해의 태반은 남아메리카 주변에 머물렀다. 다윈이 접한 이 광활한 대륙의 동물, 식물, 화석, 지질은 20여 년 후에 탄생하는 『종의 기원』의 모태가 되었다. 『종의 기원』의 도입부는 이렇게 시작한다.

박물학자로서 대영제국 군함 '비글' 호에 타고 있었을 때, 나는 남아메리카에 사는 생물의 분포와, 이 대륙의 옛 거주자들과 현재 거주자들의 지질학적 관계에서 엿볼 수 있는 몇몇 사실들에 매우 흥미를 느꼈다. 이러한 사실들은…… 위대한 철학자 누군가가 말한 대로 신비 중의 신비인 종의 기원을 밝힐 빛을 던져주는 듯했다. 1837년에 집으로 돌아왔을 때 나는 이 문제와 조금이라도 관련이 있는 온갖 종류의 사실들을 꾸준히 모으고 고찰한다면 이 문제에 대해 어떤 결론을 이끌어낼 수도 있으리라는 생각이 들었다. 5년간의 연구 끝에 나는 이 문제를 심사숙고하여 소논문 몇 편을 썼다. 그리고 1844년에 이 소논문들을 부연하여 결론들의 개요를 만들었는데, 당시 나는 이것이 확실하다고 생각했다. 그때부터 지금까지 나는 이 문제를 꾸준히 추구해왔다. 내가 이런 사적인 일을 말하는 것은, 내가 결론에 도달하기 위해 성급히 굴지 않았음을 보여주기 위함이니 양해해주기 바란다.

그의 '개요'는 502쪽에 달하는 것이었고, 출간일인 1859년 11월 24일 하루 만에 품절되었다.

"바보같이 이 생각을 못했다니!" 위대한 생물학자 토머스 헉슬리는 『종의 기원』을 읽은 후 이렇게 탄식했다.

사람들이 일반적으로 알고 있는 것과 달리 진화라는 개념이 다윈의 책에서 처음 소개된 것은 아니었다. 사실 진화라는 개념은 수십 년 전부터, 그것도 다윈의 가문 내에서 떠돌아다니고 있었다. 다윈의 할아버지 이래즈머스 다윈은 『동물생리학 또는 생물의 법칙』(1794)에서 진화이론을 전개했다.

또한 헉슬리를 탄식하게 한 것은 종이 변화한다는 생각 그 자체가 아니었다. 그가 진정으로 감탄한 부분은 생명 진화가 무엇이고 어떻게 작동하는지를 두 개념 — '변형을 동반한 계통'과 '자연선택' — 으로 응축해냈다는 점이었다.

다윈은 가축동물의 변이들에 대한 육종가들의 인위선택과, 야생에서 생존 가능한 수보다 더 많은 자손이 태어나 서로 경쟁하는 것 사이에 유사점이 있다고 생각했다.

> 그렇다면 생존이라는 거대하고 복잡한 전투를 행하고 있는 각 생물에게 어느 모로든 유용한 변이들이 수천 세대 동안에 이따금씩 일어나지 않을까? 그런 일이 일어난다면, (생존할 수 있는 수보다 훨씬 더 많은 개체가 생산된다는 것을 생각하면) 아무리 사소하다 할지라도 다른 개체보다 유리한 점을 갖고 있는 개체들은 생존과 번식에 성공할 확률이 높지 않을까? 뒤집어 생각하면, 가장 해로운 변이는 가차 없이 제거될 것이다. **유리한 변이의 보존과 해로운 변이의 제거를 나는 자연선택이라고 부르려 한다**〔강조는 저자의 첨가〕.　　　　　—『종의 기원』 4장에서

그런 다음에 다윈은 이 과정이 공통조상으로부터 유래한 모든 생명 형태들을 연결하고 있다는 대담한 결론으로 도약했다.

……에서 고찰한 여러 가지 사실은, 이 세상에 살고 있는 수많은 종, 속, 과에 속하는 생물들은 각각 그것의 강 또는 군 안에서 공통조상으로 부터 유래했고, 그 계통으로 갈라지는 과정에서 변형되었음을 너무도 명백하게 설명하고 있는 것처럼 보인다. —『종의 기원』 13장

그런 다음에 심지어 더 대담하게 나간다.

그러므로 나는, 이 지구상에 살았던 모든 생물들은 생명이 첫 숨을 내쉬었던 하나의 원시 형태에서 유래했을 것임을 인정하지 않을 수 없다.

—『종의 기원』 13장

이것이 다윈의 진화론의 정수이다. 점진적 변이에 대한 자연선택이 단순한 하나의 조상에서 생명형태의 위대한 다양성을 만들었다는 것. 이 단순한 논리는 불멸의 진리가 되었다. 헉슬리가 자신의 머리를 쥐어뜯었던 것도 이해할 만하다.

하지만 『종의 기원』에는 이 몇 가지 결론 외에도 많은 것이 들어 있다(알프레드 러셀 월리스도 남아메리카와 말레이 군도에서의 연구를 토대로 같은 내용의 일부를 독립적으로 알아냈다). 다윈은 **증거**를 제시했다. 어마어마한 관찰들, 숱한 사실들, 독창적인 실험들, 영리한 유비들, 그리고 20년 동안 정교하게 가다듬은 논증들을.

우리 생물학자들은 수만 가지 점에서 다윈에게 존경심을 품는다. 그리고 물론, 『종의 기원』은 생물학사에서 가장 중요한 연구결과물이다. 다윈의 '긴 논증'은 아귀가 멋지게 들어맞으며, 입이 쩍 벌어질 만큼 방대한 사실들이 이를 뒷받침하고 있다. 이것은 한 개인의 영웅

적인 노력의 산물이다. 『종의 기원』은 오늘날에도 여전히 재미있게 읽을 수 있으며, 글귀마다 다윈의 열정이 고스란히 느껴진다. 그런데 다윈의 기여는 이것만이 아니었다. 다윈은 산호초 형성에 대한 고찰에서부터 성선택의 중요성, 난초와 따개비를 비롯한 많은 생물들에 대한 연구에 이르기까지 수많은 책들을 남겼다. 그의 위대한 업적은 그저 재능이 좀 있거나 부지런한 과학자가 성취할 만한 종류의 것이 아니었다.

그런데 왜 다윈의 위대한 생각들은 그토록 고초를 겪었을까?

단계들을 알아야

다윈은 자신의 생각에 대해 어떤 반론들이 제기될 수 있고 그렇게 되리라는 것을 너무도 잘 알고 있었으며, 그의 예측은 정확히 맞아떨어졌다. 물론 공격의 대부분은 비과학적인 근거를 가지고서, 생명의 역사에 대한 다윈의 견해가 혐오스럽고 상스럽다고 여긴 사람들이 행했다. 대다수의 과학자들은 진화가 실제로 일어나고 있다는 사실, 즉 종이 변화했다는 사실을 기꺼이 인정했다. 하지만 다윈의 지지자들조차도 '어떻게' ─ 다윈이 주장한 진화 메커니즘 ─ 의 대목에서는 난색을 드러냈다.

충분히 그럴 만했다. 과학자이든 일반인이든 대부분은 처음에는 다윈이 설명하는 자연선택, 또는 훗날 '적자생존'이라고 알려지게 된 개념을 이해하기가 쉽지 않다(흥미로운 사실 한 가지를 소개하자면, 적자생존이라는 유명한 말은 다윈이 만들어낸 것이 아니라 철학자 허버트 스펜서가 만들었다. 다윈은 1869년에 다섯 번째 개정판을 낼 때에서야 비로소 윌리스의 제안을 받아들여 『종의 기원』에 그 말을 넣었다). 다윈이 설명하는 진화 과정은 세 가지 핵심 요소를 포함한다. 바로, 변이, 선택, 시간이다. 모두가 몇 가지 개념상의 문제 또는 증거상의 문제들을 안고 있었고, 이 모두는 불신의 불씨였다. 다윈은 독자들에게 사소한 변이들(어떻게 일어나는지 알 수 없고 눈으로 볼 수도 없다)이 선택되어(마찬가지로 눈으로 볼 수 없고 측정할 수 없는 과정을 거쳐서 일어난다) 인간의 경험을 초월하는 오랜 시간 동안 누적되는 과정을 상상해볼 것을 주문한다. 다윈도 이것이 어렵다는 것도 이해했다.

> 한 종이 뚜렷이 구별되는 다른 종을 탄생시켰다는 사실을 믿지 않으려는 것은 자연스러운 경향인데, 가장 큰 원인은 우리가 **그 단계들을 알지 못할 때** 커다란 변화를 잘 인정하려 들지 않기 때문이다〔강조는 저자의 첨가〕. 이것은, 내륙에 긴 선을 이루는 절벽이 생기고 거대한 계곡이 파이는 것이 파도의 느린 운동에 의한 것임을 라이엘 씨가 처음으로 주장했을 때 대부분의 지질학자들이 느낀 곤란과 비슷한 것이다. 인간의 마음은 도저히 1억 년이라는 시간의 의미를 완전히 이해할 수 없는 듯하며, 거의 무한한 세대에 걸쳐 누적된 수많은 사소한 변이들의 효과를 총계한 값을 지각할 수 없는 듯하다   —『종의 기원』 14장

저명한 생물학자이며 저술가인 리처드 도킨스는 자연선택은 **언뜻 보기에** 단순한 개념 같지만 실은 그렇지 않다고 지적한다. "마치 인간의 뇌는 다윈주의를 오해하고 그것을 선뜻 믿지 못하도록 설계된 것처럼 보인다." 자연선택의 구성요소인 기회(변이의 생산)와 선택

(어떠한 변이가 계승될지를 결정하는 것)은 오해하거나 혼동하기 쉽다. 종종 기회의 역할이 부풀려져(이따금씩은 진화의 반대파들에 의해 고의적으로), 진화가 완전히 무작위로 일어나며 생물의 질서와 복잡함은 한꺼번에 무작위로 생겨난다는 인상을 주기도 한다. 하지만 실제는 전혀 그렇지 않다. 무작위적이지 않은 선택이 어떤 기회를 붙들지를 결정한다. 생물의 복잡성과 다양성을 만드는 것은 우리 인간의 머리로는 이해할 수 없는 막대한 시간에 걸친 변이에 대한 **'누적'** 선택이다(다윈은 '총계'라고 표현했다). 자연선택은 다윈의 지지자들에게조차 버거운 개념이었다. 이들은 선택이 사소한 변이들을 '알아보고' 그것을 누적할 만큼 강력할 수 있다는 사실을 이해하지 못했다.

『종의 기원』이 출판된 지 50년이 흐른 후에야 비로소 생물학자들은 기회, 선택, 시간의 상호작용을 구체적으로 이해했다. 카지노나 복권의 확률을 계산하거나 저축과 대출의 이자를 계산할 때 쓰는 수학을 이용해 생물학자들은(진화론을 반대하던 몇몇 주요 인물들을 포함하여) 자연선택이, 적어도 이론상으로는, 진화를 설명할 수 있을 만큼 충분히 강력하며 빠르다는 것을 알았다.

하지만 수학이 할 수 있는 일은 여기까지였다. 요한 루드와 남극의 피 없는 물고기 이야기에서처럼, 우리들 대부분은 눈으로 보아야 비로소 그 사실을 믿고 이해한다. 우리는 진화를 일으키는 것이 구체적으로 무엇인지 눈으로 보고 싶다. 우리는 한 종이 다른 종으로 진화할 때 거치는 단계들을 직접 보고, 측정하고 되밟아볼 수 있기를 원한다.

마침내 140년이 흘러 우리는 이 일을 할 수 있게 되었다.

진화에 대한 DNA의 기록

이제 우리는 진화의 각 단계가 DNA에서 일어나며 그 단계가 DNA에 기록되어 있음을 알고 있다. 모든 변화나 새로운 형질들은—남극 어류의 혈액에 있는 결빙방지 단백질에서부터 알프스 야생화의 아름다운 색깔, 더 나아가 우리의 커다란 뇌를 담고 있는 두개골에 이르기까지—DNA에 일어난 한 가지 이상의(때로는 수많은) 단계적 변화 때문에 생기며, 이 단계들은 현재 추적이 가능하다. 어떤 단계는 한 유전자의 유전암호에서 단 한 개의 염기가 달라지는 작은 사건인 반면, 어떤 단계는 단번에 유전자가 전부, 또는 뭉텅이로 탄생하거나 소멸하는 커다란 사건이다.

우리는 이 변화들을 추적할 수 있다. 종의 유전자들과 게놈(한 종의 완전한 DNA 정보)에 대한 지식이 폭발적으로 증가한 덕택이다. 몇 년 전 세균이나 효모의 작은 게놈이 조금씩 밝혀지기 시작하더니, 요즘은 침팬지, 개, 고래, 식물과 같은 복잡한 생물의 방대한 게놈 정보가 놀라운 속도로 쏟아져 나오고 있다. 각 종의 고유한 DNA 염기서열은 그 종의 현재를 보여주는 완전한 기록이다. 그것은 그 생물을 만들고 작동시키는 데 사용되는 모든 유전자들의 목록이다.

DNA 기록은 그 종의 멀고 가까운 과거를 들여다보는 창이기도 하다. 어느 집단에 속하는 한 구성원의 게놈이 최초로 밝혀지면, 이 선발주자의 게놈은 그 친척의 게놈을 더 빨리 분석해내는 밑거름이 된다. 서로 다른 계통으로 갈라진 친척들 간의 유전자와 게놈을 비교하면 어떤 중요한 변화들이 일어났는지를 알아낼 수 있으며, 이것은 곧 자연선택의 흔적이다. 이런 비교연구는 흥미로울 뿐 아니라 겸허

함까지 불러일으킨다. 고작 몇백만 년 전으로만 눈을 돌리면, 우리와 우리의 가장 가까운 친척인 침팬지의 공통조상이 우리의 모습으로 진화하는 길에 어떤 변화들이 일어났는지를 추적할 수 있으며, 일억 년쯤 전을 돌아보면 무엇이 포유동물을 유대류와 태반류로 갈라지게 했는지도 알 수 있다. 우리는 심지어 동물이 탄생하기 전을 돌아볼 수도 있고, 이십여억 년 전에 진화한 단순한 단세포 생물이 갖고 있던 수백 개의 유전자들이 오늘날 우리의 몸에서도 여전히 같은 임무를 수행하고 있음을 알게 된다.

진화의 복잡한 절차와 단계들을 알게 되면서 진화 과정을 탐구하는 방식이 완전히 바뀌었다. 우리는 지난 백여 년 동안 진화의 겉모습밖에는 볼 수가 없었다. 우리는 화석기록을 통해 외적인 변화를 관찰하고 해부학적 차이를 평가했지만 분자생물학의 시대가 오기 전에는 서로 다른 종의 유전자를 비교할 방법이 없었다. 생물들의 생존과 번식을 연구하고 어떤 힘들이 작용하고 있는지를 추론할 수 있었을 뿐, 변이의 메커니즘이나 종들 사이의 유의미한 차이를 만드는 것이 무엇인지 구체적으로 알지 못했다. 쉽게 말해 진화의 결과가 적자생존이라는 것은 알았지만 **적자가 어떻게 만들어지는지**는 몰랐던 것이다. 자동차, 컴퓨터, 우주선과 같은 인간이 만든 물건들에서처럼 그것이 어떻게 만들어지며 새 모델이 구 모델과 어떻게 다른지를 알 때, 우리는 그런 복잡한 것이 어떻게 생겨났는지를 더 잘 이해할 수 있다. 우리는 더 이상 지나가는 증기선을 빤히 쳐다만 보고 있는 야만인이 아니다.

이 책의 목표는 DNA 기록을 들여다보며 진화가 어떻게 작동하는지를 아는 것이다. 그 과정에서 더불어, 몇몇 매혹적인 생물들의 흥미롭고도 중요한 능력들이 어떻게 생겨났는지를 탐구할 것이다. 이 책은 세 부분으로 짜여 있다. 나는 이것이 멋지고 기억에 남을 만한 만찬의 세 단계라고 생각하고 싶다. 약간의 전채요리, 풍성한 주 메뉴, 그리고 의미 있는 식후 환담으로. 첫 번째 부분에서는, 맛있는 식사를 위한 준비로서 진화의 주요 구성요소들―변이, 선택, 시간―을 설명하려 한다. 그래야 '적자'를 만들기 위해 이 요소들이 어떻게 상호작용하는지를 이해할 수 있기 때문이다.

노벨상 수상자인 피터 메더워 경은 이런 말을 한 적이 있다. "과학자들이 한결같이 진화론을 인정하게 되는 이유들은 대체로 일반인들이 이해하기에는 힘든 내용들이다."

나는 이 말이 사실이라고 생각하지 않는다. 혹 이 말이 사실이라 해도 이는 고래에서부터 피 없는 얼음물고기에 이르기까지 모든 크고 작은 생물들을 만드는, 시간이 흐름에 따라 누적되는 자연선택의 힘을 과학자들이 분명하게 설명하지 못한 탓이다.

내가 (2장에서) 진화의 수학을 설명하려는 것은 이런 부족함을 메우기 위해서다. 진화의 수학은 자연선택의 힘을 실감하고, 진화의 가능성을 부인하는 잘못된 논증들을 물리치기에 가장 좋은 방법이다. 이 간단한 수학은 진화를 다룬 대중적인 글에서는 잘 설명하지 않고 지나친다. 하지만 자연선택의 생물학적 개연성뿐 아니라, 실제로 일어나고 있는 기회, 시간, 선택의 상호작용을 이해하기 위해 진화의 수학은 꼭 필요하다. 여러분은 이렇게 말할지도 모른다. "수학이라고? 골치 아파." 하지만 걱정 마시라. 알아두면 적어도 도박과 투자에는 확실히 도움이 될 테니까.

이 책의 중심부분에는 여섯 개의 장에 걸쳐 여섯 개의 코스 요리가 등장한다. 각 장은 새로운 DNA 기록이 밝혀낸 진화의 여러 모습들을 한 자락씩 보여줄 텐데, 다윈은 물론 수학으로 무장한 그의 후예들이 꿈도 꾸지 못했던 새로운 종류의 증거들이 동원될 것이다

우선 막대한 지질학의 시간척도에서 일어나는 자연선택 과정과 변형을 동반한 계통을 DNA 기록이 어떻게 보여주는지를 살펴볼 것이다. 그리고 자연선택이 (다윈의 표현에 따르면) 해로운 변화를 제거하기 위해 어떻게 행동하는지를 보여주는 분명한 증거를 제시하겠다(3장). 20억 년이 넘도록 모든 생물계에 걸쳐 그대로 보존되고 있는 유전자들이 그 증거이다. 이 '불멸'의 유전자 텍스트는 자연선택의 보수적인 감시를 받으며 '제자리걸음'을 하고 있다. 불멸의 유전자들은 막대한 시간 동안 돌연변이의 끈질긴 맹공을 이겨낸 불굴의 존재들일 뿐 아니라, 모든 현생 종이 공통조상에서 유래했음을 보여주는 강력한 증거이며, 생명 진화 초기에 일어난 사건들을 재구성할 수 있는 새로운 수단을 제공한다.

그 다음에는, 종이 완전히 새로운 능력을 어떻게 획득하는지, 이미 갖고 있는 재능을 어떻게 갈고 다듬는지 같은 근본적인 문제로 돌아가겠다(4장). 나는 이 점을 대단히 잘 보여주는 몇 가지 예들을 집중적으로 살펴볼 텐데, 모두가 색각의 기원과 진화에 관련한 예들이다. 색각의 소유와 조정은 동물들이 살아가는 방식에 따라 달라지며, 동물들이 낮과 밤에, 또는 깊고 푸른 바다 속에서 먹이와 짝, 그리고 동료들을 어떻게 찾는지와 직결된 문제이다. DNA의 수준에서 색각이 획득되고 조정되는 단계들은 특히 잘 연구되어 있으며, 진화하는 유전자의 텍스트에 자연선택이 작용하고 있다는 증거를 보여준다.

자연에서 발견되는 이러한 진화의 예들은 진화가 구체적으로 어떻게 일어났는지를 보여주는 설득력 있는 증거들이다. 이 예들은 수십 년 된 이론의 실체를 여러 면으로 재확인해준다. 하지만 이런 DNA 기록에 깜짝 놀랄 만한 것, 다시 말해 예기치 않게도 진화 과정을 바라보는 새로운 통찰력과 방법을 선사한 몇 가지 정보들이 없었다면, 이 기록은 다소 싱겁게 끝나버렸을지도 모른다. DNA 기록은 몇 가지 진짜 보석들을 내놓았다.

생명사 연구의 대부분이 화석기록을 중심으로 이루어지는 동안, 생물학자들은 DNA에서 새로운 종류의 화석기록을 찾아냈다. 그것은 화석 유전자이다(5장). 퇴적암이 지구에 더 이상 살지 않는 옛날의 생물을 기록하고 있듯이, 모든 종의 DNA에는 더 이상 사용되지 않으며 다양한 단계의 소멸 과정에 있는 유전자들(때로는 그 수가 수백 개에 이른다)이 들어 있다. 화석 유전자들은 내가 얼음물고기 이야기에서 말했듯이 종이 과거에 지녔던 능력을 암시하며, 종의 삶의 방식이 조상들과는 달라졌음을 귀띔해준다. 우리의 화석 유전자들은 우리가 호미니드(사람과) 조상들과 어떻게 달라졌는지 많은 사실들을 알려준다.

그러나 무엇보다 놀라운 점은 진화가 반복된다는 것이다(6장). 제각기 비슷한 형질을 얻거나 잃은 종들을 서로 비교하면, 진화가 자주 반복되어 일어난다는 사실을 알 수 있다. 때로는 똑같은 유전자의 유전암호에서 똑같은 염기가 똑같이 바뀌기도 한다. 어떤 경우에는 똑같은 유전자가 서로 다른 종에서 화석 유전자가 되어 있기도 하다. 이것은 시간상으로 엄청나게 떨어져 있는 서로 다른 종들이(분류학적으로 완전히 다른 집단에 속하는 종들도 포함하여) 특정 선택압에 똑같은 방식으로 대응한다는 것을 보여주는 증거이다. 과거의 사건은 되풀이되지 않는다는 관점을 바꾸지 않을 수 없을 만큼 진화의 반복은 자주 일어난다. 새로운 DNA 기록은 어떤 한 종이 문제를 해결하는 데 사용한 DNA의 특정한 변화를, 다른 여러 종들도 똑같이 해결책으로 삼아 거듭 사용할 가능성이 높다는 사실을 말해준다.

진화의 반복은 먼 과거에만 일어난 일도, 듣도 보도 못한 종에게만 일어나는 일도 아니다. 우리의 살과 피에서도 진화가 반복되어 일어나고 있다(7장). 우리 종도 우리가 맞닥뜨리는 물리적 환경과 병원체에 의해 갈고 다듬어져왔다. 말라리아와 같은 오랜 적과의 싸움에서 우리는 지금도 진화적 군비경쟁 속에 갇혀 있으며, 우리의 유전자에 이 전투의 상처들이 선명하게 남아 있다. 나는 자연선택이 우리의 유전자 구성을 어떻게 손질하는지, 또 이것이 인간 생물학과 의학에 얼마나 큰 영향을 미치고 있는지를 설명할 것이다.

내가 이 다섯 개의 장에서 소개할 방대한 증거들은 자연선택이 언제 어디서나 일어나고 있다는 것, 자연선택은 개체들 간의 아주 작은 차이에도 재빠르게 작용한다는 것을 명명백백히 보여줄 것이다. 그런데 다윈 이래로 진화 과정에서 가장 이해하기 힘든 부분은 복잡한 구조를 만들어내는 자연선택의 누적된 힘이었다. 우리는 한 세기가 넘도록 복잡한 기관과 신체부위의 형성과 역사를 잘 알지 못했다.

만찬의 마지막 요리로 나는 복잡한 기관의 형성과 진화에 대한 최신 발견들을 소개하려 한다(8장). 나는 발생과정을 이해하면 복잡한 구조가 어떻게 만들어지는지를 밝힐 수 있고, 복잡함에 정도의 차이가 있는 구조들의 발생을 비교하면 그런 구조가 어떻게 진화했는지를 밝힐 수 있다는 것을 강조해서 설명할 것이다. DNA 기록을 보면 생명의 복잡성과 다양성이 아주 오래된 몸 설계 유전자들을 바탕으로 진화했음을 분명히 알 수 있다.

보는 것이 믿는 것—왜 진화가 중요한가

진화 과정을 실제로 관찰하고, 풍성하고 오래된 DNA 기록을 살펴본 다음에는 식후 대화가 기다리고 있다. 이 책의 마지막 두 장에서 나는 진화적 사실들의 인정 또는 부인을 둘러싼 현재와 과거의 쟁점들을 살펴보고, 진화에 대한 지식을 현실세계에 적용하는 것이 얼마나 중요한지를 강조할 것이다. 제도권의 무지와 과학을 반대하는 대중(갈릴레오, 파스퇴르, 그리고 심지어 DNA가 유전의 기본단위라는 것을 증명해낸 과학에조차 반대하는)의 사례들을 보면, 진화에 대한 반대와 의심이 어떤 것인지를 알 수 있다. 천문학, 미생물학, 유전학이 밝혀낸 사실들도 가시적인 증거들이 쏟아져 나오기 전까지는 특정 집단들에게 받아들여지지 않았다. 하지만 새로운 DNA 기록은 무시해버릴 성질의 것이 아니다. 이 진화의 증거는 이미 무궁무진하며, 지금도 계속해서 쏟아져 나오고 있다.

이 책은 DNA 차원의 사건들에 초점을 맞추었다는 점에서 '유전자 중심적'이라는 비판을 들을 수도 있다. 나는 내 논증이 유전자 중심적임을 인정한다. 하지만 변호를 하자면, 내가 선택한 사례들은 종이 다양한 환경(종종 아주 극단적인 환경)에 적응할 수 있음을 잘 보여주는 것들이다.

새로운 DNA 기록을 통해 '최적자'가 어떻게 만들어지는지 알면,

생명의 놀라운 다양성(끓는 물속에 사는 원시 미생물에서부터 헤모글로빈이 없어도 숨을 쉴 수 있는 물고기, 우리 인간이 구별할 수 없는 색깔을 볼 수 있는 새와 나비들, 책을 쓰는 유인원에 이르기까지)을 빚어낸 과정들이 한층 더 경이로워질 것이다. 또한 어떻게, 그리고 왜 '최적자'가 불안한 상태까지는 아니더라도 조건부 상태인지를 알 수 있다.

진화의 수학과 DNA 기록은 자연선택이 현재에 유용한 것에만 작용한다는 사실을 알려준다. 자연선택은 더 이상 유용하지 않은 것을 보존하지 않으며, 미래에 필요한 것을 미리 준비할 수도 없다. 현재에 충실한 삶은 위험한 측면이 있다. 적응이 일어나고 최적자가 만들어지는 것보다 빨리 환경이 변하면 개체군과 종은 위기에 처한다.

지구 전체나 한 장소에서 환경이 변하면 오랫동안 최적자로 군림했던 수많은 개체들이 교체된다는 사실을 역사는 잘 보여준다. 화석 속에는 삼엽충, 암모나이트, 공룡 등 한때 매우 번성했으나 진화 과정에서 버림받은 집단의 생물들이 가득하다. 얼음물고기는 변화하는 남대서양에 적응하는 놀라운 진화 여행을 했지만, 이 여행은 아마도 돌아갈 수 없는 여행일 것이다. 한 번 버린 삶의 방식은 되돌릴 수 없고, 미래는 불투명하다.

디틀레프 루스타드는 크릴새우(남극지방의 먹이그물의 심장부에 있는, 몸길이 5~7센티미터의 갑각류)를 건져 올리는 어망에서 우연히 얼음물고기를 발견했다. 세월이 흘러 2004년 말, 남극의 40번의 여름 동안 아홉 개 국가에서 수집한 자료들을 연구한 생물학자들은 남극에 사는 크릴새우의 수가 1920년대 이후 80퍼센트나 줄었다고 보고했다. 크릴새우는 줄어드는 빙하에 의존해 살아가는 식물성 플랑크톤과 바닷말을 먹고 살고, 크릴새우는 다시 오징어, 바닷새, 고래, 물범…… 그리고 얼음물고기의 먹이가 된다. 남극반도의 기온이 지난 50년 동안 2.3~2.8도쯤 올랐고, 남대서양의 수온은 다음 100년 동안 다시 몇 도쯤 상승할 것으로 예상된다. 그렇게 된다면 차가운 물에 적응한 종들의 대부분은 수온과 먹이의 양에 일어나는 급격한 변화에 적응할 수 없을 테고, 방대하고 중요한 남극어장은 붕괴할 것이며, 이와 함께 얼음물고기도 사라질지 모른다.

그러므로 진화생물학 지식은 탁상공론이 아니며, 진화의 사실들을 받아들이는 일은 정치적·철학적 논쟁의 대상이 아니다.

피터 메더워 경은 이런 말도 했다. "진화적으로 생각하는 것의 대안은 생각을 하지 않는 것이다." 생각을 하지 않는 것은 물론 우리 인류가 허용할 수 없는 대안이다.

다윈의 비둘기들 다윈이 변이에 대한 선택의 힘을 보여주기 위해 이용한, 들비둘기에서 유래한 다양한 집비둘기들. 그림: 『육종에 의한 동식물의 변이』 1권(1869년에 런던에서 존 머레이 펴냄)에 나오는 것을 제이미 캐럴이 구성함.

진화의 수학:
기회, 선택, 시간

• • • • • • • • • • • •

> 과학은 그저, 날마다 하는 생각을 갈고 다듬는 것이다.　　**알베르트 아인슈타인**

몇 달이 멀다 하고 라디오와 텔레비전 방송국들은 파워볼 복권[*]의 당첨자가 나오지 않아 당첨금이 불어났다는 보도를 한다. 이 소식을 들은 사람들은 벼락부자가 될 절호의 기회를 잡기 위해 복권을 사러 구름떼처럼 몰려들고, 당첨금은 더욱 불어난다. 다른 주에 사는 사람들과 평소에 복권을 사지 않던 사람들도 먼 거리를 마다 않고 달려와 기꺼이 몇 달러를 뿌린다. 4천만이나 5천만 달러의 당첨금을 위해 복권을 사기는 귀찮지만, 2억 달러면 해볼 만하다. 복권이 맞으면 그야말로 대박이니까!

캘리포니아 주립대학의 마이크 오킨 교수는 어떤 사람이 복권 한

---

[*] 미국식 로또 복권(옮긴이).

장을 사러 16킬로미터를 차로 달려올 경우, 자동차 사고로 죽을 확률이 복권에 당첨될 확률보다 16배가 높다고 말한다. 여러분은 이 대목에서 "잠깐, 그것은 복권을 한 장 살 때 얘기지. 그 사람들은 여러 장을 산다고. 그러면 당첨 확률은 올라가고말고!" 하고 말할 것이다. 그렇긴 하다. 하지만 올킨 교수는 일주일에 복권을 50장 사는 사람이 당첨될 확률은 평균 3만 년에 한 번꼴이라고 말한다.

우리는 확실히 통계와 확률에 대해 재미있는 생각과 태도를 갖고 있다. 그런데 이런 생각들은 비단 복권에만 해당되는 것이 아니다.

상어의 공격은 언제나 뉴스거리가 되는데(수많은 영화의 소재가 됨은 물론), 상어의 공격으로 죽을 확률은 (미국에서) 일 년에 3억 명당 1명꼴이다. 그러나 이런 사실을 안다고 해서 상어에 품고 있는 공포와 병적인 끌림이 줄어드는 것 같지는 않다. 상어가 겁나지 않다면 사자도 있다. 사자의 수가 계속 늘고 있는 캘리포니아에서 사자의 공격으로 죽을 확률은 1년에 3천2백만분의 1이다. 이것을 개에게 물려죽을 확률과 비교해보자. 1년에 70만분의 일로 거의 50배가 높다. 우리는 사랑스럽고 귀여운 살인마들에게 둘러싸여 있는 것이다!

우리는 큰일 날 가망이 거의 없는 일은 걱정할 필요가 없음을 잘 알고 있다. 그러나 또한 우리는 눈앞의 더 큰 위험은 무시하고 일어날 리가 거의 없는 비극에 애를 태운다. 심리학과 통계학은 뇌의 같은 부분을 사용하지 않는 것이 분명하다.

내가 확률의 예들을 제시한 이유는 진화에도 '기회'라는 요소가 있기 때문이다. 진화에 대한 의심과 혼동은 주로 여기서 생겨난다. 어떤 사람들은 자연의 질서와, 영하의 수온에서 사는 얼음물고기처럼 종이 환경에 적응하는 놀라운 방법을 보고, 이런 대단한 일이 우연한 기회에서 비롯되었을 리가 없다고 생각한다. 이런 사람들은 자연이 새롭고 유용하고 복잡한 것을 만들어낼 확률이 거의 없다고 단정 짓는다. 이 의심을 해소하려면 기회, 선택, 시간의 상호작용을 이해해야만 한다. 이 장에서 여러분은 진화—시간에 따른 변화—를 이해하는 것도 따지고 보면 일상의 확률을 계산할 때 사용하는(복권의 경우에는 반드시 사용해야 하는) 것과 같은 종류의 사고와 수학임을 알게 될 것이다.

알베르트 아인슈타인은 "우주에서 가장 강력한 힘이 무엇입니까"라는 물음에 "복리이자"라고 대답했다. 아인슈타인이 좀더 똑똑했더라면 "자연선택"이라고 대답했을 것이다. 복리이자나 자연선택이나 그 힘은 똑같은 수학 원리에서 나오기 때문이다. 원리는 간단하다. 작은 수(가령 은행에 있는 여러분의 돈)로 시작할지라도, 연간 증가율이 보잘것없더라도(예를 들어 은행이 지급하는 이자), 충분한 시간만 주어진다면, 원래의 수가 해마다 불어나 엄청난 수가 된다.

진화의 경우 '작은 원금'은 한 개체군에서 특정 형질을 가진 개체들의 수이며, '보잘것없는 이자율'은 그 형질이 개체들에게 부여하는 작은 선택적 이익이다. 잠시 후 자세히 설명하겠지만, 진화에서 '충분한 시간'은 우리가 생각하는 것보다 훨씬 짧다. 한 형질이 한 개체군 내에서 우세한 형질이 되는 데 필요한 시간은 한 세대보다는 길지만 몇백 세대면 충분하다. 이것은 지질학의 시간척도에서는 눈 깜박할 사이이다. 다윈이 자연선택설을 세운 이후 사람들은 이 점을 오랫동안 제대로 이해하지 못했다. 간단한 수학을 토대로 한 이 간단한 사실에는 심오한 뜻이 담겨 있다. 즉, 개체들 간의 작은 차이가 오랜 시간의 자연선택으로 누적되면 종들 사이에 나타나는 커다란 차이로 불어날 수 있다는 것이다.

비둘기와 쥐를 가지고 의심을 극복하다

『종의 기원』을 처음 읽는 사람들은 아마 첫 장을 넘기며 생명의 눈부신 다양성이나 인간의 기원 같은 화끈한 내용을 기대할 것이다. 하지만 어느 것도 발견하지 못할 것이다. 생물학사에서 가장 중요한 책의 1장에서 우리가 만나는 것은…… 비둘기들이다.

그렇다. 5년 동안 세계 일주를 하고 20년이 넘게 연구과 집필에 매달려 탄생시킨 생명에 대한 위대한 저작을, 다윈은 고작 영국의 비둘기 이야기로 시작한다.

하긴 수많은 걸작들의 처음이 다 그렇긴 하지만.

자연선택에 대해, 그리고 모든 종이 공통조상에서 유래했다는 이야기를 하기 전에, 다윈은 주위에서 쉽게 볼 수 있는 비둘기 품종들을 가지고 선택과 계통의 개념을 설명하기로 한다.

다윈은 비둘기 전문가였다. 그는 이렇게 시작한다. "나는 어떤 특수한 무리를 연구하는 것이 항상 최선이라고 생각을 했고, 심사숙고 끝에 집비둘기를 연구하기로 했다. 나는 사거나 구할 수 있는 모든 품종을 기르고, 세계 각지로부터 박제로 된 것을 선사받았다."

비둘기들은 다윈에게 변이와 선택의 상호작용에 대해 가르쳐주었고, 다윈은 사소한 변이에 작용하는 자연선택이 오랜 시간에 걸쳐 누적되면 종들 간의 큰 차이를 낳을 수 있음을 확신하게 되었다.

다윈은 비둘기들이 품종에 따라 너무나 달라서 만일 조류학자에게 보여주며 야생 조류라고 말하면, 그 조류학자는 비둘기들 각각을 뚜렷이 구분되는 종으로 분류할 것이라고 생각했다. 하지만 다윈은 이들이 모두 들비둘기에서 유래했다는 것을 알았다. 그는 비둘기에게서 얻은 통찰을 자연 전반에 적용했다.

박물학자와 육종가들은 겉만 보고 모든 종류의 가축들(소, 양, 등등)이 서로 다른 조상들에게서 유래했다고 잘못 생각했다. 다윈은 이렇게 쓰고 있다. "내가 처음으로 비둘기를 기르고 여러 품종을 관찰하면서 그들이 실제로 교배를 한다는 것을 알았을 때, 나는 박물학자들이 여러 종의 핀치를 보면서 같은 결론을 내리는 데 곤란을 겪듯, 그들이 공통조상에게서 유래했다는 사실을 믿기가 어려웠다." 선택의 효과를 이해하지 못하는 이유에 대한 다윈의 설명은 간단하다. "육종가들은 오랜 연구를 통해 여러 품종 간의 차이를 가슴에 깊이 새기고 있다……. 하지만 그들은 일반적인 논증들을 무시하고, **수많은 세대에 걸쳐 누적된 사소한 차이들을 그들의 마음속에서 종합하지 않으려 한다**[강조는 저자의 첨가]."

다윈은 비둘기 육종가들을 많이 알고 지냈고, 그들로부터 인위선택으로 형질을 바꾸려면 얼마만큼의 시간이 필요한지를 들었다. 다윈은 이렇게 지적한다. "가장 실력 있는 육종가인 존 시브라이트 경은 비둘기의 경우 '어떤 날개라도 3년이면 만들어낸다. 하지만 머리와 부리는 6년이 걸린다'고 말하곤 했다."

다윈은 오랜 시간에 걸친 자연선택의 힘을 확신했다. 하지만 다른 사람들은, 그의 열혈 지지자들조차도 이 개념을 선뜻 받아들이지 못했다.

자연선택이 개체들 간의 작은 차이에도 작용할 만큼 효과적인가, 아니면 선택은 큰 차이에만 작용하는가, 이것이 문제의 포인트였다. 다윈의 가장 든든한 우군이던 생물학자 토머스 헉슬리는 물론 선택의 힘을 믿었다. 하지만 헉슬리도 현생 종과 화석기록상의 종 사이의 차이가 오랜 시간에 걸쳐 연속적인 작은 변이에 자연선택이 작용한 결과임을 설명하는 데에는 어려움을 겪었다. 헉슬리는 선택이 개체들 간의 불연속적인 큰 차이인 '도약'에 작용한다고 생각하는 것이 더 편했다. 헉슬리가 즐겨 제시했던 예는 인간과 동물의 다지증이었다. 그는 다지증이 한 세대 만에 완전한 형태로 나타날 수 있다면, 종들의 손발가락 수가 서로 다르게 진화한 것은 점진적 진화보다는 '도약'으로 더 잘 설명할 수 있다고 생각했다. 헉슬리는 죽는 날까지 이 생각을 고수했다. 자연선택이 복잡한 기관의 점진적 진화를 이루어 낼 만큼 강력한가, 하는 문제는 후대의 생물학자들에게로 넘어갔다. 그리고 한동안 전망은 다윈에게 그리 밝지 못했다.

헉슬리와 다윈은 유전의 메커니즘을 전혀 알지 못한 채 무덤 속으로 갔다. 최초의 유전법칙들을 발견한 사람은 아우구스티누스 수도회의 수사였던 그레고르 멘델로, 그는 1850년대 후기와 1860년대 초기에 걸쳐 완두콩으로 육종 실험을 하다가 이 법칙들을 발견했다 (이 시기는 아이러니하게도 『종의 기원』의 출간시점과 겹친다). 그런데 멘델은 다윈을 잘 알았지만, 이 위대한 박물학자는 멘델의 실험이 소개된 독일 학술지를 영국에서 구할 수 있었음에도 멘델의 연구를 알지 못했다. 멘델의 연구결과가 발표된 지 34년이 지나고 멘델이 죽은 지 16년이 지난 1900년에 이르러서야 과학계는 멘델의 연구에 주목하기 시작했다.

멘델의 연구에 큰 관심을 보인 생물학자 중에 케임브리지 대학의 박물학자였던 윌리엄 베이트슨이 있었다. 베이트슨은 변이의 법칙들을 찾고 있었고, 자연에서 발견되는 온갖 종류의 크고 불연속적인 변이들을 다룬 방대한 책을 집필했었다. 이런 연구를 토대로 베이트슨은 선택이 개체들 간의 큰 차이에 작용하며, 작은 차이가 누적되어 진화가 일어난다는 다윈의 생각은 틀렸다고 생각했다.

멘델의 연구를 보며 베이트슨은 자신의 견해를 확고부동하게 만들 증거를 찾았다고 생각했다. 멘델은 하나의 단위(지금 우리는 이것을 '단위 유전자'라고 부른다)가 완두콩의 모양이나 색깔의 차이를 결정하는 것과 같은 단순한 방식으로 완두콩의 여러 형질들이 유전된다는 사실을 밝혔다. 베이트슨에게는 이것이.진화가 크고 뚜렷한 차이(쭈글쭈글한 모양과 매끈한 모양, 초록색과 노란색)에 작용하며 그 중간 단계에 해당하는 차이에는 작용하지 않는다는 확실한 증거였다. 멘델이 제시한 새로운 증거는 자연선택을 지지하는 쪽과 의심하는 쪽의 견해 차이를 더 벌려놓았다. 멘델의 법칙은 분명 옳았다. 그렇다면 이 교착상태가 어떻게 흘러갔으며, 어떤 발견으로 판세가 다윈에게 유리하게 돌아섰을까?

전환점은 아이러니하게도 다윈의 자연선택설을 의심하는 사람들이 추가 증거를 찾는 과정에서 찾아왔다. 이런 일은 과학계에 흔하다. "내 선입관과 딱 맞아떨어지는 견해를 취할 때는 조심해야 하며, 내가 적대하는 견해의 증거보다 더 확실한 증거를 찾아야 한다고 과학은 경고한다"는 헉슬리의 충고가 딱 들어맞는 경우였다.

멘델 유전학의 발견으로, 동물의 품종을 개량하는 실험을 포함해 온갖 종류의 연구 프로그램이 활력을 얻었다. 이 분야에서 가장 중요

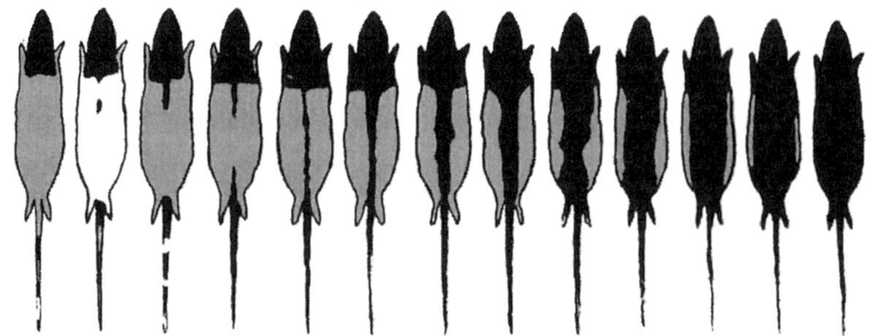

그림 2.1. 캐슬의 실험에서 쥐의 털색에 대한 선택 인위선택으로 인해 검은 부위의 정도, 즉 '두건'이 부모 세대가 보였던 패턴의 범위를 벗어나 변형되었다. 이것은 선택의 힘을 보여주는 중요한 증거였다. W. E. 캐슬과 J. C. 필립스, 「워싱턴 카네기 연구소 정기간행물」 195호(1914)에서.

한 인물들 가운데 하나가 하버드 대학의 윌리엄 캐슬이었다. 그는 멘델의 유전법칙과, 불연속변이가 진화의 원재료라는 베이트슨의 견해를 곧장 받아들였다. 하지만 캐슬은 비교적 빨리 베이트슨의 견해에서 돌아서게 된다.

캐슬이 돌아서게 된 계기는 여러 세대에 걸친 쥐 육종 실험이었다. 캐슬과 그 밖의 다른 생물학자들은 선택이 원래 존재하던 변이의 범위를 벗어나는 형질변화를 일으킬 수 없다고 생각하고 있었다. 캐슬은 '두건 쓴' 쥐를 가지고 실험을 했다. 이 쥐는 머리와 어깨 부위에 마치 두건을 쓴 것처럼 검은 털이 나 있기 때문에 이렇게 불렸다. 캐슬과 그의 학생들은 이 쥐들을 가지고 여러 차례의 인위선택을 한 결과 완전히 새로운 털 패턴들을 만들어낼 수 있었다. 원래 있던 털 패턴들의 중간에 해당하는 패턴들도 나왔지만, 원래 있던 변이의 범위를 **벗어나는** 희한한 패턴들도 나왔다^{그림 2.1}. 캐슬은 여러 유전자들이 털 패턴에 관여하고 있으며, 점진적이고 연속적인 변이를 일으키고 있다는 사실을 깨달았다. 캐슬의 인위선택은 이 유전자들의 다양한 변형들의 조합에 작용하고 있었던 것이다. 그는 애초의 생각을 뒤집어, 작고 연속적인 변이에 대한 선택으로 충분히 진화가 일어날 수 있다는 결론을 내렸다.

캐슬의 실험과 이에 따른 입장변화는 진화론의 주류를 다윈의 자연선택설 쪽으로 바꾸었던 증거들 가운데 하나에 불과했다. 실험증거에 더불어, 진화, 자연선택, 유전학에 대한 완전히 새로운 접근법이 떠올랐다. 그것은 수학이었다.

진화의 대수학

다윈의 견해에 강력히 반대한 초기 유전학자들 가운데 한 사람이었던 R. C. 퍼네트는 예기치 않게 자연선택을 강력히 지지하는 수학적 분석법을 창시하게 되었다. 퍼네트는 나비의 의태에 관심이 많았다. 의태는 새들의 먹이가 되는 나비 종들이, 같은 장소에 살지만 새의 먹이가 되지 않는 나비 종의 날개 색을 흉내 내도록 진화해서 새에게 자신도 먹을 수 없는 종이라는 거짓신호를 보내는 현상이다. 선택이 한 나비 개체군에 특정 형질을 퍼뜨리거나 제거하기까지 얼마만큼의 시간이 걸리는지를 알아보고 싶었던 퍼네트는 수학자인 H. T. J. 노턴에게 계산을 도와달라고 부탁했다.

노턴의 계산 결과, 퍼네트에게나 다른 과학자들에게 매우 놀랍게도 선택과 진화는 예상보다 훨씬 빠르게 일어날 수 있었다. "한 형태가 다른 형태로 대체되는 것이 진화라면 진화는 이제까지 짐작했던 것보다 훨씬 빠른 과정인 것 같다. 자연선택은, 그 효과가 충분히 강력하다면, 작용을 가할 변이들이 주어졌을 때 매우 빠르게 한 형태를 다른 형태로 바꾸는 것이 틀림없어 보이기 때문이다."

여기서 키워드는 '짐작했던'이다. 노턴이 숫자들을 처리하기 전까지는, 선택이 한 개체군이나 종을 휩쓰는 데 걸리는 시간은 기껏해야 막연한 짐작일 뿐이었다.

노턴이 한 일은 다음과 같은 간단한 질문이었다. "한 개체군에 나타나는 특정 형질의 초기 빈도가 주어졌을 때 서로 다른 **선택률**을 적용하면 그 빈도가 증가하거나 감소하는 데에 각각 얼마만큼의 시간이 걸릴까?" 노턴의 계산 원리는 간단명료했다. 복리이자 유비를 쓰면 쉽다. 노턴의 질문을 이렇게 바꿀 수 있다. "일정한 금액의 원금이 주어졌을 때 서로 다른 이자율을 적용하면 시간이 흐름에 따라 원금이 어떻게 달라질 것인가?"

퇴직금을 탈 만큼 나이 지긋한 분이라면, 혹은 은행에 저축을 할 만큼 운 좋은 분이라면 복리이자의 위력을 잘 알고 있을 것이다. 돈이든 사람이든 물고기이든 뭔가의 양이 현시점의 양에 비례하여 증가하면 나중에는 눈덩이처럼 불어나게 된다. 돈의 경우 증가율의 핵심은 이자율, 또는 수익률이다. 7퍼센트의 복리이자를 받는 투자자는 10년마다 돈이 두 배로 불어나고, 1퍼센트의 복리이자를 받는 투자자는 70년마다 돈이 두 배가 된다. 두 투자자의 이자율 차이가 70년 후 갖는 의미를 살펴보면, 첫 번째 투자자는 재산이 2배씩 7번 불어나고, 두 번째 투자자는 2배만 불어나게 된다. 첫 번째 투자자의 경우는 원금이 $2 \times 2 \times 2 \times 2 \times 2 \times 2 \times 2$, 즉 128배로 불어나고, 두 번째 투자자의 경우는 단지 2배가 될 뿐이다. 두 사람의 재산은 64배차로 벌어진다. 6퍼센트 차이가 누적된 결과는 이토록 분명하다.

생물학에서 이런 누적의 힘은 다소 약해질 수 있다. 생물은 죽고 자원은 한정되어 있기 때문이다. 다윈은 코끼리 한 쌍이 육십 평생 동안 여섯 마리의 새끼를 낳을 경우, 500년이 지나면 사망률을 계산에 넣더라도 자손이 1천5백만 마리로 늘어난다는 사실을 지적했다. 하지만 가용할 땅, 먹이, 물이 한정되어 있기에 모든 생물은 경쟁 속에서 산다. 경쟁은 개체군의 절대증가를 제약하는데, 이것은 자연선택을 위한 중요한 환경설정이다. 경쟁이 존재하고(경쟁은 어디에나 존재한다) 유전되는 변이가 존재하는 곳이라면 항상 선택이 작용한다.

생물학자들은 **선택상수**라는 용어를 써서 선택의 힘을 계산한다. 선택상수는 이자율과 비슷한 개념이며 약자로 s라고 표기한다. 선택상수는 한 형질을 가진 개체와 가지지 않은 개체가 번식과 생존에서 얼마만큼의 이익 또는 손해를 보는지를 나타내는 값이다. 예를 들어 어떤 형질이 있으면 개체가 작은 이익을 얻어 101마리의 생식력 있는 자손을 생산하는 반면 그 형질이 없는 개체는 100마리의 생식력 있는 자손을 생산한다면, 이것은 1퍼센트의 이익이며(1퍼센트 복리이자율), s의 값은 +0.01이다. 만일 한 형질을 가짐으로써 손해를 본다면, 다시 말해 100마리의 자손을 낳는 개체들에 비해 99마리밖에 낳을 수 없다면, s는 −0.01이 된다. 1에서 선택상수의 ±값을 더한 값이 적응도 지표이며, 이것은 절대값이 아니라 상대값이다.

아인슈타인과 투자자들이 복리이자의 위력을 절감하듯, 노턴은 생물학자들이 자연선택의 위력을 절감하게 했다. 노턴은 예를 들어 한 우성형질의 선택적 이익이 0.01로 아주 작다 해도, 이 형질은 단 3,000세대 만에 1,000분의 8의 빈도에서 개체군의 90퍼센트 이상을 차지할 만큼 늘어난다고 계산했다. 만일 선택적 이익이 10배 높다면

(s=0.1), 이번에는 같은 빈도(90퍼센트 이상)로 늘어나는 시간이 단 300세대로 단축된다. 지구에 사는 종의 대부분이 한 세대가 1년 이하이기 때문에 이 수치는 수많은 생물학자들에게 매우 의미심장한 것이었다. 이후 더 많은 수학적 연구결과들이 나왔다. 특히 J. B. S. 홀데인은 R. A. 피셔, 시월 라이트와 함께 다양한 조건에서의 진화, 선택, 시간의 관계를 이해하는 수많은 공식을 만들어냈다.

나는 지금까지 형질의 빈도 변화를 설명했지만, 누적된 자연선택의 위력은 형질의 변화 속도에서도 드러난다. 식물의 키나 동물의 몸길이 같은 신체 형질의 크기를 생각해보자. 우리는 모든 야생의 개체군에는 크기의 변이가 존재함을 잘 안다. 그럼, 각 세대에서 더 큰 개체들에게 선택적 이익이 있다고 가정하자. 만일 한 세대를 건너갈 때의 변화율이 0.2퍼센트라면 — 이것은 키가 1미터인 식물 또는 몸길이가 1미터인 동물에서 2밀리미터에 해당한다 — 바로 다음 세대에서는 눈으로 구별이 불가능하다. 하지만 200세대만 지나면 키와 몸길이는 50퍼센트까지 증가하게 된다.

이 계산은 자연선택의 잠재력과 속도를 잘 보여준다. 그럼 현실 세계에서는 이것을 어떻게 알 수 있을까?

야생에서의 자연선택

선택은 야생에서보다 수학공식으로 볼 때 훨씬 이해하기 쉽다. 대조군을 상정하는 일이 어렵다는 것은 차치하고라도, 야생에서 선택을 알아보기 힘든 두 가지 주요 원인을 금방 떠올릴 수 있다. 첫 번째 문제는 시간이다. 만일 자연학자나 연구자들이 살아생전에 기록할 수 있는 것보다 긴 시간이 지나야만 변화가 측정가능하다면, 그것은 인간의 힘으로 어쩔 수 있는 일이 아니다. 두 번째는 수치의 문제다. 미미한 선택적 이익 또는 손해를 감지하기 위해서는 표본이 커야만 한다.

후자의 어려움은 확률과 통계의 문제다. 한 종의 두 형태가 갖는 상대적인 적응도가 아주 작은 비율만큼만 차이가 난다면, 우리는 표본오차를 극복하기 위해 시간을 두고 많은 개체들을 따져보아야 한다. 간단한 예를 보면 잘 알 수 있다.

어떤 동물의 한 색깔이 다른 색보다 이로운지 아닌지 조사하고 있다고 가정해보자. 예상비율을 벗어난 변화를 감지해내기 위해서는 몇 마리의 동물을 조사해보아야 할까? 개체수가 풍부한 종이라고 생각해보자. 예컨대 그물로 잡아서 셀 수 있는 물고기라고 생각해보자. 확률이론에 따르면 더 많은 물고기의 수를 세어볼수록 한 개체군에 속해 있는 각 유형의 물고기 수를 실제에 가깝게 알아낼 수 있다. 그럼 95퍼센트의 신뢰도(즉, 100번 중에 95번은 추정 구간 안에 있는 값이 참이라는 뜻)를 얻기 위해서는 표본의 수가 얼마나 필요할까? 아래 표가 보여주듯, 오차는 표본의 크기가 증가할수록 감소한다.

표본 크기	오차범위(퍼센트)
100	± 9.8
400	± 4.9
1,000	± 3.1
10,000	± 1.0

물고기 100마리를 표본 집단으로 삼을 때 예측이 빗나갈 확률은 10퍼센트가 된다. 그렇게 큰 오차범위로는 미미한 선택을 찾아낼 수 없다(여론조사기관도 표본 크기가 작을 경우 같은 문제에 부딪힌다. 선거결과를 예측할 때 실수를 하는 것도 그런 이유 때문이다).

야생에서 미미한 선택적 차이를 찾아내기가 어렵다는 말은, 우리가 잘 알고 있는 것이 주로 선택이 매우 강력하고 따라서 매우 빠른 경우라는 뜻이다. 가장 널리 알려진 사례로 얼룩나방의 흑색화가 있다. 산업혁명이 시작되면서 영국과 북아메리카 지역에서 환경이 오염됨에 따라, 얼룩나방들이 붙어사는 나무줄기에 검댕이 내려앉고 지의류가 죽어갔다. 그러자 산업지역에서는 검은색이 많이 섞인 나방의 빈도가 극적으로 빠르게 증가하고 몸이 주로 흰색인 나방은 극적으로 감소했다. 1848년에서 1896년까지 불과 50년 만에 몇몇 지역에서는 검은 나방이 무려 98퍼센트의 빈도까지 증가했다. 홀데인은 이 시기에 실시했던 나방 종류에 대한 조사를 바탕으로, 어두운 색의 나무에 사는 흰 나방의 선택상수를 대략 −0.2로 추정했다. 20퍼센트의 불리함은 별 것 아닌 듯 보이지만, 여러 세월이 더해질 경우 한 개체군의 빈도를 대단히 빨리 줄일 수 있다. 지난 반세기 동안 공기청정법 제정으로 인해 선택압이 바뀌어, 검은 나방이 급격히 줄었다는 좋은 자료가 있다. 일부 지역에서는 검은 나방의 비율이 전체 얼룩나방의 90퍼센트가 넘었다가 10퍼센트 아래로 떨어지기도 했다^{그림 2.2}.

얼룩나방의 경우 자연선택의 행위자들은 새들이었는데, 야생에서 자연선택을 조사하기 어렵게 만드는 또 하나의 변수가 여기서 생긴다. 우리는 충분한 표본의 수가 필요할 뿐 아니라, 나방에 작용하는 선택인자들에 대해 알 필요가 있다. 포식자가 여럿이라면 문제는

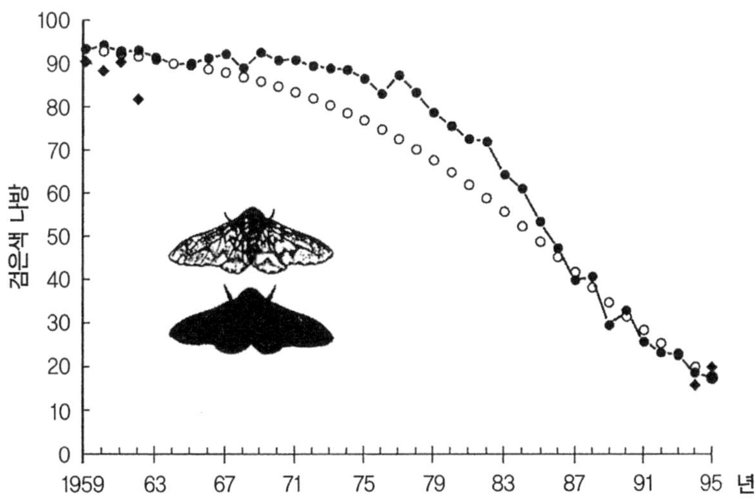

그림 2.2. 공기가 깨끗해지면서 검은색 나방이 줄어들고 있다. 선택 조건이 바뀜에 따라 검은색 나방의 빈도가 미국(색칠한 다이아몬드)과 영국(색칠한 원) 양쪽에서 꾸준히 감소하고 있다. 속이 빈 동그라미는 선택상수가 −0.15일 때 기대되는 감소 정도를 나타낸다. 그림: B. S. 그랜트 등, 「유전 저널」 87(1996), 3351쪽에 나오는 것을 수정해서 그림.

더 복잡해진다. 포식자 조건이 서식지에 따라, 하루 중의 시간대에 따라 달라지기 때문이다. 얼룩나방의 경우는 검은 나방과 흰 나방의 급격한 증가와 감소가 두 대륙에서 나란히 일어났으며 산업관행의 변화와 상관성을 보였기 때문에, 색깔 형태에 자연선택이 작용한 결과임이 확실했다.

얼룩나방의 이야기는 단지 한 가지 예일 뿐이다. 동물의 몸 색깔에 작용하는 자연선택의 사례들은 확실한 선택인자 또는 추정되는 선택인자들이 밝혀진 육상달팽이, 무당벌레, 사막쥐 같은 다른 종에서도 연구되고 있다. 이 종들 가운데는 특정 색깔 형태에 대한 선택상수가 대단히 큰 경우도 있다(0.01에서 0.5).

야생에서 자연선택을 조사하는 장기적인 연구를 하려면, 연구자 개인의 영웅적인 헌신과 지속적인 자금지원뿐 아니라 자연의 협조라는 엄청난 운까지 따라주어야 한다. 야외 생물학은 매우 드문 특징을 지닌 인간 연구자들을 선택하고 있는 셈이다.

야생 비둘기와 매의 포식관계를 알아보는 최근의 7년에 걸친 한 야외조사는 야생에서 일어나는 선택을 이해하기 위해서는 얼마나 대단한 인내와 끈질긴 노력이 필요한지를 잘 보여준다. 캘리포니아 주 데이비스 주변에 사는 야생 비둘기들은 여섯 가지 깃털 색깔을 선보인다. 이들은 매가 가장 좋아하는 식사이다. 이 비둘기들 가운데 한 형태는 푸르스름한 회색빛을 띠고, 꽁지와 등 아랫부분 사이에 흰색 엉덩이깃털이 나 있다. 나머지 비둘기들은 이러한 흰색 엉덩이깃털이 없다^{그림 2.3}. 하버드 대학의 알베르토 팔레로니가 이끄는 연구팀은 매와 비둘기의 공중전을 매우 자세하게 연구했다. 연구팀은 7년에 걸쳐 야생 비둘기에 대한 다섯 마리 매의 공격을 무려 1,485회나 기록했다. 이 과학자들은 비둘기의 깃털 색깔, 매의 공격, 사냥 성공률 사이의 관계를 찾고자 했다. 이를 위해 그들은 5,235마리의 비둘기에 표지를 붙이고 결과를 기록했다. 이 정도면 어마어마하게 큰 표본이다.

연구팀은 매가 다른 비둘기에 비해 흰색 엉덩이깃털이 있는 비둘기를 덜 자주 공격하며, 공격을 시도한다 해도 성공하는 경우가 거의 없다는 사실을 발견했다. 흰색 엉덩이깃털 비둘기들은 그 지역 비둘기의 20퍼센트를 차지했는데, 매에게 잡힌 비둘기 중에서는 2퍼센트밖에 차지하지 않았다.

팔레로니와 동료들은 모든 비둘기들은 매의 공격을 받을 때 매를 피하기 위해 회전을 하는데, 이때 흰색 깃털이 위력을 발휘한다고 설

그림 2.3. 비둘기의 엉덩이깃털 색깔의 변이 도시 비둘기 개체군들의 경우, 일부 개체들은 흰 엉덩이깃털을 갖고 있어서(왼쪽) 매의 공격을 피하는 데 유리하다. 그림: 제이미 캐럴.

그림 2.4. 추적 시속 240킬로미터의 속도로 비둘기를 향해 곤두박질치는 매와 위기에 처한 비둘기. 사진: 롭 팔머가 촬영한 것을 알베르토 팔레로니의 허락을 받아 실음.

명한다. 매가 시속 300킬로미터의 속도로 곤두박질칠 때 비둘기는 날개를 내린 채 매의 행로에서 벗어나기 위해 회전을 한다. 생물학자들은 이때 흰색 깃털이 매의 시선을 분산시키고 비둘기는 그 순간을 틈타 공격을 피한다고 주장한다.

이 가설을 확인하기 위해 연구팀은 엉덩이에 흰색이 섞인 비둘기와 온통 파란줄인 비둘기 756마리를 데려다 흰색 깃털을 바꿔치기했다(깃털을 잘라서 라텍스 접착제로 붙였다). 그런 다음 비둘기들을 풀어주고 매가 공격했을 때의 운명을 기록했다. 잡히는 비율이 뒤바뀌었다. 원래 흰색 깃털이 있던 비둘기들은 다른 비둘기들과 똑같은 비율로 잡혔고, 흰색 깃털을 붙인 파란줄 비둘기는 보호효과를 누렸다.

이 놀라운 연구 과정에서 연구팀은 흰색 깃털 비둘기의 개체군이 다른 종류들에 비해 꾸준히 증가하고 있음을 관찰했다. 이 비둘기들은 자연선택의 작용을 받아 진화하고 있는 것이다.

야생에서 일어나는 자연선택에 대한 연구는 동물의 색깔보다 훨씬 복잡한 형질들로 점점 확장되고 있다. 큰가시고기의 진화는 훌륭한 예이다. 마지막 빙하시대가 끝나면서 빙하가 물러갈 때 호수와 강을 침범했던 바다의 큰가시고기가 그곳에 그대로 고립되었다는 사실이 지질기록에서 밝혀졌다. 그 이후 담수 개체군들이 바다에 살던 조상에서 갈라졌다. 바다에 사는 큰가시고기의 경우 보통 30개 이상의 인판이 머리에서부터 꼬리까지 연속적으로 늘어서 있다. 대부분의 담수 개체군에서, 인판의 개수는 0에서 9개의 범위로 줄었다. 호수와 강에 사는 개체군들이 인판의 수를 줄여서 얻는 선택적 이익은 헤엄을 치는 동안 몸을 더 유연하고 자유롭게 움직일 수 있

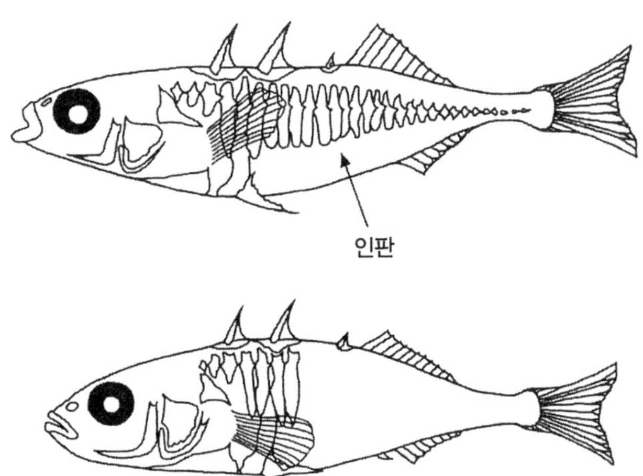

그림 2.5. 큰가시고기의 인판에 일어난 급격한 진화 북아메리카 북부 전역의 호수에서 바다에 살던 큰가시고기들이 신체골격의 일부인 인판의 수와 크기를 줄여 새로운 환경에 적응했다.
그림: M. A. 벨 등, 「진화」 58(2004), 814쪽에서.

는 것인 듯하다.

큰가시고기의 진화는 실시간으로도 관찰되고 있다. 1982년에 알라스카 주의 로버그 호수에는 화학적 박멸 프로그램 때문에 원래 살던 큰가시고기 개체군이 내쫓기고 바다에서 사는 큰가시고기가 들어왔다. 1990년에서 2001년까지 12년 동안 정기적인 표본조사를 실시한 결과, 바다에서 온 큰가시고기의 빈도가 꾸준히 감소해 100퍼센트에서 11퍼센트로 떨어진 반면, 인판의 수가 적은 큰가시고기는 75퍼센트까지 늘어났으며, 다양한 중간 형태들도 작은 비율을 차지했다^{그림 2.5}. 로버그 호수의 큰가시고기 개체군의 진화는 이 물고기들이 바다에서 온 지 단 몇십 년 만에 담수 환경에 적응했음을 보여준다. 큰가시고기는 새로운 환경에 빨리 적응하기 때문에 진화연구에 아주 좋은 모델이며, 우리는 이들을 8장에서 다시 만날 것이다.

　내가 소개한 몇 가지 예들은 진화의 속도와 선택의 힘이 한 개체군에 이미 존재하는 변이들에 작용할 때 매우 강력하다는 것을 잘 보여준다. 그러면 이 변이는 어디서 올까? 그리고 만일 유용한 변이가 존재하지 않는다면 무슨 일이 일어날까? 한 개체군에 새로운 변이가 나타나려면 얼마나 오래 '기다려야' 할까?

돌연변이 복권: 우리는 모두 돌연변이다

　모든 다양성의 원료는 돌연변이다. 이 말에는 많은 의미가 담겨 있으며 그 때문에 내가 당장이라도 해명하고 싶은 돌연변이에 대한 널리 퍼진 두 가지 오해를 낳는 데 일조하기도 했다. 첫째는 모든 돌연변이는 나쁘고, 그러므로 생산적이지 않고 파괴적이라는 것이다. 이것은 얼음물고기가 증명하듯 완전히 틀린 말이다. 유용한 돌연변이가 진화할 확률이 파워볼 복권에 당첨될 확률보다 높다는 것을 잠시 후면 알게 될 것이다. 두 번째 오해는 만일 돌연변이가 무작위로 생긴다면(돌연변이는 실제로 무작위로 생긴다), 생물들이 가지고 있는 복잡성과 질서가 그런 무작위적인 과정을 통해 생겼을 리 없다는 것이다. 이 오해는 돌연변이와 선택을 구별하지 못해서 일어난 것이다. 돌연변이가 일어나는 과정은 눈먼 과정이지만, 자연선택은 그렇지 않다. 돌연변이는 변이를 무작위로 만들어내지만, 선택이 승자와 패자를 골라낸다. 게다가 자연선택의 작용은 **누적된다.** 로마도 로마인들도 하루아침에 생기지 않았고, 남대서양이 언 것도 얼음물고기가 진화한 것도 한순간에 이루어진 일이 아니었다. 진화는 얼음물고기,

인간, 그 밖의 수많은 종들을 수십만, 아니 수백만 세대에 걸쳐 만들어냈다. 새로운 돌연변이들은 이미 활동하고 있는 생물에 보태어지고 결합되는 것이지, 단번에 복잡한 기능을 창조하지도 않으며 그럴 필요도 없다.

돌연변이의 생산적인 힘을 이해하려면, 어떤 종류의 돌연변이가 일어날 수 있는지, DNA에서 실제로 돌연변이가 얼마나 자주 일어나는지를 알 필요가 있다. 지난 50년간의 연구 덕분에 우리는 DNA의 동역학을 분명히 알게 되었다. 돌연변이가 DNA를 바꾸는 다양한 방식을 간략히 설명하겠다.

생물이 번식을 하려면 DNA를 복제해야 한다. DNA의 복제는 복잡한 생화학적 과정이다. 실수도 일어난다. 실수가 즉시, 그리고 제대로 고쳐지지 않으면 돌연변이가 생긴 그대로 태어나게 된다. 돌연변이에는 수많은 종류가 있다. DNA를 워드프로세서 문서라고 생각하면, 돌연변이의 여러 가지 종류들은 문서작업을 할 때 흔히 일어나는 실수들과 비슷하다. 종의 DNA는 A, C, G, T라는 네 가지 염기가 수백만 개에서 수십억 개씩 늘어선 순열이다. 가장 흔한 실수는 잘못된 철자가 대신 들어가는 '치환'이다. 오타라고 볼 수 있다. 그 밖에도, 한 구역에 철자들이 빠지거나 추가되는 '결실'과 '삽입'도 일어난다. 복사하고 붙일 때도 실수가 일어난다. 이때 텍스트의 중복이 일어난다. 몇 개의 철자가, 또는 한 유전자가 통째로, 또는 여러 유전자들이 중복되는 일은 자주 일어난다(따라서 유전자 중복은 큰 어려움 없이 DNA의 내용물을 늘리는 방법이다. 우리는 4장에서 중복된 유전자가 새로운 기능을 만들어내는 중요한 원료로 쓰이는 사례들을 살펴볼 것이다). 또한 DNA의 일부 철자들이 — 역방향으로 뒤집히거나(역위), 절단되어 다른 곳에 붙음으로써(전좌) ─ 재배열되기도 한다. 결과적으로 모든 새로운 개체에는 몇몇 새로운 돌연변이들이 존재한다.

다양한 종에서 돌연변이 비율이 연구되고 있다. 사람의 경우 모든 사람이 저마다 70억 개의 DNA 염기 가운데 약 175개의 새로운 돌연변이를 가지고 있다. 생물학자 아먼드 르로이가 말했듯이, "우리는 모두 돌연변이"인 것이다.

"잠깐! 어떻게 그럴 수 있지?" 하고 여러분은 물을지도 모른다. 돌연변이는 **나쁘다**고 하지 않았던가. 물론 어떤 돌연변이들은 그렇다. 하지만 모두가 그렇지는 않다. 우리 모두는 돌연변이를 가지고도 일반적으로 잘 살아간다. 이 175개의 돌연변이는 (1) 우리의 DNA에서 의미 있는 정보가 들어 있지 않는 부분에 생기거나 (2) 한 유전자 안이나 근처에 생겼지만 그 유전자의 작동에 영향을 주지 않거나 (3) 대부분의 유전자가 두 개씩 갖추어져 있기 때문에 보충이 되거나 (4) 허용 가능한 범위 내의 변이를 일으킬 만큼만 유전자에 영향을 주기 때문이다. 이러한 크기, 모양, 색깔, 물리적·화학적 성질의 변이들이 바로 우리 모두를 세상에 단 하나뿐인 존재로 만들어주는 것이다. 변이들은 진화의 원재료다.

지금부터 구체적인 예를 한 가지 들 텐데, 이 사례는 적응에 유용한 돌연변이가 일어날 확률이 자연 상태에서 매우 높다는 것을 여러 가지 데이터를 통해 보여준다(뒤의 장들에서 나는 적응에 유리한 변화들에 대한 더 많은 사례들을 소개할 것이다). 다음과 같은 야생 쥐의 한 개체군을 생각해보자. 이 개체군의 모든 개체는 몸 색깔이 밝으며, 비교적 안정된 서식지에 있는 모래로 된 토양에서 산다. 그리고 수백 년이 흐르고 수천 년이 흘러 이 서식지 안에서 지각 활동이 일어나 화산이 폭발하고 용암이 흐른다. 용암은 식어서 검고 울퉁불퉁한 노두를 형성한다. 이제 이곳에 사는 쥐들의 몸 색깔은 더 이상 주변 환경과 어울리지 않는다. 어두운 색깔의 바위에서 그들은 올빼미 같은 포식자들의 눈에 쉽게 띈다. 이러한 환경에는 몸 색깔이 어두운 쥐들이 더 적합하다. 그렇다면 우리가 알고 싶은 것은 이것이다.

- 밝은 몸 색깔을 지닌 쥐의 개체군에서 검은 몸 색깔을 유발하는 돌연변이가 생기는 데 얼마나 걸릴까?
- 이 돌연변이는 얼마나 빨리 퍼질까?

첫 번째 질문의 대답은 기회와 시간의 상호작용을 계산하면 나온다. 복권의 당첨확률을 계산하는 것과 같은 방식이다. 두 번째 질문의 대답은 선택과 시간의 상호작용을 계산하면 나온다. 우리는 이미 이를 계산하는 수학을 살펴보았다.

쥐의 돌연변이 발생률은 잘 연구되어 있다. 메인 주의 바 하버Bar Harbor 마을에 있는 잭슨 연구소의 연구팀은 수십 년 동안 쥐를 교배해왔고, **수백만** 마리의 쥐 연구를 바탕으로 한 쥐의 자연발생 돌연변이 자료를 보유하고 있다. DNA에 있는 개별 철자들을 기준으로 따지면, 돌연변이는 쥐 한 마리에서 10억 개 DNA 자리마다 2개꼴로 일어난다(쥐에는 약 50억 개의 DNA 자리가 있다). 평균적인 유전자 한 개에는 돌연변이가 일어날 수 있는 DNA 자리가 약 1,000개가 있다. 10억 개 DNA 자리마다 2개꼴로 일어나는 돌연변이 발생률에 1,000(한 유전자에서 돌연변이가 일어날 수 있는 자리의 개수)을 곱하면, 우리는 약 50만 개체 중 하나에서는 특정 유전자에 한 개의 돌연변이가 일어난다는 사실을 알 수 있다. 이것은 DNA 복제가 얼마나 정확한지를 보여주는 동시에 완벽하지는 않다는 사실도 보여준다.

돌연변이가 생겼을 때 털 색깔을 어둡게 만들 수 있는 유전자는 여러 개가 있다. 여기서는 잭슨 연구소가 여러 가지 돌연변이형을 획득한 한 유전자에 초점을 맞출 것이다. 이 유전자는 아주 잘 알려져 있다. 그것은 MC1R이라고 불리는 유전자이다. MC1R 유전자에는 돌연변이가 일어나면 털 색깔을 검게 만들 수 있는 DNA 자리가 여러 개 있으며, 이 가운데 한 자리에만 돌연변이가 일어나도 쥐의 털색은 검어진다.

검은 털 돌연변이가 일어날 확률을 계산하기 위해 다음과 같은 가정을 해보자.

돌연변이 발생률	10^9 자리마다 2개
MC1R에서 돌연변이가 일어나 쥐를 검게 만들 수 있는 자리의 수	10
MC1R 유전자의 개수	2

그럼 곱셈을 해보겠다. 한 유전자마다 10개의 자리×쥐 한 마리마다 2개의 유전자×10억 개 DNA 자리마다 2개의 돌연변이＝10억 마리의 쥐에서 40개의 돌연변이 출현. 이것은 쥐 한 마리가 MC1R 유전자에서 검은 털을 유발하는 돌연변이를 일으킬 확률이 약 2천5백만분의 1이라는 것을 의미한다.

절대로 일어날 것 같지 않은 일처럼 보인다. 하지만 개체군의 크기와 세대 수를 고려하면 달라진다. 한 개의 돌연변이가 생기는 시간이 얼마나 걸리느냐의 문제도 개체군의 크기와 출생률에 달려 있다. 쥐는 개체수가 많다. 또한 매 세대마다 많은 새끼를 낳는다. 내가 지금 이야기하고 있는 쥐의 경우, 한 지역의 개체군 크기가 10,000에서 100,000 개체에 이른다. 검은 털 돌연변이가 얼마나 자주 일어나는지를 계산하려면 출생률도 예측해야 한다. 이 쥐들은 1년에 2~3차례, 한 배에 두 마리에서 다섯 마리의 새끼를 낳는다. 그러니까 이 개체군의 암컷들은 일 년에 여러 마리의 새끼를 낳을 것이다. 평균 다섯 마리라고 치자. 생식력이 있는 암컷의 수에다 태어나는 새끼의 수를 곱하면, 1년에 태어나는 자손의 수를 알아낼 수 있다. 최소로 잡아 이 개체군에 10,000마리의 개체수가 있다고 하자. 그 가운데 절반이 암컷이라고 치고, 암컷 한 마리가 다섯 마리의 새끼를 낳는다고 하자. 그러면 매년 이 개체군에서 25,000마리의 새끼가 태어난다. 다시 25,000마리의 새끼에 2천5백만 분의 1(한 개체에서 돌연변이가 생길 확률)을 곱하자. 그러면 1,000년마다 한 마리의 검은 털 쥐가 나온다. 1백만 년 동안에는 검은 털을 유발하는 돌연변이가 1,000번 일어난다. 몸 색깔이 밝은 쥐가 10,000마리가 있는 이 집단은 1,000년마다 한 번씩 검은 털 돌연변이 로또를 맞는 것이다. 개체군의 크기를 더 크게 잡으면 이 집단은 좀더 자주 로또에 맞는다. 100,000마리인 경우에는 100년에 한 번이다. 간단히 비교해보자면, 여러분이 1년에 10,000장의 복권을 살 경우에는 7,500년마다 한 번씩 당첨된다.

　그럼 이제 검은 털 돌연변이가 얼마나 빨리 퍼지느냐의 문제를 알아보자. 돌연변이가 일단 생기면, 확산은 선택과 시간의 문제이다. 핵심 변수는 검은 털 형질의 선택적 이익과, 효과적인 개체군 크기이다(이것은 전체 개체수가 아니라, 번식 개체군과 그 밖의 몇 가지 요인들을 고려한 것으로 N_e라고 표시한다). 선택적 이익이 클수록 그 돌연변이는 빨리 퍼지지만, 개체군의 크기가 클수록 모든 쥐가 검은색이 될 때까지 걸리는 시간이 길어진다. 대부분의 쥐가 검은색이 되기까지 필요한 평균 시간(t, 세대수)을 계산하는 공식은 다음과 같다.

$$t = (\frac{2}{s})\log\ (2N_e)\ \text{세대}$$

개체군 크기가 예를 들어 10,000이라고 할 경우 t의 값은 선택상수 s에 따라 결정된다. 선택상수가 증가함에 따라 이 돌연변이가 퍼지는 시간이 줄어든다는 것을 눈여겨보라.

s = 0.0001일 때,	시간 = 19,807세대
s = 0.01일 때,	시간 = 1,982세대
s = 0.05일 때,	시간 = 396세대
s = 0.1일 때,	시간 = 198세대
s = 0.2일 때,	시간 = 99세대

검은 용암대지에서 사는 검은 쥐의 선택상수는 대략 0.01보다 크다. 위의 표를 참고하면, 검은 털 돌연변이는 2,000세대, 또는 2,000시간보다 짧은 시간 내에 완전히 퍼진다. 미미한 이익을 갖는 돌연변이조차도 지질학의 시간척도에서 매우 짧은 시간에 해당하는 기간 안에 퍼진다는 것을 잘 보여준다.

자연에서 일어나는 사건과 확률을 좀더 정확히 반영하기 위해, 몇 가지 변수들을 더 언급하겠다. 한 가지 중요한 변수는 검은 털 유전자가 퍼질 기회를 갖지 못하고 사라질 확률이다. 검은 털 유전자를 갖고 있는 쥐나 그 자손이 번식을 할 때까지 생존하지 못하거나, 자손이 그 후대에 검은 털 돌연변이를 전달하지 못할 수가 있다. 돌연변이는 기회와 선택의 작용에 따라 개체군에서 사라질 것이다. 나는 여기서 그 공식을 이끌어내지는 않겠지만, 한 돌연변이가 큰 개체군 내에 성공리에 퍼질 확률은 선택상수의 약 2배이다. 위의 사례에서, 0.01의 작은 선택상수를 갖는 돌연변이라면, 2퍼센트의 확률이 될 것이다. 선택상수가 0.05이면, 확률은 10퍼센트이다. 그렇다 해도 1백만 년에 1,000번 이상의 돌연변이가 일어나는 경우, 이 돌연변이는 20번에서 100번 정도 퍼져나갈 기회를 갖는다는 뜻이다.

또한 나는 이주의 효과를 계산에 넣지 않았다. 동물들은 한 곳에 가만히 있지 않는다. 쥐는 밝은 모래밭과 어두운 용암바위 사이를 왔다 갔다 움직일 수 있고 실제로 움직인다. 게다가, 밝은 모래밭에서는 검은 쥐가 불리하고 밝은 쥐가 유리하다. 이것은 현실 세계에 대한 설명을 복잡하게 만들지만, 진화의 속도를 계산하는 수학에는 큰 영향을 미치지 않는다.

여기서 기억해야 할 중요한 사실은 내가 모래색 쥐만 있는 개체군에서 완전히 새로운 변종이 나타나기까지 기다려야 하는 시간을 계산했다는 것이다. 하지만 자연에 존재하는 쥐, 비둘기, 인간 등 대부분 종의 개체군에서 거의 모든 형질에 변이가 늘 존재한다. 또 다른 훌륭한 예가 화보 C에 나와 있다. 이 사진은 한 가터뱀 종에 존재하는 열여덟 가지 색깔 변이를 보여준다.

그림 2.6. 바위주머니생쥐 검은 형태(위쪽)는 용암대지에서 더 자주 나타나고, 밝은 형태(아래쪽)는 모래 환경에서 자주 나타난다. 그림: S. B. 벤슨, 「캘리포니아 대학 동물학 정기간행물」 40(1933), 1쪽에서.

내가 쥐의 털 색깔을 예로 든 이유는, 이 예가 보편적인 개체군에서 돌연변이와 선택이 오랜 시간에 걸쳐 진화적 변화를 유발한다는 것을 잘 보여주기 때문이었다. 하지만 또 한 가지 이유는 이것이 실제 상황이기 때문이다. 애리조나 피너케이트 사막에는 백만 년 전에 생긴 검은 용암대지에 바위주머니생쥐가 산다. 이 지역에서 쥐의 몸 색깔은 검은색과 모래색의 두 가지로 나타난다. 애리조나 대학의 마이클 나크만과 그 동료들은 모래색 쥐는 주로 모래색 서식지에서 발견되고 검은색 쥐는 주로 검은 용암바위 위에서 나타난다는 사실을 발견했다^{그림 2.6}. 그들은 또한 검은색 쥐와 모래색 쥐의 털 색깔 차이를 만들어내는 정확한 유전 성분을 찾아냈다(이 점에 대해서는 6장에서 더 설명하겠다). 이 예의 위력은 자연선택이 오랜 시간에 걸쳐 작용한다는 사실을 현실세계의 생태학과 유전학을 통해 입증해 보이고 있다는 점이다. 검은색 쥐와 모래색 쥐가 전하는 중요한 메시지는, 돌연변이는 '생산적'일 수 있다는 것과, 진화의 한계를 정하는 것은 돌연변이 발생가능성이 아니라 생태적 필요라는 사실이다. 이 점은 앞으로 이어질 장들에서 수차례 여러 가지 방식으로 다시 살펴보게 될 것이다.

시간

2004년 많은 야구팬들이 놀랐다(그리고 일부는 아직도 완전한 행복감에 빠져 있다). 86년 동안 일어나지 않은 일이 일어났기 때문이다. 내가 사랑하는 보스턴 레드삭스가 월드시리즈에서 우승을 한 것이다. 우리가 시간을 바라보는 관점은 우리의 한평생에 맞추어 대단히 왜곡된다. 마침내 팬들은 환성을 질렀다. **86년 만이라니, 믿어지는가?** 마치 영원처럼 느껴지는 시간이다. 하지만 진화의 시계로 치면 단지 '째깍'일 뿐이다.

230년조차 우리는 상상력을 동원해야 한다. 미국이 세워진 때는 **아주 먼 옛날**이었다.

그럼 천 년은? 암흑의 시간들이다. 상상조차 불가능하다.

1만 년? 그것은 문명의 역사를 통째로 아우르는 시간이다.

내가 하고 싶은 말은 1백만 년이 **막대한** 시간이라는 것이다. 중요한 유전자 변이가 생기고 한 유전자가 화석 유전자가 되기에 충분한 시간이다. 백만 년은 선택이 한 형질을 만들어내기에 너끈한 시간이며, 몇 번도 만들 수 있는 시간이다. 우리 조상들의 뇌는 백만 년 만에 크기가 두 배가 되었다. 이 정도면 진화적으로 큰 중요성을 갖는 인상적인 변화인데, 적어도 50,000세대를 아우르는 기나긴 시간에 일어난 일이다. 따뜻한 물에서 살던 피가 붉은 조상에서 얼음물고기가 만들어지기까지는 1천5백만 년에서 2천5백만 년이 걸렸다. 마찬가지로 이만큼이면 완전한 변화를 이루기에 충분한 시간이었다. 사실 이 속도는 진화의 최대속도보다 훨씬 **느린** 것이다.

우리는 선택과 돌연변이가 날마다 자연에서 일어나고 있다는 것을 알아야 한다. 모든 환경이 그 안에서 살고 번식하는 종들에게 지속적으로 영향을 준다. 진화는 현재진행형인 과정이다. 아이와 풀잎이 하루하루 자라는 것을 알아채지 못하는 것처럼, 기후변화와 종들 간의 생태적 상호작용은 하루라는 시간단위에서는 측정이 불가능하다. 하지만 오랜 시간을 두고 볼 때 모든 것은 변한다. 예외는 없다.

진화의 수학은 돌연변이라는 기회, 자연선택, 오랜 시간의 상호작용을 실감나게 보여준다.

우리는 선택이 지금 현재에 주어진 환경 안에서만 작용한다는 것도 알아야 한다. 선택은 종이 더 이상 필요로 하지 않거나 사용하지 않는 것에 작용할 수 없다. 또한 선택은 아직 필요하지 않은 것에 대해서도 작용할 수 없다. 그러므로 최적자는 상대적이고 일시적인 상태이지 절대적이고 영원한 상태가 아니다.

진화의 단계들을 보여주는 DNA 기록

하루, 몇 년, 또는 전체 인생이 너무 짧아서 변화를 측정하기 어렵다면, 최적자가 어떻게 만들어지는지를 우리가 좀더 쉽게 관찰할 수 있는 방법으로 무엇이 있을까? 사실상 모든 생명의 역사와 다양성은 인간의 기록된 역사보다 먼저 일어났다. 그렇다면 우리는 머나먼 과거에 일어난 일을 어떻게 알아낼까? 시간의 안개 속을 헤치고 종과 형질이 어떻게 진화했는지 알아내려면 어떻게 해야 할까?

이 질문들에 대한 대답은 DNA 기록에 있다.

DNA 텍스트에 돌연변이가 생기는 일정한 속도는 진화 연구에 매우 중요한 영향을 미친다. 생물학자들은 이러한 돌연변이 발생률을 이용해 DNA 기록에 어떤 패턴이 나타날지를 예측할 수 있다. 선택은 DNA의 근본적인 수준에서, 각 유전자의 서로 다른 버전의 상대적인 성공에 영향을 미친다. 돌연변이가 일어나면 한 개체군 안에 한 유전자의 버전이 두 가지 이상 존재하게 된다. 서로 다른 버전들의 운명은 선택의 손에 달려 있다. 예컨대 A와 B라는 두 가지 버전이 있다고 하자. 버전 A가 B보다 생존이나 번식에 더 뛰어난 효과를 내면 A가 선호된다. 반대로 B가 A보다 생존이나 번식에서 좋은 결과를 가져오면 B가 선택된다.

또한 제3의 가능성도 있다. 유전자와 단백질의 서열이 밝혀지기 전에는 진화생물학자들이 이 점을 알지 못했다. 제3의 가능성은 한 유전자의 두 가지 버전 사이의 차이가 중립적인 경우이다. 다시 말해 적응도에 아무런 영향을 미치지 않는 것이다. 진화생물학자들은 한때 분자의 모든 변화가 선택을 통해 일어난다고 생각했지만, 1960년대에 고(故) 키무라 모토는 분자 변화의 다수가 선택의 측면에서 중립적이라고 주장했다. 키무라의 이른바 '중립설'의 탁월한 점은, **만일 다른 힘이 개입하지 않을 경우** DNA가 시간의 흐름에 따라 어떻게 달라지고 변하는지에 대한 기준을 제공한다는 것이다. 측정된 변화가 중립적인 경우의 기대치를 벗어나면, 이는 중요한 신호이다. 선택이 개입한다는 의미이기 때문이다. 이 신호는 선택이 특정 변화를 선호하고 있다는 증거거나, 또는 나머지 변화들을 거부하고 있다는 증거이다.

다음 여섯 개 장에서 나는 종과 형질이 진화할 때 진화의 과정이 어떻게 DNA 기록에 남는지를 설명할 것이다. 첫 세 개의 장에서는 자연선택이 해로운 변화를 어떻게 물리치는지(3장), 이로운 변이를 어떻게 선호하는지(4장), 중립적인 변화를 어떻게 무시하는지(5장)를 살펴보겠다. 선택 또는 선택의 부재가 DNA에 어떤 흔적을 남기는지를 보여주는 여러 사례들을 만나보게 될 것이다. 먼저 우리가 알고 있는 가장 오래된 유전자들부터 살펴보겠다. 그 유전자들은 최소 30

억 년 전에 살았던 지구 최초의 세포에까지 이어져 있는 끊임없는
DNA 기록의 일부이다.

극단의 생물 옐로스톤 국립공원의 서부 트리플렛 간헐천. 고온에서 번성하는 생물들이 사는 수많은 온천 지형들 가운데 하나. 사진: 제이미 캐럴.

불멸의 유전자

· · · · · · · · · · · ·

> 자연에 존재하는 모든 것은 변하지만, 변화 속에서도 영원한 것이 있다.
>
> **요한 볼프강 폰 괴테**

그는 새로운 생물계를 찾을 의도가 아니었다.

미생물학자 톰 브록과 그의 제자 허드슨 프리즈는 1966년 늦여름의 어느 날 옐로스톤 국립공원의 간헐천과 온천 주변을 서성이고 있었다. 그들은 온천 주변에 무슨 종류의 미생물들이 살고 있는지 알아보고 싶었고, 온천수를 물들이는 오렌지 빛깔의 미생물 매트에 매혹되었다.

브록과 프리즈는 로어 간헐천 분지에 있는 커다란 온천인 머쉬룸 온천에서 몇 가지 미생물 샘플을 채취했다. 온천의 물은 정확히 섭씨 72.8도였는데, 이것은 당시 생물이 살 수 있는 최대 온도라고 여겨지던 온도였다. 그들은 이곳에서 새로운 세균 하나를 찾아냈다. 뜨거운 물에서 번성하는 종이었다. 사실 온천의 수온은 그 종의 최적 생육 온도였다. 그들은 이 '호열성' 미생물의 이름을 테르무스 아쿠아티쿠스*Thermus aquaticus*라고 지었다. 또한 브록은 이보다 더 뜨거운 온천들 주변에서 실 모양으로 엉킨 분홍빛 미생물들을 발견했고, 생명이 더 높은 온도에서도 살 수 있는 게 아닌가 하는 생각을 하게 되었다.

이듬해에 브록은 옐로스톤 국립공원의 온천에서 미생물을 '낚기' 위한 새로운 방법을 시도했다. 낚시용구는 간단했다. 한두 개의 현미경 슬라이드를 끈에 묶어서 온천에 빠뜨리는 것이었다. 그런 다음 다른 쪽 끝을 통나무나 바위에 묶었다(절대 따라하지 마시라. 체포될 수도 있으며, 화상을 입거나 더 나쁜 결과가 생길 수도 있다). 며칠 후 슬라이드들을 건져 올렸더니 미생물이 빽빽하게 자라 있었다. 어떤 슬라이드에는 얇은 막이 씌워져 있는 것이 보일 정도였다. 생물이 예전에 과학자들이 생각했던 것보다 더 높은 온도에서 살고 있다고 생각한 브록의 짐작은 옳았다. 하지만 그도 생물이 **끓는 물**에서 살 수 있다고는 상상하지 못했다. 이들은 섭씨 93.3도 또는 그 이상을 견뎌내고 있었다. 이 미생물들은 옐로스톤 국립공원의 이화산泥火山 지역에 있는 황 용광로Sulphur Cauldron 같은, 가스와 산이 부글거리고 펄펄 끓는 물이 고인 진흙분지에서도 잘 살고 있었다. 옐로스톤 국립공원 탐사를 계기로 브록은 생물의 놀라운 적응성에 눈과 마음을 열었고, 술폴로부스속*Sulfolobus*의 황세균과 테르모플라스마속*Thermoplasma*의 세균 종들 같은 이상하지만 중요한 종들을 새로 찾아냈으며, '초호열균'이라고 직접 이름을 붙인 엄청 뜨거운 것을 좋아하는 세균들에 대한 과학적 연구를 시작했다.

브록의 초호열균 발견은 이후 생물학에 지대한 영향을 미치게 되

그림 3.1. 뜨거운 온천에서 나온 미생물 샘플 주사전자현미경 사진. 옐로스톤 국립공원의 흑요석 연못에 담갔던 슬라이드에 다양한 미생물이 자라 있다. 그림: P. 홀겐홀츠 등, 「세균학 저널」 180(1998), 366쪽.

는 세 가지 추가 발견을 이끌어냈다. 브록은 자신이 발견한 새로운 종들을 전부 '박테리아'라는 분류군 속으로 때려 넣었다. 이 미생물들은 현미경으로 보았을 때 보통의 박테리아와 아주 흡사했기 때문이다.그림 3.1. 하지만 10년 후 일리노이 대학의 칼 우즈와 조지 폭스는 황, 메탄, 소금을 좋아하는 다양한 종들이 실제로는 그들끼리 완전히 새로운 계를 이룬다는 사실을 발견했다. 그들은 박테리아가 진핵생물(식물, 균류, 원생동물은 물론 우리와 같은 동물이 속하는 생물의 영역)과 다른 만큼이나 박테리아와 달랐다. 이 제3의 도메인 또는 영역을 현재 우리는 고세균이라고 부른다.

브록으로 인한 두 번째 발견은 실용적인 것이었다. 고온에서도 DNA를 복제할 수 있는 열에 안정한 효소가 테르무스 아쿠아티쿠스에서 분리되었다. 이 효소는 생물종의 유전자를 연구하는 새롭고 효과적이며 대단히 빠른 기술에 이용되었다. 이 기술은 자연에서 얻어낸 DNA 정보를 증폭시켜주는 기법으로서, 수억 달러의 가치를 지니는 DNA 진단과 법의학 시장을 창출했다.

세 번째 발견은 최근에 고세균 게놈 연구에서 나왔다. 고세균 유전자에 대한 조사 결과, 우리가 속한 진핵생물의 조상이 거의 20억 년 전에 만들어졌다는 결정적 단서가 드러났다. 이 원시생물의 DNA에는 인간을 포함한 모든 진핵생물에도 들어 있는 DNA 유전암호 조각들이 보존되어 있다. 이러한 겹치는 텍스트(유전암호)는 먼 옛날에 최초의 진핵생물을 탄생시킨 사건의 흔적이며, 고세균이 원래 우리의 유전적 부모 중 하나였다는 유력한 증거다.

이 장에서는 지구상에서 가장 오래된 DNA 텍스트들을 검토할 것이다. 이 오래된 텍스트가 끊임없는 돌연변이 폭격 속에서 지워져 버릴 위기를 여러 차례 넘기며 그토록 오랜 세월 동안 보존되었다는 사실도 놀랍지만, 이 '불멸의' 유전자들은 진화 과정의 두 가지 핵심 요소를 보여주는 강력한 증거이다. 곧, DNA 기록을 보존하는 자연선택의 힘과 모든 생물이 공통조상에서 유래한다는 사실을 보여준다.

불멸의 유전자들은 그동안 간과되었던 자연선택의 중요한 측면을 생생하게 보여주고 있다. 그동안의 생각과 관심은 주로 자연선택의 '생산적' 측면, 그러니까 새로운 형질이 어떻게 진화하는지에 온통 쏠려 있었다. 하지만 그것은 진화 과정의 한쪽 면일 뿐이다. 자연선택은 이것 말고도, 다윈의 말을 빌리면 '해로운 변화'를 제거하는 일도 한다. 나는 20억 년 넘게 전 생물계에 걸쳐 보존된 수백 개 유전자들이 바로 자연선택이 해로운 돌연변이를 제거한 증거라는 사실을 설명할 것이다. 이 불멸의 유전자들에서 우리가 볼 수 있는 진화의 단계들은 그저 '제자리걸음' 수준이다. 이 유전자들의 텍스트는 자연선택이 허락한 아주 좁은 범위 안에서만 변한다.

개별 유전자들이 막대한 지질학적 시간을 견뎌냈다는 것만큼 자연선택이 갖는 보존의 힘을 잘 보여주는 증거는 없다. 그런데 이 사실은 그 이상의 의미를 갖는다. 불멸의 유전자들은 모든 생물이 태고의 조상들에서 진화했음을 보여주는 단서로서, 다윈은 상상조차 못 했던 새로운 종류의 증거이다. 나는 불멸의 유전자들이 서로 다른 생물계의 유연관계를 알려주는 믿을 만한 계통기록이며, 화석기록에 나타나지 않는 생명사의 사건들을 찾아내 짜맞춰볼 수 있게 해준다는 사실을 보여줄 것이다.

DNA를 보는 법, 유전암호를 읽는 법

현재 우리가 알아낸 모든 DNA 염기서열은 백만 개의 글자가 들어 있는 책 4만 권 분량에 해당하며, 똑바로 쌓으면 초고층 빌딩 높이에 이른다. 사람과 같은 복잡한 종의 DNA 기록은 약 300권쯤 되는 백과사전 한 질 분량이며, 박테리아와 같은 종은 서너 권짜리 한 세트 분량이다. 그런데 어느 책을 넘겨보더라도 텍스트의 겉모습은 다음과 같이 거의 똑같다.

```
ACGGCTATGGGCTACCAGGGCTACCAACTACCAAAGTTAC
GGCTAATCGACATAATTGGCTACCAAGACATAACCTGGCTA
CCAATTACTATGGACGGCCTACGGCGTCCGCTAATCGACA
TAACCTTTACTATGGCTACCAAAGTGACATAACCTTTACTCA
TAACCTGGCTACCAACCAAGGGCTACCAACTACCAAAATTA
CTATGGGACATTAATCGACATAACCTTTACTAACCTGGCTA
CCAATTACTATGGACGGCCAATCG……
```

이런 식으로 수백 쪽씩 계속된다.

겨우 네 개의 철자로 이루어진 이렇게 단조로운 텍스트가 복잡한 생물을 만드는 설명서라니! 게다가 이런 것을 대체 어떻게 읽으란 말인가?

DNA 언어를 이해하려면 게놈과 유전자를 보는 법과 DNA 암호를 읽는 법을 알아야 한다. 그러면 아주 가까운 친척들에서부터 생명의 역사 초창기에 갈라진 아주 다른 생물들에 이르기까지, 다양한 차원의 종들을 서로 비교해볼 수 있다. 진화에 대한 단서는 이렇게 알아낸 **유사점과 차이점의 의미를 이해하는** 것에서 나온다.

DNA 기록에 담긴 생명의 역사를 해독하려면 DNA 언어와, DNA 정보가 현생 생물의 작동 부위들을 만드는 설명서를 어떻게 암호화하는지를 알아야 한다. 겁내지 마시라. 여러분은 DNA 언어를 충분히 익힐 수 있다. DNA 언어는 고작 몇 개의 철자로 되어 있고, 어휘도 아주 적으며, 문법도 간단하다. DNA 암호를 배워두면 좋은 점은 진화 과정의 밑바닥을 들여다봄으로써 그 과정을 좀더 잘 이해할 수 있다는 것이다. 아무래도 새 용어들이 좀 혼란스러울 테니, 앞으로도

참고할 수 있도록 이 부분에 표시를 해두시라:

자 시작한다.

단백질은 모든 생물에서 온갖 일을 도맡아 하는 분자들이다. 산소 실어 나르기, 몸 조직 만들기, 다음 세대를 만들 DNA 복제하기 같은 일들이 모두 단백질의 일이다. 모든 종의 DNA에는 이런 단백질들을 만드는 구체적인 설명서(암호 형태)가 담겨 있다.

DNA는 두 가닥으로 되어 있고, 각각은 네 개의 **염기**로 이루어져 있다. DNA를 구성하는 화학 벽돌인 염기는 종류에 따라 알파벳 철자 A, C, G, T로 표시한다. 두 가닥의 DNA는 맞은 편 가닥에 있는 서로 마주보는 염기쌍들 사이의 강한 화학결합에 의해 꼭 붙어 있다. 아래와 같이 A는 항상 T와 짝을 이루고, C는 G하고만 결합한다.

따라서 한 가닥의 염기서열을 알면, 나머지 가닥의 염기서열도 자동으로 알 수 있다. DNA 염기서열(예컨대, ACGTTCGATAA)에 나열된 염기들의 고유한 순서가 바로 특정 단백질을 만드는 고유한 설명서이다. 단 네 가지 염기의 순열로 지구상의 온갖 생물들을 만들어 낼 수 있는 것이야말로 DNA의 놀라운 능력이다. 그러므로 생명의 다양성을 이해하고 싶으면 유전암호를 해독해야만 한다.

단백질은 어떻게 만들어질까? 단백질은 자신이 할 일을 어떻게 알까? 단백질은 **아미노산**이라는 기본벽돌로 이루어져 있다. DNA분자 안에 있는 세 염기의 조합, 다시 말해 ACT나 GAA와 같은 3염기

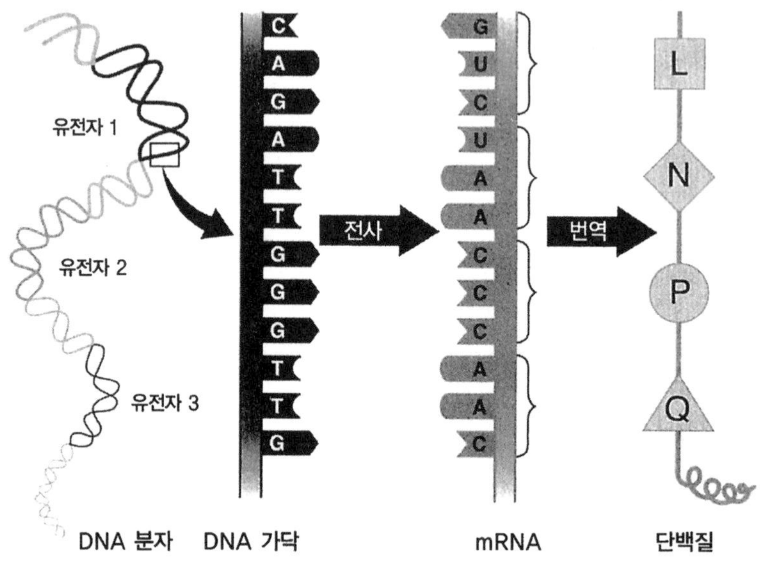

그림 3.2. DNA 정보의 발현과 해독 DNA를 단백질로 번역하는 주요 단계들. (왼쪽) 긴 DNA 분자에는 수많은 유전자들이 담겨 있다. 한 유전자의 일부분을 해독하는 과정이 두 단계로 표시되어 있다. 첫째, DNA의 한 가닥을 mRNA로 전사한다. 그 다음에 mRNA를 단백질로 번역한다. 이때 mRNA의 염기 세 개가 단백질을 이루는 각각의 아미노산(여기서는 L, N, P, Q라는 철자들로 표시되어 있다)을 지정한다. mRNA에서는 염기 U가 DNA의 T 대신 사용된다. 그림: 리앤 올즈.

암호(코돈)가 아미노산 종류를 결정한다. 보통 약 400개 정도의 아미노산이 긴 사슬로 연결되는데, 이때 생기는 화학적 성질이 단백질이 어떤 활동을 할지 결정한다. DNA 염기서열에서 한 단백질을 지정하는 분량을 **유전자**라고 부른다.

생물학자들이 40년 전 유전암호를 해독함에 따라, 현재는 DNA 암호와 한 단백질의 아미노산 서열 사이의 관계가 잘 밝혀져 있다. 단백질을 만들기 위한 DNA 해독은 두 단계에 걸쳐 일어난다. 첫 단계는 두 가닥의 DNA 중 한 가닥에 있는 염기서열을 전령 RNA(mRNA)라는 단일 가닥으로 된 RNA로 **전사**하는(옮겨 적는) 것이다. 두 번째 단계는, mRNA를 단백질을 만드는 아미노산들로 번역하는 것이다. 하나의 아미노산은 하나의 3염기 암호(코돈)로 결정되기 때문에, 세포 안에서 유전암호는 한 번에 세 개씩 (mRNA 전사물로부터) 해독된다(그림 3.2의 오른편에 짤막한 예가 나와 있다).

A, C, G, T를 세 개씩 조합하는 방법은 64가지가 있지만, 아미노산의 종류는 20개뿐이다. 한 아미노산을 지정하는 3염기 암호가 여러 개 있다는 얘기다(그리고 아무 아미노산도 지정하지 않는 코돈이 세 개가 있는데, 이들은 mRNA의 번역과 단백질 합성을 멈추는 표시로 쓰인다. 곧 문장에서 마침표 같은 구실을 하는 것이다). 편리하게도 이 암호는 극소수의 예외를 제외하면 모든 종에서 **똑같은데**(그래서 제약업계에서 박테리아를 이용해 인슐린 같은 사람의 단백질을 생산할 수 있다), 이것은 진화에서 매우 중요한 의미를 갖는다.

따라서 DNA 서열을 주면, 그 DNA가 지정하는 단백질의 아미노산 서열을 해독할 수 있다. 하지만 DNA에 있는 모든 염기가 단백질을 지정하는 것은 아니다. 사실 DNA에서 많은 부분은 아무것도 지정하지 않는 비암호화 부위이다. 긴 DNA 텍스트를 받아들였을 때 생물학자들이 부딪히는 첫 번째 난관은, '아미노산을 지정하는(암호화)' 메시지가 어디서 시작하고 어디서 끝나는지 알아내는 것이다. 전체 게놈 서열이 밝혀진 경우에는 고맙게도 컴퓨터가 알고리듬을 이용해 이것을 처리해준다. 컴퓨터는 DNA 서열이라는 건초더미에서 바늘을 찾는 일을 아주 잘해낸다.

보통의 유전자에서 암호화 부위는 약 염기쌍 1,200개 정도의 길이다. 어떤 종의 경우—특히 박테리아나 효모와 같은 미생물—에는 전체 게놈에 비암호화 부위가 거의 없이 수천 개의 유전자들이 아주 빽빽이 담겨 있다. 그러나 인간을 포함한 복잡한 종에서는 전체 DNA에서 유전자들은 아주 적은 부분만을 차지하며, 유전자 사이사이에 기다란 비암호화 서열이 끼어 있다. 비암호화 DNA 가운데 일부는 유전자의 사용방식을 제어하는 기능을 하지만, 대부분은 '정크(쓰레기)'라고 부르는 것들이다. 다양한 메커니즘이 작용해 게놈에 정크 DNA가 차곡차곡 쌓이며, 정크는 때때로 아무런 정보를 담고 있지 않은 긴 반복서열을 포함한다. 정크 DNA는 해로운 효과를 주지 않는 한 소거되지 않는다. 나는 이 책에서 정크 DNA를 무시하고 이야기하겠지만, 우리의 게놈이 광활한 바다(정크 DNA)에 드문드문 놓여 있는 군도(유전자)의 모습을 닮았다는 것을 알아두면 좋겠다.

유전자의 운명 — 불멸의 '핵심'

과학자가 전체 게놈을 손에 넣었을 때 첫 번째 목표는 전체 DNA 서열 안에 들어 있는 모든 유전자를 찾는 것이다. 이렇게 함으로써 전체 유전자 수와 유전자 목록 등 한 종의 유전자 정보를 샅샅이 알 수 있다. 생물학자들이 오랫동안 유전자와 단백질을 연구해왔기 때문에, 새로 얻은 유전자와 단백질들을 그 기능과 기존의 유전자 및 단백질들과의 유사함에 따라 분류할 수 있다.

게놈 비교에서 발견된 가장 흥미로운 점은, 유전자의 개수와 종류가 생물의 세 도메인들 사이에나 도메인 내에서나 상당히 다르기는 하지만, 꼭 복잡성의 증가에 정비례해서 유전자 수가 증가하는 것은 아니라는 사실이다. 표 3.1에서 볼 수 있듯 대부분의 박테리아는

표 3.1. 게놈에 포함된 유전자 개수

박테리아

아퀴펙스 아이올리쿠스 *Aquifex aeolicus*(초호열균)	1,560
네이세리아 메닝기티디스 *Neisseria meningitidis*(수막염균)	2,079
비브리오 콜레라이 *Vivrio cholerae*(콜레라균)	3,463
스타필로코쿠스 아우레우스 *Staphylococcus aureus*(황색포도상구균)	2,625
에스케리키아 콜리 *Escherichia coli K12*(대장균)	4,279
살모넬라 티피 *Salmonella typhi*(티푸스균)	4,553

고세균

술폴로부스 솔파타리쿠스 *Sulfolobus solfataricus*	2,977
메타노칼도코쿠스 얀나스키 *Methanocaldococcus jannaschi*	1,758
할로박테리움 *sp.Halobacterium sp.*	2,622

진핵생물

사카로미케스 세레비시아이 *Saccharomyces cerevisiae*(효모)	6,388
드로소필라 멜라노가스테르 *Drosophila melanogaster*(초파리)	13,468
카이노르합디티스 엘레간스 *Caenorhabditis elegans*(선충류 곤충)	20,275
테트라오돈 니그로비리디스 *Tetraodon nigroviridis*(물고기)	20,000~25,000
무스 무스쿨루스 *Mus musculus*(쥐)	20,000~25,000
호모 사피엔스 *Homo sapiens*(인간)	20,000~25,000
아라비돕시스 탈리아나 *Arabidopsis thaliana*(식물)	27,749

평균 3,000개 정도의 유전자를 갖고 있으며, 자유생활을 하는 종 가운데서 가장 적은 게놈을 갖고 있는 종은 유전자 수가 약 1,600개이다. 어떤 박테리아들끼리도 유전자 개수의 차이가 3,000개 이상은 나

지 않는다. 동물들은 대략 13,000개에서 25,000개의 유전자를 갖고 있으며, 어떤 동물들끼리는 유전자 개수가 수천 개씩 차이 난다. 하지만 초파리 같은 복잡한 생물의 유전자 수가 단세포 생물인 효모의 겨우 두 배이고, 사람의 유전자 수가 초파리의 두 배라는 사실을 눈여겨보라. 게다가 우리 사람은 쥐와 유전자 수가 거의 같다.

하지만 유전자 수는 그냥 숫자일 뿐이다. 진화에 대한 더 구체적인 단서는 개별 유전자의 운명을 직접 비교한 데서 나온다. 유전자 개수의 차이가 말해주는 것은 특정 유전자가 한 종에는 있는데 다른 종에는 없다는 사실일 뿐이다. 구체적인 비교에 들어가기 전에, 서로 다른 계통에 속하는 두 종의 유전자를 비교했을 때 무엇을 발견하게 될지 한 번쯤 생각해보라. 두 종의 유전자는 얼마나 비슷해야 할까, 아니 얼마나 달라야 할까?

DNA의 서열을 밝히는 것이 가능해지기 전, 20세기 중반의 위대한 진화생물학자들 중 몇몇 사람들이 이 문제를 곰곰이 생각해보았다. 그들은 돌연변이에 대해 알고 있었기에 이런 결론을 내렸다. 지질학의 시간척도를 고려할 때 돌연변이는 결국 한 게놈에 있는 거의 모든 염기쌍을 바꿀 것이다, 라고. 예컨대 돌연변이 발생률이 한 세대마다 염기쌍 1억 개당 1개꼴이라면, 1억 세대 후에는 한 유전자의 대부분의 자리에 적어도 한 번씩 돌연변이가 일어날 것이다. 미생물처럼 한 세대가 매우 짧은 경우와(한 세대가 몇 시간이다), 식물이나 작은 동물처럼 한 세대의 길이가 보통인 경우(약 1년)를 생각하면, 1억 년 전에 갈라진 두 계통에 속하는 두 종의 유전자들 사이에서는 비슷한 점을 거의 찾을 수 없으리라고 예상하게 된다. 실제로 위대한 생물학자 에른스트 마이어는 1963년에 펴낸 『동물 종과 진화』라는 책에서, "유전생리학에서 밝혀진 사실에 따르면 아주 가까운 종들의 경우가 아니라면 상동 유전자(서로 다른 종에서 똑같이 존재하는 유전자)를 찾는 일은 하늘의 별따기나 다름없다"라고 말했다.

하지만 막상 서로 다른 종의 박테리아들을 비교해보면, 또는 각자의 조상들이 1억 년도 훨씬 전에 갈라진 두 동물을 비교해보면, 그들의 유전자가 엄청나게 비슷하다는 사실을 알 수 있다. 예컨대 위험한 산해진미인 복어의 게놈과 이 위험한 생물을 즐겨 먹는 못 말리는 미식가(인간)의 게놈을 비교해보면, 두 종이 공유하고 있는 것이 확실한 유전자를 최소 7,350개는 발견할 수 있다. 게다가 이 유전자들이 지정하는 단백질들의 약 61퍼센트가 똑같다. 어류와 다른 척추동물 계통(사람을 포함하여)은 약 4억 5천만 년 전에 갈라졌기 때문에, 이 수치는 돌연변이가 그대로 누적될 경우 예상할 수 있는 수준보다 훨씬 비슷한 것이다.

더 놀라운 것은, 고세균, 박테리아, 균류, 식물, 동물의 게놈을 비교해본 결과, 모든 영역에 걸쳐 존재하는 유전자가 무려 500개에 이른다는 사실이다. 화석기록은 진핵생물이 적어도 18억 년 전부터 있었고, 고세균과 박테리아가 20억 년 전부터 존재했음을 알려준다. 이 생물들이 다함께 공유하는 유전자들은 꾸준한 돌연변이 폭격을 맞으면서도 20억 년 이상의 세월을 견뎌왔고, 그 소유자 종들이 서로 엄청난 차이가 나는데도 불구하고 텍스트의 순서나 의미가 크게 달라지지 않은 채로 남아 있다. 이들은 말 그대로 **불멸**의 유전자들이다.

불멸의 유전자들은 DNA와 RNA를 해독하거나 단백질을 만드는 것처럼 세포 안에서 매우 기본적이고 보편적인 과정들을 담당한다. 지구의 초창기에 DNA 유전암호를 갖는 복잡한 생물이 처음 나타났을 때부터, 모든 생물 형태는 이 유전자들에게 의존해 살아왔다. 이 유전자들은 막대한 시간을 견뎌냈고, 생물이 앞으로 아무리 진화를 하더라도 여전히 이 핵심 유전자들에 계속해서 의존할 것이다.

불멸의 유전자들이 살아남은 것은 돌연변이의 폭격을 피해갔기 때문이 아니다. 이들은 다른 유전자들과 똑같은 정도로 돌연변이의 공격을 받는다. 이 유전자들이 불멸의 존재인 이유는 전혀 변하지 않기 때문이 아니라 유전자라는 단위로서 변하지 않기 때문이다. 불멸의 유전자들의 염기서열과 이들이 지정하는 단백질의 아미노산 서열을 좀더 자세히 조사해보면 내막을 잘 알 수 있으며, 이것은 자연선택 과정의 또 다른 면을 똑똑히 보여주는 증거이다.

제자리걸음 — 자연선택의 보수적인 얼굴

더 자세히 조사해보면, 서로 다른 종에 있는 불멸의 유전자들은 아주 비슷한 단백질을 만들지만 이 유전자들의 염기서열은 단백질 아미노산 서열의 유사성에 비하면 다소 차이가 남을 알 수 있다. 이런 모순이 존재하는 이유는 유전암호의 '중복성' 때문이다. 즉, 서로 다른 코돈들이 같은 아미노산을 지정할 수 있기 때문이다. 유전암호의 이런 성질은 DNA를 해로운 변화로부터 지켜준다. 다시 말해 돌연변이가 유전자의 염기 한 개를 바꾸어놓더라도 그 유전자가 지정하는 단백질의 아미노산 서열은 변하지 않는 것이다. 이처럼 코돈의 '의미'를 바꾸지 않는 변화를 동의적 변화synonymous change라고 한다. 원래의 코돈과 돌연변이가 일어난 코돈이 '동의어' 관계여서 같은 아미노산을 지정한다는 뜻이다. 코돈의 의미를 바꾸어 단백질의 한 아미노산을 다른 것으로 바꾸는 돌연변이는 비동의적 변화non-synonymous change라고 한다.

동의적 변화든 비동의적 변화든 코돈의 돌연변이 발생률을 계산하는 것은 간단하다. 코돈의 개수는 총 64개가 나올 수 있다. 한 코돈(3염기)에는 각 염기마다 하나씩 세 가지 변화가 일어날 수 있으므로, 모두 아홉 가지의 돌연변이가 일어날 수 있다. 64개의 코돈에 아홉 개의 돌연변이를 곱하면 576가지의 무작위 염기 돌연변이가 일어날 수 있다. 유전암호를 조사하면, 576개의 돌연변이 가운데 135개(약 23퍼센트)는 동의 돌연변이고 나머지 77퍼센트는 비동의 돌연변이이다. 이 계산에서 예측할 수 있는 사실은, **자연선택의 간섭이 없다면** 동의적 변화에 대한 비동의적 변화의 기대비율은 약 3:1(77퍼센트:23퍼센트)이라는 것이다.

하지만 자연 상태에서 나타나는 비율은 약 1:3으로 동의적 변화가 더 많다. **이 비율은 무작위 염기 돌연변이에서 기대되는 수치보다 10배나 낮다.** 발생하는 비동의 돌연변이 가운데 아주 소수만이 세대를 넘어 존속하는 것이 분명하다. 비동의 돌연변이가 예상보다 훨씬 적은 이유가 무엇일까?

자연선택 때문이다. 다른 설명은 있을 수 없다. 이러한 왜곡된 비율은 선택이 일어나고 있다는 확실한 증거이다. 이것을, 기능을 훼손하는 변화를 제거함으로써 단백질 아미노산 서열의 '순도'를 지킨다는 뜻에서 정화 선택purifying selection이라고 부른다.

인간	DAPGHRDFIKNMITGTSQADCAVLIV
토마토	DAPGHRDFIKNMITGTSQADCAVLII
효모	DAPGHRDFIKNMITGTSQADCAILII
고세균	DAPGHRDFVKNMITGASQADAAILVV
박테리아	DCPGHADYVKNMITGAAQMDGAILVV
'불멸의 철자들'	D-PGH-D--KNMITG--Q-D---L--

그림 3.3. 불멸의 유전자 생물의 모든 영역에서 발견되는 한 단백질의 특정 부위 ('신장인자 1-α'라는 단백질이다). 음영으로 표시한 아미노산들은 30억 년 동안 변하지 않았다 그림: 제이미 캐럴.

우리는 대부분의 유전자 염기서열에서 정화 선택의 흔적을 볼 수 있지만, 가장 확실한 증거는 생물의 모든 영역에서 보존되고 있는 불멸의 유전자들이다. 예를 들어, mRNA 해독 메커니즘의 중요한 부분을 담당하는 단백질들의 대부분을 모든 종이 공유하고 있다. 이 가운데 한 단백질의 특정 부분을 살펴보자(간단하게 표현하기 위해 각 아미노산을 한 개의 철자로 표시했다). 해당 단백질 부위가 고세균, 박테리아, 식물, 균류, 동물에서 20억 년이 넘도록 매우 유사한 채로 유지되었다<u>그림 3.3</u>. 진화가 일어나는 동안 14개의 아미노산이 그대로 남은 점을 눈여겨보라. 이 14개의 철자(아미노산)는 사실상 불멸의 존재가 되었다.

하지만 각 종에서 해당 단백질 부위를 지정하는 DNA 염기서열들을 서로 비교해보면, DNA 염기서열은 단백질의 아미노산 서열에 비해 덜 비슷하다는 것을 발견할 수 있다. 예컨대 사람과 토마토의 해당 염기서열에서는 78개의 자리 가운데 65개만 똑같은 반면(83퍼센트), 그 염기가 지정하는 단백질의 아미노산 서열은 26개의 자리 가운데 25개가 같다(96퍼센트). DNA 염기서열에 비해 단백질의 아미노산 서열이 훨씬 더 비슷한 이유는 DNA 염기서열에 일어난 변화 중 12개가 동의적 변화이기 때문이다. 이들은 DNA에 남아 있어도 된다는 허락을 받은 돌연변이들이다.

정화 선택이 일어날 때 유전자의 진화는 '제자리걸음'의 패턴을 보인다. 즉, 염기들은 변할 수 있지만 이들이 번역되었을 때의 의미는 변하지 않는다. 예를 들어, 한 유전자의 염기서열에 포함된 TTA라는 코돈을 보자. 이 코돈은 류신이라는 아미노산을 지정한다. 이 코돈은 두 가지 종류로 변화를 해도 여전히 류신을 지정하며, 돌연변이 코돈들이 또 다시 변해도 여전히 류신을 지정한다.

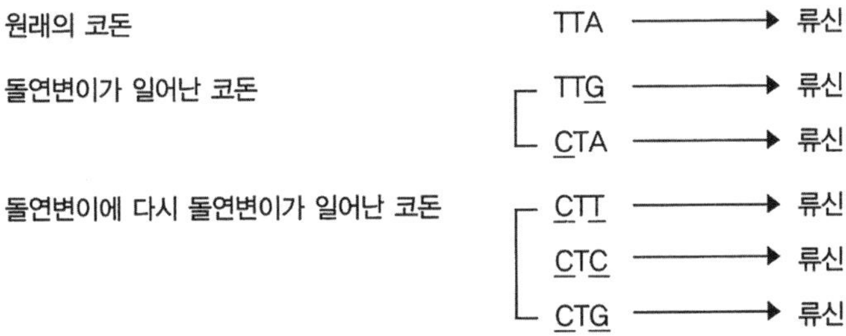

대부분의 아미노산은 지정하는 코돈이 적어도 두 가지는 있고, 지정하는 코돈이 세 가지 이상인 아미노산도 여러 개가 있다(류신의 경우는 6개의 코돈이 지정한다). 따라서 DNA 염기서열의 코돈들은 '걸을 수' 있지만(서열이 바뀔 수 있지만), 선택은 이들이 단백질의 아미노

산 서열과 기능을 바꿀 정도로 멀리 가지는 못하도록 늘 감시를 한다.

선택은 어떤 특정한 아미노산 서열을 한 개 이상 철자가 바뀐 변종들보다 선호함으로써 단백질의 아미노산 서열이 바뀌지 못하도록 막는다. 만일 한 변종이 다른 형태들에 비해 일을 못하면, 설사 0.001퍼센트만큼 못한다 하더라도, 시간이 흐르면서 선택이 2장에서 설명한 진화의 대수학에 따라 개체군에서 그 변종을 내쫓는다. 이 추방은 한 단백질 텍스트 안에 포함된 철자들이 사실상 모든 종에서 그대로 보존될 수 있을 만큼 효과적이다. **한 단백질의 아미노산 서열에 포함된 불멸의 문자가 수십억 년 동안 수백만 종의 셀 수 없을 만큼 많은 개체에서 돌연변이의 공격을 받고 또 받았지만 거듭된 선택이 이 돌연변이들을 모두 몰아냈다는 사실을 한번 생각해보라.**

그림 3.3에 소개된 단백질의 아미노산 배열을 보면, 이 단백질을 이루는 수많은 아미노산들이 꼼짝없이 붙들려 있으며, 종에 따라 차이를 허용하는 자리는 단 몇 개에 지나지 않음을 알 수 있다. 동의 돌연변이는 비동의 돌연변이보다 훨씬 많이 허용된다. 나는 한 개의 유전자를 가지고 이 관계를 설명했지만, 500개쯤 되는 불멸의 유전자들이나 혹은 아무 종에 있는 그 밖의 대부분의 유전자들에서 이런 관계를 보여주는 유전자를 수천 개는 더 골라낼 수 있다. 해당 DNA 염기서열이 동의적으로 진화함으로써 단백질의 아미노산 서열이 대부분의 자리에서 보존되며, 단백질에서 소수의 부위에만 다양성이 허용되는 이와 같은 패턴은 모든 DNA 기록에서 널리 발견되는 진화의 패턴이다.

같은 단백질을 지정하면서도 매우 상이한 DNA 염기서열들은 자연선택이 단백질의 기능을 바꾸지 않는 돌연변이는 허용하는 반면 단백질의 기능을 바꾸는 돌연변이는 제거한다는 확실한 증거이다. 막대한 시간이 흐른 뒤에도 서로 다른 종들이 같은 유전자를 보존하고 있다는 사실은 자연선택의 한 단면, 곧 다윈이 말한 "해로운 변이를 가차없이 제거하는" 면모를 보여주는 결정적인 증거이다.

그런데 종의 진화하는 게놈에는 자연선택의 흔적 이상의 것이 담겨 있다. DNA 기록에는 한 유전자의 역사 이상의 정보가 들어 있다. 즉 그 유전자를 갖고 있는 종에 대한 정보뿐 아니라, 아주 머나먼 옛날에 역시 그 유전자를 갖고 있었던 앞선 종들에 대한 정보도 담겨 있다. 시간에 흐르면서 지워질 수도 있었던 정보를 보존하는 자연선택의 힘 덕분에, 게놈에는 생명의 역사가 기록되고 있다. 게놈에서 얻어낸 새롭고 풍부한 자료들은 어떤 자료들로도 알 수 없었던 머나먼 과거를 들여다볼 수 있게 해주는 귀중한 창이다. 나는 우리가 속한 도메인(진핵생물)이 어떻게 진화했으며, 고세균과 박테리아가 우리의 계통에 어떤 기여를 했는지를 이야기하면서 이 장을 마무리하려 한다.

진핵생물이 만들어지다 — 전혀 다른 두 부모의 결혼?

비록 나는 살아서 볼 수 없으나, 우리가 자연의 위대한 두 계에 대한 진정한 계통수를 갖게 될 날이 반드시 올 것이라고 믿습니다.

— 찰스 다윈이 토머스 헉슬리에게 보낸 편지(1857년 9월 26일)

다윈 이후 지금까지 우리는 자연의 구조를 이해하기 위해 오랫동안 애써왔다. 다윈의 시대에는 생물의 세계를 식물계와 동물계로 나누었다. 이 두 가지 체계는 아리스토텔레스 이후 널리 받아들여져왔고, 1735년 칼 폰 린네가 공식화했다. 그리고 1866년에, 에른스트 헤켈이 원생동물에 대한 놀라운 연구를 바탕으로 생명의 나무에 세 번째 계를 보탰다. 박테리아와 균류는 20세기가 오기 전까지 완전한 계로 인정받지 못했다.

다섯 개의 계로 이루어진 체제 안에서 다시, 각각의 계에 속한 세포의 종류에 존재하는 근본적인 차이에 따라 더 높은 차원의 구분이 이루어졌다. 1938년에 프랑스의 생물학자 에두아르 샤통은 핵의 존재 유무를 근거로 '원핵생물'과 '진핵생물'이라는 명칭을 제안했다. 이 두 개의 '초계'는 알려진 모든 생물을 포함했다. 톰 브록이 옐로스톤 국립공원에서 발견한 종 같은 부류의 유전자를 칼 우즈가 연구하기 전까지는.

우즈는 당시의 박테리아 분류법이 뒤죽박죽이라고 생각했고, 겉모습이나 생리적 특징보다 더 객관적인 수단으로 종들 간의 진화적 관계를 결정해야 할 필요를 느꼈다. 그는 분자들로 눈을 돌렸다. 단백질의 아미노산 서열이 밝혀지면서 생물종들 간의 단백질의 유사점과 차이점이 드러나기 시작하자마자, 과학자들은 DNA와 RNA, 단백질의 아미노산 서열을 바탕으로 종의 계통수를 만들 수 있으리라는 것을 금방 알아챘다(그들 중에는 프랜시스 크릭, 에밀 주커캔들, 라이너스 폴링이 있었다). 기본 개념은 아주 간단하다. DNA와 RNA의 염기서열이나 단백질의 아미노산 서열에 있는 특정 자리들이 한 집단의 종들끼리는 차이가 나지만 그 집단 내의 작은 분류의 종들끼리는 같을 때, 우리는 그 차이를 바탕으로 종들의 유연관계를 알아낼 수 있다.

그리고 유전적 친족관계에 따라 가계도를 만들 듯이 유전적 유연관계에 따라 종의 계통수를 만들 수 있다. 하지만 이따금씩 가계도에 혼란을 초래하는 결혼도 있는 법이다.

우즈는 많은 양이 존재하는 한 RNA 분자(리보솜 RNA/옮긴이)를 이용해 박테리아의 계통수를 만들기 시작했다. 그런데 그가 호열성 메탄생성세균을 기존의 박테리아에 포함시켰을 때, "이 '세균'은 진핵세포의 세포질과 관련이 없는 것만큼이나 기존의 세균과 관련이 없어 보였다." 그는 제3의 초계가 있다고 주장했다. 또한 그는 이 종들이 지구 초창기의 환경으로 추정되는 극단적인 환경에 적응하고 있기 때문에 그 초계는 원시적인 계일 것이라고 생각하고, 이 새로운 초계를 원시세균archaebacteria이라고 부르자고 제안했다. 이 명칭은 나중에 박테리아bacteria와 혼동되지 않도록 고세균Archea이라 바꿨으며, 초계라는 범주는 '도메인'이라는 새 이름을 얻었다.

생물의 갈래가 세 도메인—진핵생물, 고세균, 박테리아—으로 구분되기까지 이들 세 집단의 관계를 알아내는 데에 많은 우여곡절이 있었다. 다윈은 종의 계통관계를 나무로 표현하고, 갈라지는 가지들로 종 분화를 나타냈다. 하지만 다윈이 알지 못했던 미생물의 세계에서는 나무와 같은 진화 패턴에 들어맞지 않는 사건들이 일어난다. 미생물들은 유전자를 서로 교환하고, 어떤 미생물들은 다른 종 안에 들어가 사는 이른바 내부공생이라는 삶의 방식을 택하기도 한다. 이런 방식들을 취하면 아주 먼 친척들 사이에도 유전자 이동이 일어날 수 있으며, 그 결과 가계도가 뒤죽박죽이 되어버린다. 진핵생물, 고세균, 박테리아 사이의 관계를 알아내기 위해 생물학자들은 같은 가족이 아닌 듯 보이는 유전자들까지 포함하여 수많은 유전자들의 역사를 조사하고 분류해야 한다.

예컨대, 고세균 분자들에 대한 초기 연구들은 고세균과 진핵생물 사이의 놀라운 유사점 몇 가지를 찾아냈다. 고세균이 염색체에 DNA를 포장하고 DNA를 전사하고 RNA 메시지를 번역할 때 사용하는 단백질들은 진핵생물에서 그런 일을 하는 단백질들과 너무도 비슷해서, 진핵생물이 일부 고세균에서 진화했다는 인상을 주기에 충분했다. 몇몇 고세균과 진핵생물들끼리는 공유하지만 다른 집단에는 없는 짤막한 '서명' 아미노산 서열들도 있었다. RNA 메시지를 번역하는 데에 관여하는 불멸의 단백질들 가운데 한 단백질에 존재하는 열한 개의 아미노산으로 구성된 짧은 삽입서열이 그러한 예이다. 표 3.2에 몇몇 진핵생물과 고세균에 존재하는 이 삽입서열이 나와 있다.

<table>
<tr><td colspan="2" align="center">표 3.2 삽입서열</td></tr>
<tr><td>진핵생물</td><td></td></tr>
<tr><td>인간</td><td>GEFEAGISKNG</td></tr>
<tr><td>효모</td><td>GEFEABISKDG</td></tr>
<tr><td>토마토</td><td>GEFEAGISKDG</td></tr>
<tr><td>고세균</td><td></td></tr>
<tr><td>술폴로부스Sulfolobus</td><td>GEYEAGMSAEG</td></tr>
<tr><td>피로딕툼Pyrodictum</td><td>GEFEAGMSAEG</td></tr>
<tr><td>아키디오누스Acidionus</td><td>GEFEAGMSEEG</td></tr>
<tr><td>박테리아</td><td>(없음)</td></tr>
</table>

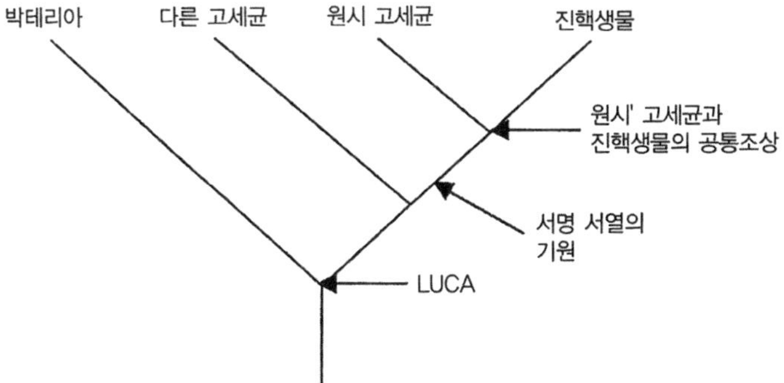

그림 3.4. '기존의' 생명의 나무 이 나무는 계통이 갈라짐으로써 생긴 모든 영역들을 포함한다.
그림: 제이미 캐럴.

두 도메인에는 이 아미노산 서열이 존재하지만 나머지 한 도메인
에는 존재하지 않는 이유를 가장 논리적으로 설명하자면, 생명의 나
무에서 고세균과 진핵생물이 맺고 있는 관계가 진핵생물과 박테리아
의 관계나 고세균과 박테리아의 관계보다 더 가깝다는 것이다. 이 결
과를 가지고 생명의 나무를 그려보면, 먼저 세 도메인 모두의 공통조
상('만물'의 마지막 공통조상. 약자로 LUCA)이 있고, 이것이 박테리아
와 고세균이라는 두 도메인으로 갈라진 다음, 나중에 진핵생물이 고
세균 가지에서 갈라지는 형태가 된다. 이 생명의 나무는 그림 3.4에
나와 있는 것과 같다.

하지만 고세균과 박테리아의 전체 게놈이 밝혀졌을 때, 뜻밖에도
고세균 유전자의 대다수가 박테리아에 있는 그에 상응하는 유전자들
과 가장 비슷하다는 사실을 발견했다. 뒤이어 진핵생물의 게놈이 차차
밝혀지면서 그 서열들을 분석한 결과, 진핵생물의 많은 유전자들은 고
세균보다 박테리아의 유전자와 더 가까웠다. 이야기는 점점 '네 언니
가 네 고모이면 네 아버지는 누구인가?'라는 식의 수수께끼로 흐르고

있었다. 누가 누구와 더 가까운 관계냐는 질문의 대답은 한 마디로 오리무중에 빠졌다.

수수께끼는 한 가지 중요한 단서를 추적하면서 풀리기 시작했다. 고세균과 진핵생물의 공통점은 대부분 정보유전자라고 하는 부분에 있었다. 이 유전자들의 산물은 DNA를 복제하고 해독하는 일을 한다. 또한 진핵생물과 박테리아의 공통점은 대부분 작동유전자에 있었다. 이들은 영양소와 기본적인 세포물질의 대사에 관여한다. 진핵생물의 입장에서 보면, 한 부모에게서는 '뇌'(정보유전자)를, 다른 부모에게서는 '외모'(작동유전자)를 얻은 셈이다.

이런 사실들을 고려하면 진핵생물이 일종의 국제결혼으로 탄생했을지도 모른다는 의심이 든다. 즉, 고세균과 박테리아의 유전적 결합일지도 모른다는 얘기다. 근본적으로 다른 종 사이의 결합이라는 것이 새로운 개념은 아니다. 1970년에 린 마굴리스는 진핵세포에서 에너지를 생산하는 두 가지 중요한 세포소기관인 미토콘드리아와 엽록체가 진핵생물 안에 살던 박테리아에서 유래했다고 주장했다(이런 결합을 내부공생이라고 한다). 마굴리스의 견해는 현재 널리 받아들여지고 있다.

그렇다면 고세균과 박테리아의 결합으로 진핵생물이 탄생했다는 것도 가능한 이야기일까? UCLA의 마리아 리베라와 제임스 레이크는 진핵생물이 실제로 생명의 나무의 다른 가지에 속하는 부모들에게서 유래함으로써 이원적 기원을 갖고 있다는 결론을 내렸다. 리베라와 레이크는 박테리아, 고세균, 진핵생물의 게놈을 분석하여 세 도메인에 속하는 주요 집단들이 모두 갖고 있는 유전자, 하나만 빼고 모두가 갖고 있는 유전자, 둘만 빼고 모두, 셋만 빼고 모두가 갖고 있는

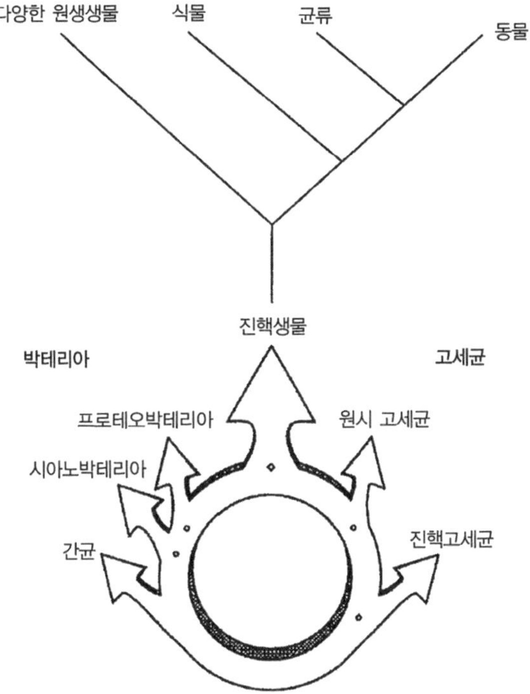

그림 3.5. 진핵생물의 새로운 생명의 나무 DNA 기록은 고세균의 한 형태와 박테리아의 한 형태가 결합해 진핵생물을 탄생시켰음을 암시한다. 이 나무의 줄기는 기존의 둥치 형태가 아니라 고리 모양이다. 「네이처」 131(2004), 152쪽에 실린 M. 리베라와 J. 레이크의 그림을 참고함.

유전자 등등을 찾았다. 공통된 유전자를 이런 식으로 광범위하게 분석한 결과는 진핵생물의 게놈이 고세균의 친척뻘 되는 생물과 박테리아 한 종류의 결합임을 암시한다. 공생관계는 함께 사는 생물들에게 흔하며(예컨대 옐로스톤 국립공원의 테르무스 아쿠아티쿠스는 광합성을 해서 미생물 매트를 알록달록하게 물들이는 시아노박테리아에게서 에너지를 얻는다), 이 관계는 흔히 내부공생으로 이어지기 때문에, 내부공생자와 숙주의 게놈이 결합한 결과로 진핵생물이 탄생했다는 설명은 그럴듯하다. 따라서 생명의 나무의 둥치는 세로로 뻗은 줄기가 아니라 고리 모양이며, 우리 진핵생물의 나무는 이 고리에서 위로 자라 가지를 친다^{그림 3.5}.

　그러니까 여러분이 앞으로 옐로스톤 국립공원을 관광하게 된다면, 뜨거운 가마솥에서 부글부글 끓는 냄새 지독한 수프에서 얼굴을 돌리지도 말고, 그 가마솥 가장자리로 흘러나오는 알록달록하고 끈적끈적한 띠와 매트를 외면하지도 마시라. 아무리 먼 친척이라 해도, 그건 친척에 대한 예의가 아니다. 여러분과 그곳에서 사는 생물들이 수백 개의 유전자를 공유하고 있다는 엄청난 사실을 곰곰이 생각해 보라. 그리고, 헤아릴 수 없을 만큼 머나먼 과거에 이와 비슷한 환경에서─아마도 깊은 바다의 열수분출공에서 뿜어져 나오는 메탄 분출물 속에서─현재 지구상에 존재하는 모든 생물계의 조상이 탄생했다는 사실도.

　물론, 그 이후로 자연선택이 한 일이 아주 엄격하게 현 상태를 유지하는 것뿐이었다면 지금 살아 있는 생물들은 차이라고는 전혀 없는 천편일률적인 모습일 것이며, 우리가 오늘날 이 세상에서 볼 수 있는, 그리고 지난 30억 년 동안의 화석기록에서 확인할 수 있는 폭발적인 다양성은 없었을 것이다. 그러나 표 3.1의 유전자 수치에서 볼 수 있듯이 생명 형태들 사이에는 유전자의 내용물 차이가 크다. 500개쯤 되는 불멸의 핵심 유전자들을 제외하면, 종에 따라 유전자 개수에 큰 차이가 있다. 유전자 개수의 차이는 우리에게 진화의 과정에서 새로운 유전자들이 탄생했다는 사실을 말해준다. 새로운 유전자들은 실제로 탄생한다. 다음 장에서는 진화의 이런 생산적인 면에 대해 알아볼 것이다. 또 한 가지를 이야기하자면 유전자들은 태어나기만 하는 것이 아니라 죽을 수도 있다. 유전자들은 실제로 죽는다. 5장에서는 이런 반전을 다루고, 이것이 진화에서 의미하는 바를 알아볼 것이다.

우간다 키베일 국립공원의 콜로부스원숭이 이 원숭이는 두 가지 진화적 혁신—완전한 색각과 새김질하는 위—덕분에 영양가가 더욱 풍부한 이파리를 찾을 수 있고 그것을 소화시킬 수 있다.

사진: 케이건 세커쇼글루

옛것에서 새것 만들기

옛것을 익히고 그것을 미루어 새것을 안다.　　　　　　　**중국격언**

우간다 키베일 국립공원의 아침식사 시간이다.

숲 꼭대기에서 검은 털과 흰 털이 멋들어진 콜로부스원숭이 집단이 숲 차양을 헤치며 신선한 먹을거리 쪽으로 쏜살같이 달려간다. 우간다 열대우림의 우거진 잎사귀들에 둘러싸인 이곳에서 메뉴는 무궁무진하다. 그런데 콜로부스원숭이들은 풍성한 초록 잎사귀들을 그냥 지나쳐 붉은 이파리가 매달린 식물에 시선을 고정시킨다. 엄지손가락이 없는 유일한 원숭이(이들의 이름은 '불구' 또는 '잘린'이라는 뜻을 가진 그리스어 콜로부스*kolobus*에서 왔다)인 콜로부스원숭이들은 길고 민첩한 네 손가락으로 부드러운 어린 잎사귀들이 매달린 나뭇가지를 입으로 잡아당긴다.

한편 아래쪽 숲 바닥 근처에서는 이 숲에 사는 500마리의 침팬지들 중 몇 마리가 무화과나무 쪽으로 왁자지껄 가고 있다. 일단 이파리를 몇 개를 따서 씹어 먹지만, 그들이 찾는 것은 노랗고 빨간 잘 익은 열매들이다. 침팬지들은 덜 익은 초록색 열매를 외면하고 잘 익은 열매 몇 개를 엄선해 근처에 있는 편안한 나뭇가지에 올라앉는다.

콜로부스원숭이들과 침팬지들은 영장류를 제외한 포유류들에게는 없는 어떤 감각을 이용해 아침식사거리를 고른다. 그것은 바로 완전한 색각이다. 모든 유인원과 구대륙원숭이(아프리카와 아시아의 원숭이)들은 삼원색 시각을 갖추고 있어서 파란색에서부터 초록색, 빨간색에 이르는 모든 가시광선을 볼 수 있다. 다른 대부분의 포유류들은 이원색 시각을 갖는다. 이들은 파란색과 노란색 색조들을 볼 수 있지만, 빨간색과 초록색을 지각하거나 구별하지는 못한다. 이런 삼원색 시각은 중요한 의미를 갖는데, 어린잎이 영양가가 가장 풍부하고, 부드러워서 더 소화시키기 쉽기 때문이다. 열대지방에서 사는 식물 종들의 절반 이상이 어린잎이 붉은색이다. 영장류는 다른 동물들은 감지할 수 없는 이런 색깔 차이를 이용해 숲에서 영양분이 더 풍부한 이파리를 따 먹는다.

콜로부스원숭이는 특별한 능력을 이용해 잎사귀를 소화시킨다. 이 능력은 침팬지나 다른 유인원은 갖고 있지 않으며, 오직 콜로부스원숭이의 가장 가까운 친척 원숭이들만이 갖고 있다. 콜로부스원숭이는 반추동물이다. 여러 개의 방으로 나뉜 유달리 커다란 위를 갖고 있는 이 원숭이는 이파리 소화의 전문가이다. 몸무게가 13.6킬로그램 정도인 성인 콜로부스원숭이는 하루에 1.8~2.7킬로그램의 이파리를 먹는다. 그래서 앉아서 쉴 때면 배불뚝이가 된다. 콜로부스원숭이의 장에 사는 박테리아가 콜로부스원숭이의 소화기관을 천천히 통과하면서 커다란 이파리 뭉치의 소화를 돕고, 특이한 효소들이 박테리아가 분해해놓은 영양소들을 다시 분해한다.

콜로부스원숭이의 시각계와 소화계는 생물학의 가장 커다란 궁금증들 가운데 하나를 불러일으킨다. 새로운 능력은 어떻게 생길까? 이 장에서는 종이 새로운 능력을 획득하고 기존의 능력을 조정하는 방법들을 알아볼 것이다. 그러니까 이 장의 주제는 '옛' 유전자에서 새 기능과 새 유전자가 어떻게 만들어지는가이다. 나는 유전자 중복이라는 우연한 사건이 어떻게 새 기능의 진화를 위한 여벌의 유전자 부품들을 제공했는지, 새 부품과 옛 부품이 어떻게 종의 삶의 방식에 맞게 미세조정되었는지를 설명할 것이다.

종이 새 능력을 발명하고 미세조정한 예들은 무수히 많이 골라낼 수 있지만, 몇 가지 중요한 이유들 때문에 색각의 기원과 진화를 집중적으로 다루려 한다. 첫째는 색각은 그 소유자에게 명백한 효용이 있기 때문이다. 둘째는 저마다 다른 서식지(바다, 사바나, 숲, 동굴, 지하, 등등)에 사는 동물들은 거기에 맞는 생활양식에 놀랍도록 잘 적응한 시각계를 갖추고 있기 때문이다. 세 번째는 색각의 생물학과 물리학은 대단히 잘 밝혀져 있어서 종들의 색각능력과 그들이 볼 수 있는 색깔의 종류에 존재하는 크고 작은 차이가 잘 알려져 있기 때문이다. 우리는 자외선처럼 인간은 볼 수 없지만 새와 곤충 같은 다른 동물들이 먹이나 배우자, 또는 서로서로를 찾을 때 사용하는 넓은 의미의 색깔이 있다는 것을 알고 있다. 네 번째는 다른 형질들에 비해 색각을 지정하는 유전자와 그 유전자의 진화에 대한 연구들이 많이 이루어져 있기 때문이다. 이 모든 요인들은 특정 유전자의 차이가 생태적 차이와 어떤 관련이 있는지, 또 종의 진화와는 어떤 관련이 있는지를 밝히는 데에 큰 도움이 된다.

내가 이 장에서 논의할 새로운 지식들은 진화 과정의 세 요소—자연선택, 성선택, 변형을 동반한 계통—에 대한 구체적이고도 직접적인 증거를 제공한다. DNA에서 진화의 단계들을 추적하다보면 이 세 가지 요소를 발견할 수 있다. 진화의 단계들을 이해하기 위해 우리는 특정 종들 사이의 중요한 차이를 찾아내고, 이 차이가 언제 생겼는지를 판단하고, DNA의 구체적인 변화가 구체적인 삶의 능력과 어떤 관련이 있는지를 알아낼 것이다. 우리는 DNA에서 두 가지 종류의 정보를 추적할 것이다. 첫째로 우리가 알고자 하는 사건이 언제, 어떤 종에서 일어났는지를 알기 위해, 새로 발견된 특별한 DNA 표지를 추적할 것이다. 이 표지는 종들의 유연관계를 분명하게 밝혀준다. 둘째로 색각을 결정하는 유전자들의 DNA 유전암호를 조사할 것이다. 자연선택의 흔적이 이 유전암호 속에 적혀 있다.

저널리스트 렉스 달턴은 새들은 볼 수 있지만 우리에게는 보이지 않는 세계를 이야기하면서 이렇게 썼다. "동물의 마음을 들여다보고 싶다면 그들의 눈으로 세상을 보라." 먼저 동물들이 색깔을 어떻게 보는지를 살펴보고, 그런 뒤 이들의 눈을 통해 진화가 어떻게 전개되었는지를 보자.

무지개를 보다

인간은 인간만의 시각으로 자연계를 본다. 우리가 색깔과 색조를

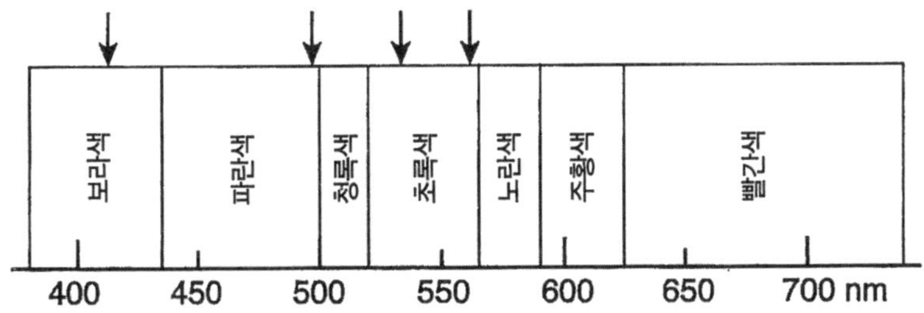

그림. 4.1. 색깔 스펙트럼과 빛의 파장 보라색, 파란색, 초록색, 빨간색 색조의 가시광선들은 서로 다른 파장의 빛에 의해 만들어진다(단위, 나노미터). 인간의 색각은 네 가지 옵신 단백질로 네 가지 파장에 맞추어져 있다(화살표). 그림: 리앤 올즈.

볼 수 있는 이유는, 망막의 세포들 속에서 빛을 감지하는 일련의 분자들이 우리가 보는 빛과 색깔에 맞도록 잘 조정되어 있으며 이 세포들이 자극을 뇌에 전달하기 때문이다. 다른 동물들에게는 그들만의 분자들가 있고, 그 분자들은 무지개의 다른 부분들을 감지하도록 조정되어 있다. 우리와 다른 동물들이 무엇을 보는지를 알려면 빛과 색깔, 빛을 감지하는 분자, 색깔 이미지들을 모으는 눈 속의 세포들에 대해 알아야 한다.

우리의 눈은 우리가 인간중심적으로 가시광선이라고 이름 붙인 빛에 특별히 민감하다. 가시광선 영역은 전자기복사의 전체 스펙트럼에서 좁은 띠에 해당한다. 흰색은 보라에서부터 파랑, 초록, 노랑, 주홍, 빨강에 이르는 가시영역의 색이 모두 섞인 것이다. 이 색깔들의 파장은 서로 다르며 약 400나노미터(보라)에서부터 약 700나노미터(빨강)에 이른다.^{그림 4.1} 물체가 색깔을 띠는 것은 물체가 흡수하거나 반사한 빛의 파장 때문이고, 이것은 물체의 분자조성에 따라 결정된다. 예컨대 풀이 초록색인 것은 풀이 초록을 제외한 모든 빛의 파장을 흡수해서 파장이 약 250나노미터인 초록색 빛만 반사되기 때문이다. 하늘이 파랗게 보이는 이유는 대기의 공기분자들이 짧은 파장의 빛, 그 가운데서도 주로 파란색 빛을 산란시키기 때문이다. 해가 노랗게 보이는 것은 흰색 빛에서 파란색 빛을 뺀 것이 노란색 빛이기 때문이다. 석양이 주홍빛으로 물드는 이유는 태양이 수평선이나 지평선 가까이에 닿을 무렵에는 빛이 우리 눈에 닿기 전에 대기 중에서 더 먼 거리를 이동해야 해서, 파란색 빛이 너무 많이 흩어져 주홍색만 도달하기 때문이다. 이밖에도 햇빛에는 우리가 볼 수 없는 더 짧은 파장의 빛인 **자외선**이 포함되어 있다. 자외선은 대기 중의 오존에 닿으면 산란된다. 자외선이 오존을 통과해 우리 피부에 흡수되면 나처럼 피부가 흰 사람은 화상을 입고, 운 좋은 사람들은 멋지게 선탠이 된다. 불이 타오를 때 나오는 열처럼 파장이 더 긴 빛은 **적외선**이다. 이 빛도 맨눈으로는 볼 수 없다. 하지만 온기가 있는 물체를 볼 수 있는 적외선 감지기를 장착한 야간 투시경의 도움을 받으면 볼 수 있다.

색각은 특정 파장의 빛이 망막의 시각색소에 닿을 때 생긴다. 이런 시각색소들은 옵신이라는 단백질과 발색단이라고 부르는 작은 분자로 이루어져 있다. 인간의 경우 발색단은 비타민 A의 파생물이다. 시각색소의 빛 감수성은 옵신 단백질의 아미노산 서열과, 발색단이 옵신과 어떻게 상호작용하느냐에 따라 결정된다. 이 상호작용의 결과로 시각색소마다 특정한 파장의 빛에 감응하도록 **스펙트럼의 미세조정**이 일어난다. 인간에게는 세 종류의 시각색소가 있다. 각각 짧은 파장, 중간 파장, 긴 파장에 감응한다. 이 색소들을 SWS 옵신, MWS 옵신, LWS 옵신이라고 부른다. 인간이 지닌 이 세 종류의 옵신은 각각 417나노미터(SWS, 파랑), 530나노미터(MWS, 초록), 그리고 560나

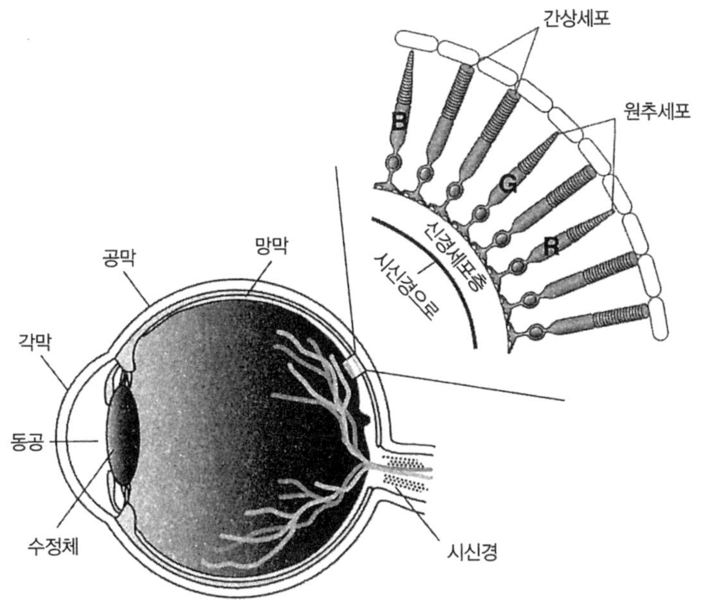

그림. 4.2. 색깔은 망막에서 어떻게 감지되는가 빛이 수정체를 통해 눈으로 들어와 망막에 부딪힌다. 망막에 있는 광수용기 세포들은 두 종류이다. 간상세포는 어두운 빛을 감지하며 색깔 이미지를 만들어내지 않고, 원추세포는 인간이 가지고 있는 세 종류의 옵신 중 한 개를 가지고 있다. 각각 빨간색(R), 초록색(G), 파란색(B) 빛의 파장에 맞추어져 있다. 뉴런이 원추세포나 간상세포의 흥분을 모아서 시신경에 전달하면, 시신경은 자극을 뇌의 시각영역으로 전달한다. 그림: 리앤 올즈.

노미터(LWS, 빨강)에 맞춰져 있고, 이들이 함께 우리에게 색각을 선사한다. 또 다른 색소인 로돕신(497나노미터)은 어두울 때 주로 사용된다. 400나노미터(자외선, UV)보다 짧은 파장의 빛이나, 700나노미터(적외선)보다 긴 파장의 빛은 우리 눈에 보이지 않는다. 그런데 곧 나오겠지만, 자외선 파장의 빛을 볼 수 있는 동물들도 많다.

우리 눈에는 두 종류의 광수용기가 있다. 모양에 따라 각각을 간상세포(또는 막대세포)와 원추세포(또는 원뿔세포)라고 부른다. 광수용기는 시각색소들로 채워져 있다^{그림 4.2}. 일반적으로 간상세포는 빛에 매우 민감하며, 밤처럼 빛이 적을 때 주로 이용되지만, 파장을 구별하지는 못한다. 그런 이유로 우리는 밤에는 색깔을 구별할 수 없다. 원추세포는 밝을 때 주로 이용되며, 따라서 일상적인 색각을 담당한다.

빛이 발색단에 와 닿으면 발색단은 순식간에 시각색소에 일련의 변화를 일으킨다. 시각색소는 천분의 일 초 만에 '흥분되고', 이 흥분 상태는 광수용기 세포를 '발화'시킨다. 망막의 광수용기 세포들에 들어온 이 신호는 뇌로 전달되어 뇌의 피질에 있는 시각영역에서 통합된다. 사물의 색깔이 지각되려면 적어도 두 종류의 원추세포가 흥분해야 한다. 뇌가 어떤 색깔로 지각하느냐는 두 원추세포의 상대적인 흥분 정도에 따라 결정된다. 만일 한 종류의 원추세포만 존재한다면 사물은 늘 회색 톤으로 보일 것이다.

각각의 옵신은 별개의 유전자가 지정한다. 인간의 세 가지 옵신 유전자들(SWS, MWS, LWS)은 침팬지 같은 유인원에도 존재한다. 하지만 대부분의 포유류는 옵신과 옵신 유전자가 두 종류뿐이며, 조류와 어류는 네 종류 이상이다. 따라서 동물이 진화하는 동안 옵신 유전자의 수에 변화가 일어났음이 분명하다. 인류의 옵신 유전자 진화는 **유전자 중복**의 사례인데, 이것은 DNA에 정보를 늘리는 중요한 방법이다. 이 과정에서 기존의 유전자가 중복되고, 그런 다음 '새' 유전자와 '옛' 유전자는 다른 길로 갈라져 다른 기능을 지닌 독자적인 유전자로 진화한다.

척추동물이 진화하는 동안 옵신 유전자에 유전자 중복이 일어난 것이 확실하다면, 구체적으로 어떤 동물이 옵신 유전자를 얻었을까 (또는 잃었을까)? 두 종의 옵신 유전자가 다르다는 말로는 불충분하다. 진화가 밟아온 단계들을 알려면 '비포&애프터 사진'과 같은 정보가 필요하다. 옵신 유전자의 진정한 역사를 밝히려면 동물 집단들 간의 정확한 유연관계가 필요하다. 종들 간의 관계를 정확히 알면, 한 형질의 진화 방향을 알 수 있고 공통조상에 그 형질과 유전자가 있었는지 없었는지 연역해낼 수 있다. 예를 들어 만일 두 친척 종이 한 형질(또는 유전자)을 공유하고 있다면, 합당한 설명은 이것이 우연이 아니라 그들의 마지막 공통조상이 그 형질(또는 유전자)을 갖고 있었다는 것이다. 한 형질이 언제 생겼는지는 종의 계통사를 알면 해결된다. 인류의 색각의 기원과 관련이 있는 종들의 계통사가 어떻게 결정되는지를 살펴보기 전에, DNA 시대에 종의 유연관계가 어떤 식으로 결정되는지를 조금 알 필요가 있다. 유례없는 정확성과 신뢰도로 종의 역사를 밝혀줄 수 있는 새로 발견된 특별한 DNA 표지를 소개하겠다.

분자에서 생명의 나무를

다윈이 진화는 나무 같은 모양으로 일어난다는 사실을 알아차린 후, 생물학자들은 살아 있거나 화석이 된 모든 종들의 유연관계를 나타내는 생명의 나무를 그리기 위해 노력해왔다. 생물학 역사의 대부분 동안 이 나무는 살아 있는 종과 화석 기록 속에 남겨진 종의 겉모습을 바탕으로 구성되었다. 그러나 얼마나 닮았으며 얼마나 닮지 않았느냐는 종종 계통관계를 오도하거나, 생물학자들 간의 의견 대립을 불러일으키기 십상이었다. 그렇다보니 실제로 모든 주요 생물 집단들의 계통수는 아주 다양한 모양으로 그려졌다.

몇십 년 전부터 생물학자들은 분자 서열을 밝히고 비교하는 방법으로 종의 유연관계를 추적하기 시작했다. 유전자는 후손에 전해지기 때문에 유전자의 염기서열과 그 유전자가 지정하는 단백질의 아미노산 서열도 후손들에게 전달된다. 한 종 안에서 일어나는 변화들은 그 후손들에게, 그리고 그 계통을 따라 계속 전해진다. 따라서 DNA의 비슷한 정도는 종의 유연관계를 알려주는 지표이다.

생물학자들이 계통사에 대한 단서를 얻기 위해 DNA의 염기서열이나 단백질의 아미노산 서열을 조사할 때, 조사대상이 될 수 있는 유전자들은 **수천 개**에 이른다. 이럴 때 적용하는 기준이 몇 가지 있지만, 보통은 (비용과 같은 현실적인 이유에서) 수많은 후보들 가운데서 한두 개의 유전자가 선택된다. 선택된 유전자들의 염기서열을 찾아내면, 그 다음에는 그 종의 계통수를 찾아내기 위해 여러 가지 정교한 수학과 통계학 공식들을 이용한다. 이 공식들은 입력한 자료에 잘 맞는 계통수를 찾아준다. 사소한 문제처럼 보일 수도 있지만 꼭 알아두어야 할 것이 있는데, 유전자 염기서열이 단 네 개의 문자인 A, C, G, T만으로 구성되기 때문에 자료가 충분치 않을 경우 그 자료가 알려주는 종들의 유연관계는 불확실하거나 잘못된 것일 수도 있다. 그러니까 모든 유전자가 똑같고, 정확하고, 분명한 답을 알려주는 것은 아니란 얘기다. 그래서 다른 염기서열이나 더 많은 양의 염기서열을 가지고 똑같은 계통수가 나오는지를 보는 식으로 계통수를 추가로 검증하기도 한다.

그런데 다행히도 종의 유연관계를 알아내는 완전히 새로운 방법이 생겼다. 이 방법도 DNA에 의존하기는 마찬가지지만, 염기서열의 비슷한 정도를 바탕으로 하기보다는 DNA의 특정 위치에 특정 표지가 있는지 없는지로 판단을 한다. 이 표지는 우연히 유전자 근처에 끼어든 정크 DNA의 조각이다. 긴 반복서열long interspersed elements, LINES과 짧은 반복서열short interspersed elements, SINES이라고 불리는 특별한 정크 DNA 조각은 찾기가 매우 쉽다. 일단 끼어든 SINE와 LINE는 적극적으로 제거할 방법이 없다. 따라서 이 서열들은 한 종에 있는 특정 유전자의 표지가 되어 그 종에서 유래하는 모든 종에게 유전된다. 이들은 계통사를 밝혀주는 완벽한 추적자tracer이다. 이러한 반복서열의 삽입은 매우 드문 사건이며, 그러므로 이 반복서열들이 두 종의 DNA에서 같은 장소에 존재하는 것은 두 종이 공통조상을 공유할 때만 일어날 수 있는 일이다. 친자확인검사의 원리가 바로 이와 같은 다양한 DNA 표지들의 유전이다. 여러 시기에 다양한 조상들에게서 생긴 수많은 반복염기서열들의 분포를 조사함으로써 생물학자들은 종의 유연관계를 확실히 판별할 충분한 과학수사기록을 손에 넣었다.

하지만 계통사는 이렇게 밝히는 것이라는 일반적인 설명은 부족한 감이 있다. 나는 이 책에서 우리가 가진 DNA 증거의 진가를 제대로 보여주고 싶다. 보는 것이 믿는 것, 다시 말해 이해하는 일의 지름길이기 때문이다. 그런 의미에서 가장 중요한 계통수인 인간과 다른 영장류의 계통수를 SINE를 이용해 해결해보겠다. 그런 다음에 이 나무를 이용해 색각의 기원을 풀어보겠다.

계통수를 만드는 첫 단계는 조사할 SINE들을 정하는 것이다. 인간의 게놈 서열을 알고 있다면 간단한 일이며, 인간의 DNA에는 수천 개의 SINE 후보가 있다. 두 번째 단계는 다른 영장류의 DNA에서 특

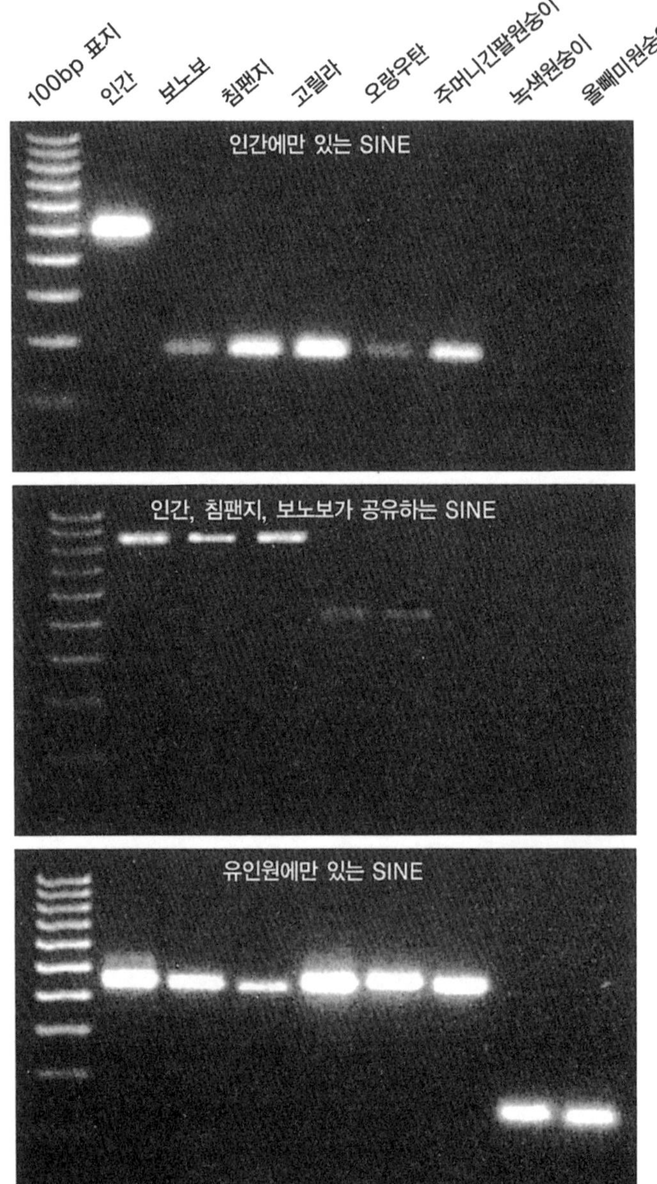

그림 4.3. DNA 검사와 호미노이드(사람상과)의 진화 줄에 상대적으로 더 큰 DNA 띠가 나타나면 그 종의 DNA에 특정 SINE가 존재하는 것이다. SINE의 공유는 종들 간의 진화적 관계를 알려준다. 그림: 살렘 등, 「국립과학아카데미 회보」 100(2003), 12787쪽. 저작권은 미국 국립 과학아카데미(2003)

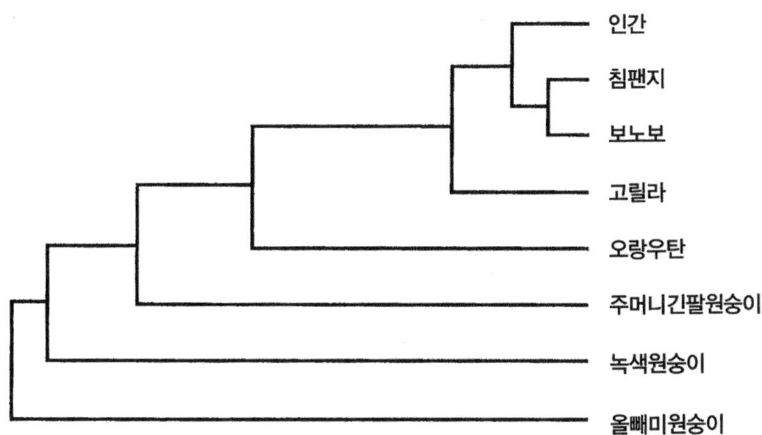

그림. 4.4. 유인원의 진화적 계통수 DNA 분석을 통해 밝혀진 호미니드, 유인원, 원숭이들의 진화적 관계. 그림: 「국립 과학아카데미 학회보」 100(2003), 12787쪽에 나오는 살렘 등의 자료를 바탕으로 그린 것.

정 부위를 검사하는 것이다. 대부분의 SINE는 약 300개의 염기쌍을 갖는다. 따라서 만일 다른 종의 DNA가 인간이 가지고 있는 것과 똑같은 SINE를 포함하고 있다면, SINE를 포함한 부위는 SINE가 없는 경우보다 약 300염기쌍쯤 길 것이다. 그림 4.3은 압델-할림 살렘과 루이지애나 주립대학과 유타 대학의 동료들이 얻어낸 실제 실험 자료이다. SINE의 존재 또는 부재는 크기가 다른 DNA들을 분리할 때 사용하는 전기영동● 겔에 DNA 띠가 놓이는 상대적인 위치로 판별한다. 그림 4.3에서 첫 번째 사진의 SINE는 인간에만 존재하고, 두 번째 사진의 SINE는 인간과 보노보, 침팬지가 공유하며, 세 번째 사진의

● 전기영동: 전기적인 힘을 이용해 DNA나 RNA, 단백질 같은 큰 분자를 이동시켜 분리하는 기술. 아가로오스(DNA나 RNA의 경우) 폴리아크릴아마이드(단백질의 경우)들을 굳혀서 만든 겔에 DNA, RNA, 단백질을 넣고 전류를 흘린다(옮긴이).

SINE는 인간, 보노보, 침팬지, 고릴라, 오랑우탄, 주머니긴팔원숭이가 공유하고 있다. 백 개가 넘는 SINE를 분석해서, 검사한 여섯 종의 유인원 모두를 포함한 영장류 군들이 공유하는 SINE, 다섯 종의 유인원을 포함한 영장류 군들이 공유하는 SINE, 네 종의 유인원을 포함한 영장류 군들이 공유하는 SINE 등을 밝혀냈을 뿐 아니라, 보노보와 침팬지만이 공유하는 SINE, 인간, 침팬지, 보노보 각각에만 존재하는 SINE를 찾아냈다. 올빼미원숭이에서는 한 종류의 SINE도 발견되지 않았다. 공유하는 SINE의 개수는 유연관계를 나타내는 증거이며, 그림 4.4와 같은 나무로 표현할 수 있다. 이 계통수에 따르면 침팬지가 우리 인류의 가장 가까운 친척이고, 보노보는 침팬지의 가장 가까운 친척이며, 고릴라와 오랑우탄 계통은 침팬지와 인간의 마지막 공통조상이 있기 전에 갈라졌다. 이 나무의 정확성은 의심할 여지가 없다.

자, 이제부터 이 나무를 놓고, 색각과 옵신 유전자의 분포를 알아보기로 하자.

색각 진화의 우여곡절

구대륙원숭이들은 모두 삼원색 시각과 세 종류의 원추세포 옵신 유전자를 갖고 있는 반면, 신대륙원숭이들과 설치류, 그 밖의 다른 포유류는 일반적으로 이원색 시각과 두 종류의 옵신 유전자만을 갖고 있다. 그림 4.4의 계통수에서 우리는 완전한 색각이 구대륙와 신대륙 계통이 갈라진 이후 구대륙영장류의 조상에게서 생겼다는 사실을 연역할 수 있다. 또한 구대륙영장류들이 원추세포의 세 번째 시각 색소를 갖고 있기 때문에, 이 옵신 유전자도 이 계통이 갈라져 나온 이후에 생겼음이 확실하다. 인간의 색각은 먼 구대륙 조상에서 유래했으며, 비교적 최근에 호미니드(사람과)가 진화하면서 독립적으로 발명한 것이 아니라는 이야기이다.

다른 포유류―다람쥐, 고양이, 개, 등등―에 두 종류의 원추세포 옵신이 존재한다는 사실은 포유류의 공통조상이 두 종류의 원추세포 옵신과 이로 인한 이원색 시각을 가지고 있었음을 암시한다. 하지만 영장류의 완전한 색각이 유례없는 '진보'라는 결론으로 성급히 내닫기 전에, 포유류 외의 다른 척추동물의 시각을 살펴봐야 한다. 여기서 문제가 발생한다. 조류는 풍성한 색각을 지니고 있고, 파충류나 금붕어 같은 어류들도 그렇다. 이 집단의 구성원들은 적어도 네 종류의 옵신 유전자를 갖고 있다. 턱이 없는 어류인 다묵장어류처럼 더 원시적인 척추동물 집단에서는 **다섯 종류**의 옵신 유전자가 발견된다. 이 사실은 척추동물에서 턱이 있는 계통과 없는 계통이 갈라지기 전인 척추동물의 진화 초창기에도 색각이 존재했음을 암시한다. 그렇게 보면 척추동물의 전체 계통수에서 비영장류 포유류들의 색각과 옵신 유전자가 가장 빈약한 셈이다. 척추동물문 안의 색각과 옵신 유전자의 분포를 통해 우리는 옵신 유전자가 처음에는 풍부했으나 나중에 포유류의 조상에서 한 번 소실되고, 그런 다음 구대륙영장류의 조상에서 다시 늘어난 패턴으로 진화했음을 알 수 있다.

그러면 이런 궁금증이 들 것이다. 만일 색각이 대단하고 중요한 것이었다면 왜 한때 소실되었을까? 가장 그럴듯한 설명은 포유류에서 야행성이 진화한 것과 관련이 있다. 초기 포유류는 몸집이 작았으며, 그래서 공룡처럼 몸집이 거대한 동물들이 지배하는 생태계에서 몰래 숨어 사는 야행성 생활을 했다. 야행성의 진화로 이 동물들은 밝은 빛 속에서 이용하던 색각을 희미한 빛과 어둠 속에서 이용하는 종류의 시각으로 바꾸었고, 이에 따라 완전한 색각을 잃었다(다음 장에서 색각 유전자를 포함해 이러한 변화로 인해 소실된 유전자들을 많이 만나보게 될 것이다).

이제 우리는 영장류와 포유류의 진화와 관련하여 우리의 세 번째 옵신 유전자가 언제 진화했는지 확실히 말할 수 있다. 하지만 '어떻게'라는 질문이 남아 있다. 이 새로운 유전자는 색각의 스펙트럼을 어떻게 넓혔을까? 이 유전자의 유전정보에서 색각의 진화가 밟은 단계들을 볼 수 있다. 따라서 지금부터는 옵신 단백질의 실제 아미노산 서열을 살펴보고, 우리의 빨간색 옵신과 초록색 옵신이 서로 어떻게 다른지, 정확히 무슨 차이가 이 둘을 서로 다른 색깔에 감응하도록 만들었는지를 알아보겠다. 특수한 환경에 적응하기 위해 옵신이 '튜닝'되는 일은 색각에서 흔히 일어나는 현상이다. 우선 우리의 옵신이 어떻게 조정되어 있는지를 알아보고, 영장류에서 옵신이 적응한 증거들을 살펴보겠다. 그런 다음에, 서로 다른 종의 옵신이 서로 다른 환경과 자극에 적응하는 과정에서 서로 다른 파장의 빛에 맞춰지게 된 사례들을 몇 가지 이야기하겠다.

빨강과 초록의 세상을 얻다

쥐, 다람쥐, 토끼, 염소, 그리고 그 밖의 다른 포유류들은 한 개의 MWS/LWS 옵신을 갖고 있다. 최대흡수파장은 약 510에서 550나노미터이다. 이 옵신은 하나의 유전자가 지정한다. 반면 사람은 X염색체에 머리와 꼬리를 맞대고 놓여 있는 두 개의 유전자가 지정하는 두 개의 옵신을 갖고 있다(하나는 MWS 옵신, 다른 하나는 LWS 옵신이다). 두 옵신은 DNA 유전암호가 매우 비슷하다(98퍼센트). DNA에서 나란히 위치하고 서로 비슷하다는 점은 이 두 옵신이 영장류의 조상에서 하나의 MWS/LWS 옵신 유전자가 중복됨으로써 생겼다는 유력한 증거이다. 유전자 중복은 DNA 변화의 흔한 형태이다. 우리가 갖고 있는 유전자들 대다수가 진화의 과정에서 여러 벌로 늘어난 유전자들이다. 유전자의 수가 불어나면 선택이 작용할 여지가 늘어나고, 중복된 유전자들은 결국 서로 다른 기능을 가지게 되는 경우가 많다. 우리의 X염색체에 있는 두 개의 옵신 유전자가 정확히 이 길을 밟았다.

우리의 옵신 유전자들과 다른 삼원색 시각을 지닌 영장류의 옵신 유전자들은 파장이 약 530나노미터(초록색)와 560나노미터(빨간색)인 빛에 가장 크게 흥분된다(최대로 흥분되는 파장을 최대흡수파장이라고 한다). 옵신의 기능적 특성이 차차 밝혀지면서, 특정 아미노산을 치환하여 옵신의 흡수 스펙트럼을 쉽게 바꿀 수 있다는 사실을 알게 되었다. 530나노미터와 560나노미터라는 최대흡수파장이 삼원색 시각을 지닌 영장류에서 그대로 유지되고 있다는 사실은 이와 같은 파장의 정확한 구분을 유지하는 선택압이 존재함을 뜻한다.

초록색 시각색소와 빨간색 시각색소는 고작 15개의 아미노산만이 다르다. 생물학자들은 두 시각색소의 기능이 서로 다른 것이 어떤 아미노산 때문인지 구체적으로 알아보기 위해, 아미노산을 하나씩

다른 것으로 바꿔가면서 각 옵신이 흡수하는 파장에 미치는 영향을
측정했다.

　초록색 시각색소와 빨간색 시각색소의 최대흡수파장에 존재하는
30나노미터 차이를 결정하는 것은 180, 277, 285번 자리에 있는 아미
노산인 것 같다. 표 4.1은 아미노산의 차이와 이에 따른 빛 흡수파장
의 변화를 잘 보여준다.

표 4.1. 인간 옵신의 결정적 자리에 있는 아미노산들.

시각색소		180	277	285
	초록색	A	F	A
	빨간색	S	Y	T
	변화	3~4나노미터	7나노미터	14나노미터

　유전자 중복의 증거와 옵신 유전자의 기능을 종합하면, 우리의
조상이 갖고 있던 한 개의 MWS/LWS 시각색소 유전자가 중복되었
고, 그 이후 세 아미노산 자리에 변화가 일어나 하나는 530나노미터
의 파장에 다른 하나는 560나노미터의 파장에 맞춰지면서 중복된 두
유전자가 갈라진 것으로 보인다[그림 4.5].

　빨간색/초록색 시각색소의 중복은 구대륙영장류와 신대륙영장
류가 갈라진 이후에 일어난 것이 분명하다. 구대륙영장류와 신대륙
영장류의 분화는 아프리카와 남아메리카 대륙이 지각 변동으로 갈
라지고 나서 약 3천만 년에서 4천만 년 전에 일어난 것으로 보인다.
현재 아프리카와 아시아에 오직 삼원색 시각을 지닌 영장류만 남아

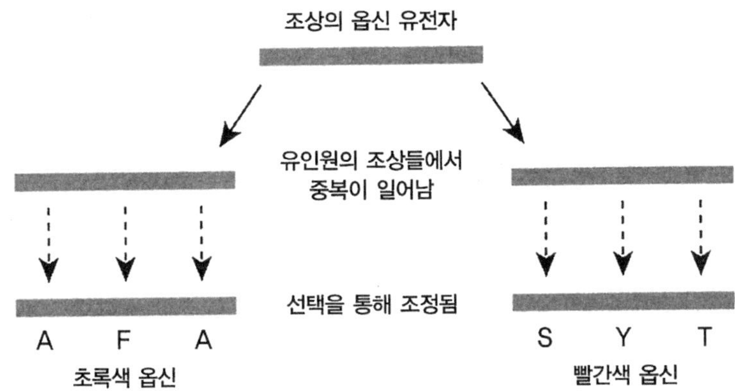

그림 4.5. 유인원 옵신 유전자의 중복과 조정 유인원과 구세계원숭이들의 공통조상에서, 한 개의 옵신 유전자가 중복되었다. 두 유전자에 일어난 돌연변이들이 각각의 옵신을 초록색 파장의 빛과 빨간색 파장의 빛에 맞게 조정했다. 이 돌연변이들은 자연선택에 의해 선택되었다. **그림: 리앤 올즈.**

있는 것을 보면, 이후에 일어난 세 아미노산 자리의 진화적 변화는 변화를 일으킨 종에게 상당한 이득을 주었던 것 같다. 삼원색 시각이 처음 생겼을 당시에 삼원색 시각을 지니지 않은 영장류가 있었는지는 몰라도(있었을 것이다), 이들의 후손은 오늘날까지 살아남지 못했다.

물론 우리가 삼사천만 년 전에 살아보지 않았으니 그저 추론에 불과하지 않냐고 말할 수도 있다. 하지만 영장류가 현재 지니고 있는 색각의 중요성을 뒷받침하는 또 다른 증거들이 있다. 하나는 야생에서 일어나는 색맹의 빈도이다. 인간에게 색맹은 비교적 흔하다. 백인 남성의 최대 8퍼센트가 색맹이다. X염색체와 연관된 빨간색과 초록색 옵신 유전자들의 기형 탓이다. 하지만 야생에서 색맹은 매우 드물다. 짧은꼬리원숭이 3,153마리를 연구한 결과 오직 세 마리만이 색맹이었다(0.1퍼센트의 확률도 안 된다). 인간의 높은 색맹 빈도(오늘날 색각이 훨씬 약한 선택압 아래에 있는 것이 분명한 경우)와 야생에 사는 짧은꼬리원숭이의 낮은 색맹 빈도를 고려하면, 짧은꼬리원숭이와 삼원색 시각을 지닌 다른 종에서 색각을 유지하는 선택이 일어나고 있음을 알 수 있다.

영장류의 삼원색 시각이 생태적으로 중요함을 보여주는 두 번째 증거는 삼원색 영장류와 이원색 영장류의 먹이 선택을 관찰한 야외 조사에서 나온다. 홍콩 대학의 피터 루카스와 캘리포니아 대학 산타크루즈 캠퍼스의 나다니엘 도미니, 그리고 그들의 동료들은 우간다에 사는 콜로부스원숭이와 침팬지, 마다가스카르에 사는 여우원숭이, 코스타리카에 사는 거미원숭이의 먹이 선호 및 소비 패턴을 자세하게 조사했다. 그들은 삼원색 동물들이 일관되게 좀더 붉은 이파리를 좋아한다는 사실을 발견했다. 붉은색은 이파리가 부드러우며 단백질이 풍부하다는 것을 가리키는 신호이다. 연구에 포함된 영장류의 대부분은 과실도 먹는데, 과실에 대해서도 색깔 선호 현상이 나타난다. 하지만 루카스와 도미니는 완전한 색각은 이파리 소비에 가장 중요하며, 과실이 없는 계절이나 드문 곳에서는 특히 그렇다고 주장한다.

빨간색과 초록색에 맞춰진 색각은 확실히 이점이 있는 듯하다. 그런데 빨간색과 초록색은 색깔 스펙트럼의 일부일 뿐이며, 식물이 지배하는 숲에서나 중요하다. 동물들은 바다와 같이 빨간색과 초록색 시각이 완전히 쓸모없는 곳을 포함해 다양한 환경에서 살아간다.

깊고 푸른 바다에서는

깊은 바다로 들어가면 햇빛이 닿지 못해 희미한 빛만 보인다. 희미한 빛을 감지하는 것은 간상세포의 임무이며, 이 세포에는 옵신 대신 로돕신이 있다. 사람의 로돕신과 육상 포유류의 대부분이 갖고 있는 로돕신은 최대흡수파장이 500나노미터 정도에 맞춰져 있다.

수심 200미터 아래에는 파장이 약 480나노미터인 좁은 영역의 파란빛만이 존재한다. 놀랍게도 깊은 바다에 사는 어류와 돌고래의 로돕신은 '파란색 쪽으로 옮겨져' 있다. 즉, 로돕신의 최대흡수파장이 육상 포유류의 로돕신에 비해 파란색 스펙트럼 쪽으로 10에서 20나노미터쯤 옮겨져 있다. 이러한 로돕신의 미세조정은 병코돌고래, 참돌고래, 둥근머리돌고래, 소위비부리고래, 달고기, 다양한 뱀장어류와 같은 바다에 사는 종들에서 면밀하게 연구되고 있다. 연구자들은 한 종에서 발견되는 개별 아미노산 또는 아미노산 집단을 다른 종의 아미노산과 바꿔가면서 로돕신의 흡수파장을 바꾸는 아미노산을 찾았다. 병코돌고래의 경우 로돕신의 83, 292, 299번 자리에 일어난 변화가 로돕신의 흡수파장을 육상 포유류의 로돕신보다 파란색 쪽으로 총 10나노미터 이동시킨 주원인이다^{그림 4.6}. 소위비부리고래의 로돕신은 파란색 쪽으로 더 많이 이동했으며(484나노미터), 병코돌고래의 로돕신과 한 자리가 다르다(299번 자리).

로돕신의 파란색 이동이 수심이 깊은 물속에서 살아가기 위한 적응이라는 점은 깊은 바다에 사는 뱀장어와 얕은 담수에 사는 뱀장어의 로돕신을 분석한 결과를 보면 더 확실해진다. 깊은 바다에 사는 뱀장어는 파란색 쪽으로 이동한 로돕신을 갖고 있는데, 소위비부리

		로돕신의 결정적 자리에 있는 아미노산들			
	종	83	292	299	최대흡수파장
깊은 물에 사는 동물	깊은 바다에 사는 뱀장어	N	S	A	482
	병코돌고래	N	S	S	489
	소워비부리고래	N	S	A	484
얕은 물에 사는 동물 또는 육상동물	소	D	A	A	499
	인간	D	A	A	499
	담수에 사는 뱀장어	D	A	S	502
	매너티	D	A	S	502
	점박이물범	D	A	S	501

그림 4.6. 로돕신의 조정은 수중 동물이 사는 수심과 관련이 있다 깊은 물에 사는 어류와 고래 목의 종들은 얕은 물에 사는 동물과 육상 동물들에 비해 파란색 쪽으로 더 이동한 로돕신을 가지고 있다. 로돕신의 세 중요한 자리에 있는 아미노산들은 비슷한 수심에 사는 서로 다른 동물들에서 대개 똑같이 나타난다. 그림: 제이미 캐럴.

고래와 중요한 세 아미노산이 똑같다. 얕은 물에 사는 뱀장어의 로돕신은 최대흡수파장이 육상 포유류의 로돕신과 비슷하며, 얕은 물에서 살고 평범한 로돕신을 가진 두 포유류인 물범과 매너티의 로돕신과 중요한 세 아미노산이 같다.

로돕신의 파란색 이동과 깊은 물에서의 삶 사이의 상관성은 놀라우며 아주 일리가 있다. 자연선택이 환경에 맞게 로돕신을 조정했다고 봐도 타당한 것 같다. 그런데 자연선택의 작용을 확신하게 하는 더욱 유력한 증거가 있다. 실마리는 그림 4.6에 열거한 종들의 진화적 관계이다. 돌고래와 부리고래는 고래목이다. 이 분류군은 육상에 살다가 물로 돌아온 조상에서 진화한 포유류 집단이다. 뜻밖일지도 모르지만 고래목과 가장 가까운 현생 종은 하마, 사슴, 소, 돼지, 낙타이다. DNA에 남겨진 SINE와 LINE, 그리고 그 밖의 다른 염기서열이 우리에게 이 사실을 알려준다. 고래목의 육상 친척들의 로돕신은 500나노미터에 맞춰져 있기 때문에 우리는 돌고래와 고래의 로돕신 변화가 이 포유류들과 갈라진 이후에 일어났음을 확신할 수 있다.

하지만 뱀장어는 어류이며 이 계통은 수억 년 전에 이미 다른 척추동물 집단과 진화적으로 갈라졌다. 이는 깊은 물에 사는 뱀장어와 얕은 물에 사는 뱀장어 사이의 로돕신 차이와, 육상 포유류와 바다 포유류 사이에 존재하는 이와 똑같은 로돕신 차이가 서로 **독립적으로** 진화했다는 뜻이다. 고래목과 깊은 바다에 사는 뱀장어처럼 두 종 또는 두 집단이 비슷한 환경에 적응하기 위해 똑같은 단백질의 똑같은 아미노산을 진화시킨 것은 자연선택이 동일한 적응을 만들어낸다는 강력한 증거이다(로돕신의 진화는 진화의 반복을 보여주는 수많은 사례들 가운데 한 가지 맛보기일 뿐이다. 6장에서 이 이야기를 집중적으로 다룰 것이다).

그럼 이제부터는 빨간색, 초록색, 파란색을 넘어, 우리 눈으로 볼 수 없는 색깔의 세계로 가보자. 자외선 시각에 기대 살아가는 동물들의 세계로 말이다.

무지개 너머에

『종의 기원』이 출간된 지 10여 년이 흐른 후 다윈은 『인간의 유래와 성선택』이라는 책을 냈다. 이 책은 다윈이 처음으로 인간의 진화를 자세하게 다루었다는 점에서도 중요하지만, 주제보다 훨씬 더 중요한 것은 진화에 대한 새롭고도 근본적인 통찰을 제시했다는 점일 것이다. 다윈은 형질의 진화에 이성異性이 중요한 역할을 한다고 주장했다. 그는 이것을 '성선택'이라고 불렀다. 성선택과 이 가설을 세우는 과정은 자연선택설보다 덜 알려져 있지만, 생물학자들은 성선택이 동물의 진화를 이끈 가장 중요하고도 흥미로운 힘이라고 본다. 성선택에서는 '최적자'에 대한 평가가 번식의 성공과 직결되기 때문이다.

다윈은 새의 깃털 패턴에 매혹되었고, 온갖 종이 선보이는 깃털의 멋진 패턴과 화려한 색깔에 대해 곰곰이 생각하며 이것을 수십 페이지에 걸쳐 묘사했다. 그는 암컷의 선호가 수컷의 정교한 장식을 진화시킬 수 있다는 사실에 특히 매료되었다. 가장 흔한 예가 공작의 꼬리이다. 다윈 이후로 새들은 성선택 연구의 단골 주제가 되었다. 하지만 아주 최근까지 이러한 연구들은 대개 한 가지 이유에서 문제가 있었다. 바로, **사람**의 눈으로 새의 색깔을 평가했다는 것이다. 사람은 대부분의 포유류와 다르게 세상을 보듯, 새들과도 보는 눈이 다르다. 많은 새들은 자외선 시각을 가지고 있으며 우리가 볼 수 없는 색깔을 본다. 이 능력은 짝짓기, 먹이 찾기, 새끼를 먹이는 것에 이르기까지 많은 역할을 한다.

많은 새들은 자외선을 감지할 수 있도록 옵신을 조정했으며, 자

A 어린 얼음물고기. 투명한 몸은 진화를 통해 비늘과 적혈구를 잃은 탓이다.

사진: 필립 믹클린

B 성체 얼음물고기. 캄프소케팔루스 군나리 *Champsocephalus gunnari*.

C 북서부 가터뱀의 색깔 다형성

사진: 제리미아 이스터

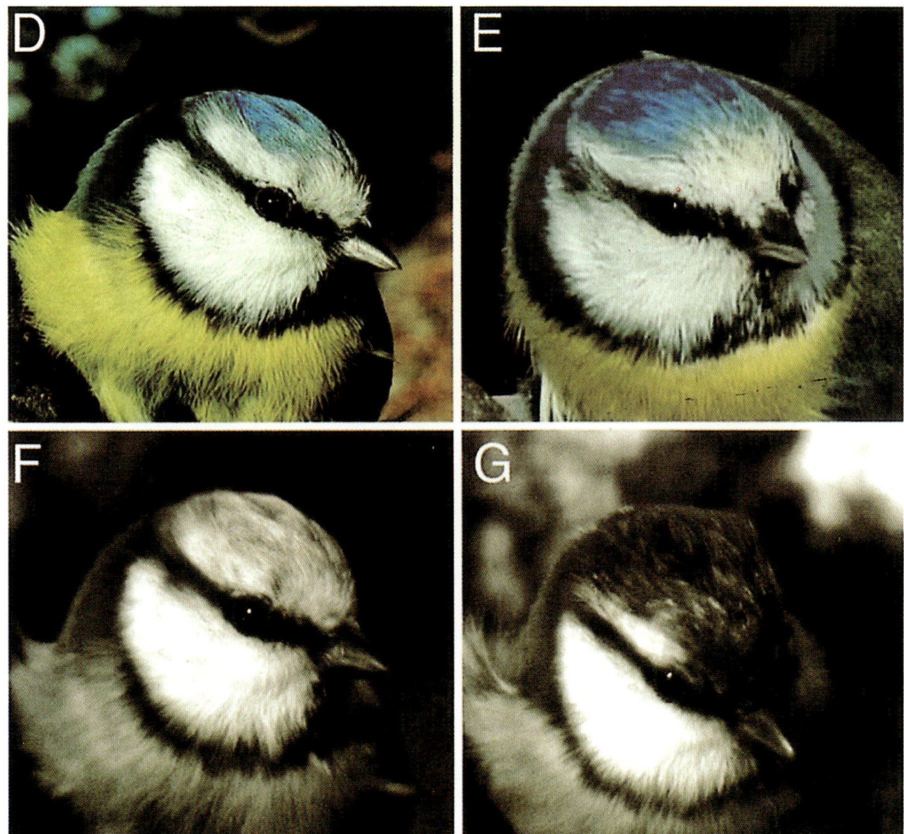

D~G 푸른박새의 자외선을 반사하는 깃털

D, F 가시광선(D)과 자외선 광선(F)에서 보이는 푸른박새 수컷. 머리 꼭대기의 푸른 부분이 자외선에서 강하게 반사되고 있는 것을 눈여겨보라.　　사진: 스웨덴 예테보리 대학교, 스테판 안데르손의 허락을 받아 실음.

E, G 자외선을 차단하는 선스크린을 적용하면 가시광선에서는 푸른 부분에 아무런 변화가 없지만, 푸른 부분의 자외선 반사를 막아 수컷의 번식 성공률이 떨어진다.　　사진: 스웨덴 예테보리 대학교, 스테판 안데르손의 허락을 받아 실음.

H, I 녹색잉꼬 *Melopsittacus undulatus*는 색깔이 화려하고(H), 이마와 뺨의 털이 자외선을 반사시켜 번식 성공률에 영향을 미친다.　사진: 월터 볼즈 제공. 저작권은 오스트레일리아 박물관에 있음.

J, K　가시광선(J)과 자외선(K) 영역의 푸른날개 산풍금조 *Anisognathus flavinuchus cyanoptera*. 이 새는 날개에 자외선을 강하게 반사시키는 깃털을 가지고 있다.　사진: 위스콘신 대학교의 롭 블라이와이스의 허락을 받아 실음. R. 블라이와이스, 「미국 국립과학아카데미 회보」101(2004), 16561~16564쪽에서. 저작권은 미국 국립과학아카데미(2004)에 있음.

L 두크마른원숭이*Pygathrix nemaeus nemaeus.* 이 원숭이는 이파리를 새김질하는 특수한 장을 진화시켰다.
사진: 폴 브레티스쿠

M 흰기러기의 흰색 형태   사진: 프랜스 랜팅

N 흰기러기의 '푸른색' 형태. 흰색 형태와 푸른색 형태의 색깔 차이는 MC1R 유전자에 따라 결정된다.
사진: 토머스 맨겔슨

O 북극도둑갈매기는 검은 형태(왼쪽)와 밝은 형태(오른쪽) 두 가지가 있다. 두 형태의 차이는 MC1R 유전자에
따라 결정된다.   사진: 토르비에른 페르손.

P 요정굴뚝새, 멜루루스 레우콥테루스*Melurus leucopterus*의 검은 형태   사진: 멜라니 래스번

Q 요정굴뚝새, 멜루루스 레우콥테루스*Melurus leucopterus*의 푸른 형태. 검은 형태와 푸른 형태의 색깔 차이는 MC1R 유전자에 따라 결정된다.   사진: 멜라니 래스번

R 황금머리사자원숭이의 검은 형태. 검은 형태와 오렌지색 형태의 차이는 MC1R 유전자에 따라 결정된다.
사진: 클라우스 마이어

종	목	90번 자리에 있는 아미노산	옵신의 유형
물수리	황새목	S	보라색
재갈매기	황새목	C	자외선
닭	닭목	S	보라색
뿔까마귀	참새목	S	보라색
찌르레기	참새목	C	자외선
딱따구리	딱따구리목	S	보라색
회색앵무	앵무목	C	자외선
타조	타조목	S	보라색
레아	타조목	C	자외선

그림 4.7. 조류에서 자외선 시각의 진화 조류의 SWS 옵신이 보라색 파장의 빛을 감지하느냐 자외선 파장의 빛을 감지하느냐는 90번 아미노산 자리에 세린(S)이 있느냐 시스테인(C)이 있느냐에 따라 결정된다. 이 자리의 변화는 조류의 서로 다른 목에서 적어도 네 차례 독립적으로 일어났다. 그림: 제이미 캐럴.

외선 영역의 빛을 반사시키는 반점을 진화시켜왔다[확보 D~K]. 자외선의 파장은 400나노미터 이하로 보라색 빛보다 짧은 파장이며 SWS 옵신이 감지한다. 사람의 SWS 옵신은 417나노미터에 맞춰져 있다. 조류의 다양한 종들은 약 370나노미터의 파장에 맞춰진 SWS 옵신을 지니고 있어서 자외선을 볼 수 있다. 어떤 조류들은 최대흡수파장이 약 405나노미터인 가시영역의 보라색 빛에 맞춰진 SWS 옵신을 지니는데, 이들은 우리처럼 자외선을 볼 수 없다. 이번에도 생물학자들은 실험실의 분자연구를 통해 조류에서 보라색 빛에 감응할지 자외선에 감응할지를 결정하는 SWS 옵신의 변화가 어떤 것인지 찾아낼 수 있었다.

조류 SWS 옵신의 90번 자리에 있는 아미노산이 보라색 시각 또는 자외선 시각을 결정하고 있었다. 이 자리에 세린이 있는 새들은 보라색 영역을 볼 수가 있고, 이 위치에 시스테인이 있는 새들은 자외선 영역을 볼 수 있다[그림 4.7]. 더 나아가 색각 연구의 권위자인 에모리 대학의 요코야마 쇼조와 그 동료들은 세린을 시스테인으로 치환하면 보라색 색소가 자외선에 감응하고, 시스테인을 세린으로 치환하면 자외선 색소가 보라색에 감응한다는 결과를 얻어냈다. 단 한 개의 아미노산 변화가 최대흡수파장을 35~38나노미터나 바꾸는 것이다. 이것은 엄청난 변화이다. 이와 같은 연구결과들은 단 하나의 변화가 SWS 옵신의 기능을 바꿀 수 있으며, 보라색을 감지하는 옵신 또는 자외선을 감지하는 옵신의 진화는 비교적 간단한 한 단계 진화 과정임을 보여준다.

자외선을 볼 수 있는 새들은 네 목의 아홉 과에 걸쳐 있다. 이 새들의 유연관계를 따져보면 자외선 시각은 조류에서 적어도 네 번 진화한 듯하다. 자외선에 감응하는 종이 속한 모든 조류 목들에 보라색에 감응하는 종들 또한 있다는 것을 볼 때, 보라색 색소의 세린을 시스테인으로 바꾸는 돌연변이가 여러 차례 일어난 듯하다. 자외선 시각의 경우에도 진화가 반복되어 일어난 것이다. 이것은 선택이 옵신 유전자에 작용했다는 강력한 증거이다. 옵신의 경우에 선택의 성격은 성선택이던 것 같다. 자외선에 감응하는 종이 짝을 고를 때 자외선 영역에서만 보이는 색깔과 무늬의 영향을 많이 받는다는 증거는 현재 무수히 많다[확보D~K].

예컨대 찌르레기 암컷은 사람의 눈에 보이는 깃털 색깔이 아니라 자외선 영역에서만 보이는 깃털 색깔에 따라 짝을 고른다. 빛의 파장을 선택적으로 걸러낼 수 있는 장치에 새들을 넣고 검사하는 실험에서 이러한 사실을 발견할 수 있었다. 암컷들은 자외선을 거르지 않았을 때 수컷의 순위를 다르게 매겼고, 목 부위에 난 깃털의 끝에 자외선 반점이 있는 수컷을 좋아했다.

마찬가지로, 푸른박새 수컷은 암컷과 달리 머리 꼭대기의 푸른 깃털에 자외선 반사대를 갖고 있다. 실험실 실험 결과, 암컷들은 머리 꼭대기에 가장 밝은 자외선 반사대를 갖고 있는 수컷을 가장 좋아했다. 이 연구를 실시한 브리스톨 대학의 연구자들은 논문의 제목에서 "푸른박새는 실은 자외선박새다"라고 선언했다.

자외선 시각은 짝을 고를 때 말고도 쓸모가 있다. 최근에 여덟 종의 조류에서 새끼들의 입이 자외선을 아주 잘 반사한다는 사실이 밝혀졌다. 특히 입 둘레가 그랬다. 덕분에 어두운 둥지로 돌아온 부모새는 새끼의 입을 잘 볼 수 있을 것이다. 게다가 튼튼한 새끼가 자외선을 더 많이 반사하는 듯하다. 그러므로 새끼들 간의 경쟁에서, 자외선을 더 잘 반사하는 입을 가진 덕분에 먹이를 주는 부모의 눈에 잘 띄는 녀석이 최적자가 될 것이다.

자외선 시각이 먹이 사냥에 이용된다는 증거도 있다. 푸른박새는 자외선 시각을 이용해 가시영역의 색깔로 위장하는 애벌레를 찾아낸다. 맹금류의 일종인 황조롱이류는 밭쥐를 사냥할 때 자외선을 반사하는 밭쥐의 후각표지(동물이 배설물 등으로 지표에 남기는 흔적/옮긴이)를 추적해서 먹이가 밀집된 지역을 찾는다.

자외선 시각이 새들만의 전유물은 아니다. 몇몇 어류, 양서류, 파충류, 박쥐와 같은 포유류들도 자외선 시각을 이용한다고 알려져 있고, 자외선에 반응하는 종들은 360에서 370나노미터에 맞춰진 SWS 옵신을 갖고 있다. 자외선 시각이 폭넓은 종에서 진화했고 널리 쓰이고 있다는 사실은 곧 쓸모가 많다는 얘기이다. 진화에서 자주 나오는 또 하나의 주제는 하나의 혁신이 추가 혁신이 진화할 기회를 낳는다는 것이다. 이 장을 마치기 전에 마지막으로 콜로부스원숭이로 돌아가, 숲에서 가장 영양분이 풍부한 이파리를 찾는 재능을 바탕으로 이 원숭이가 진화시킨 추가 혁신 몇 가지를 소개하겠다. 이것도 '옛' 유전자로부터 새것을 만들어내는 분명한 사례이다.

새김질하는 원숭이

대부분의 영장류가 주로 과실이나 곤충을 먹고 사는 반면, 콜로부스원숭이는 이파리를 집중 공략한다. 콜로부스원숭이가 먹은 이파리들은 우리가 잘 아는 가축동물이 씹어 삼킨 이파리들과 마찬가지로 여러 방으로 나누어진 소화계의 한 방인 전장前腸에서 그곳에 사는 박테리아에 의해 발효된다. 소와 같은 다른 새김질동물들처럼 콜로부스원숭이는 다양한 효소로 이 박테리아를 분해하고 소화시킴으로써 이파리 죽에서 영양분을 뽑아낸다. 이런 일을 하는 중요한 효소들 가운데 하나가 리보뉴클레아제인데, 이것은 췌장에서 만들어져 소장으로 분비되어 RNA를 분해한다. 리보뉴클레아제는 발효작용을 하는 박테리아의 RNA에서 다량의 질소를 뽑아내는 것을 돕는다. 콜로부스원숭이와 일반적인 새김질동물은 다른 포유류보다 훨씬 많은 양의 리보뉴클레아제를 갖고 있다. 그렇다면 이 소화효소는 어떻게 진화했을까?

중요한 단서로, 포유류의 대부분과 다른 원숭이들은 췌장 리보뉴클레아제 유전자가 한 개만 있는 반면, 콜로부스원숭이는 세 개가 있다는 사실이 밝혀졌다. 콜로부스원숭이가 진화하는 과정에서 리보뉴클레아제 유전자의 중복이 일어난 것이다. 이 유전자와 이 유전자가 지정하는 효소를 쟝 쟈즈(미시건 대학)가 자세히 연구한 결과, 한 유전자는 새김질을 하지 않는 원숭이가 갖고 있는 것과 똑같은 효소를 만들어내지만, '새로운' 유전자들은 여러 변화를 통해 콜로부스원숭이의 소화계와 필요에 맞게 바뀌어 있었다.

전반적으로 '새로운' 두 효소의 단백질 아미노산 서열에는 열에서 열세 가지의 변화가 일어나 있다. 새로운 효소가 나타내는 가장 큰 차이는 '옛' 효소가 활동하던 환경보다 더 산성인 환경에서 최적의 활성을 띠는 것이다. 이 차이는 콜로부스원숭이와 다른 영장류의 소화과정 사이의 차이와 상관이 있다.

이것만으로도 상관관계를 잘 알 수 있지만 리보뉴클레아제의 진화에 자연선택이 작용했음을 보여주는 증거는 여기서 그치지 않는다. 더욱 강력한 증거는 새로운 리보뉴클레아제들의 DNA와 단백질 서열을 분석한 연구에서 나왔다. 앞 장에서 DNA에 일어나는 변화의 대부분은 동의적 변화라고 한 것을 기억할 것이다. 그런데 새로운 리보뉴클레아제 유전자들에서는 비동의적 변화의 비율이 훨씬 높다(동의적 변화에 대한 비동의적 변화의 비율이 4:1이다. 반면 다른 단백질은 약 1:5의 비율을 보인다). 이것은 자연선택이 리보뉴클레아제의 특정 변화를 선호하는 쪽으로 작용했다는 유력한 증거이다.

발명과 적응

색각과 새김질 효소의 진화는 종이 새로운 환경에 적응할 때 어떻게 유전정보를 확장하고 조정하는지를 보여주는 무궁무진한 사례들 가운데 일부일 뿐이다. 유전자의 중복과 선택에 의한 조정은 자연에서 늘 일어나는 일이다. 우리 몸의 유전자들 대부분도 진화하면서 중복된 것들이다. 개별 유전자나 유전자 집단의 우연한 중복은 아주 빈번하게 일어난다. 사실 사람들끼리도 유전자들의 개수가 상당히 차이 난다.

중복된 유전자들은 처음에는 있으나마나한 존재이기 때문에 중복 유전자들의 극소수만이 보존되어 내가 지금까지 설명한 옵신 유전자와 리보뉴클레아제 유전자와 같은 생산적인 변화를 겪는다. 유전자의 보존과 미세조정은 종마다 독특하게 일어나며, 기회와 선택, 시간의 상호작용에 의존한다. 유전자들의 운명 차이는 종들 간의 유전자 개수 차이로 이어지고, 나아가 생리기능 같은 더 중요한 차이들을 만들어낸다. 우리는 바다에 살게 되거나 이파리를 주로 먹게 되는 것처럼 동물들의 생활양식이 변화할 때 이 변화와 관련되어 있는 유전자에도 분명히 상응하는 변화가 일어난다는 사실을 지금까지 똑똑히 보아왔다.

이로써 유전자 획득과 미세조정이 진화적 적응의 한 얼굴임이 확인되었다. 그런데 진화적 적응에는 또 다른 얼굴이 있으며, 이것 또한 DNA에 적혀 있다. 종의 생활양식이 조상의 생활양식과 다르게 진화하면, 일부 유전자들의 기능이 필요 없어지면서 소멸의 길을 걷기 시작한다. 소멸하는 도중에 있는 유전자들을 포착하면, 종이 어떻게 변화하는지에 대해 많은 것을 알 수 있다. 이것이 바로 다음 장의 주제이다.

실러캔스　　　　　사진: 유르겐 샤우어와 한스 프릭케가 JAGO 잠수함에서 찍은 것.

화석 유전자:
과거의 부서진 잔해들

· · · · · · · · · · · ·

> 자연은 모든 페이지에 중요한 내용을 담고 있는 유일한 책이다.　**요한 볼프강 폰 괴테**

그것은 미리 받은 멋진 크리스마스 선물이었다.

1938년 12월 22일 느지막한 오전, 마저리 코트니-래티머는 지역 어선들을 관리하는 사람에게 전화 한 통을 받았다. 네리네 호가 막 부두에 도착했는데, 그녀의 수집품에 포함시킬 만한 물고기가 있는 것 같다는 소식이었다. 래티머 양은 남아프리카공화국의 케이프 주에 있는 이스트런던 자연사박물관의 1급 큐레이터였고, 그날 크리스마스 휴가 준비를 하랴 자신이 발굴한 공룡 뼈를 짜 맞추랴 바쁜 하루를 보내고 있었다.

어선 관리자는 전화를 자주 하는 사람이 아니었기에, 래티머 양은 하던 일을 중단하고 부두로 향했다. 그녀는 드레스를 걷어 올리고 트롤어선에 올라, 비린내를 풍기며 햇빛 속에 누워 있는 상어, 해면

동물, 그리고 그 밖의 익숙한 생물들을 꼼꼼히 살폈다. 문제의 물고기가 그녀의 눈을 사로잡은 것은 그녀가 박물관으로 돌아가기 직전이었다. 수북한 물고기 시체들을 피해 돌아서던 중 그녀는 "지금껏 본 물고기 중에 가장 아름다운 물고기를" 보았다. "그 물고기는 몸길이가 약 1.5미터이고, 연한 청자색 몸에 무지갯빛 반점이 있었다."

이 물고기는 그녀가 본 어떤 물고기와도 달랐다. 딱딱한 비늘이 덮여 있었고, 다리처럼 생긴 네 개의 지느러미를 지니고 있었으며, 강아지 꼬리 같은 이상한 꼬리지느러미가 있었다. 그녀는 이 물고기를 보존해야 한다는 것을 직감했다. 녀석은 무게가 57.6킬로그램이나 나갔기에, 죽어서 부패가 시작된 이 물고기를 박물관으로 옮기는 것은 결코 만만한 일이 아니었다. 어느 택시운전수를 설득한 끝에 겨우 트렁크에 녀석을 실을 수 있었다.

래티머 양은 사무실로 돌아와 박물관장에게 자신의 노획물을 자랑했다. 관장은 보자마자 흔한 대구 아니냐며 무시해버렸다. 래티머 양은 독학이긴 했지만 자연사를 공부한 사람으로서 생각이 달랐지만, 참고도서들을 아무리 뒤져도 검사대 위에서 부패하고 있는 이 괴물고기의 존재를 밝히는 데 도움이 되는 자료들은 없었다. 래티머 양은 외부의 도움을 구하기로 하고, 160킬로미터쯤 떨어진 곳에 있는 로즈 대학의 화학 강사이자 아마추어 어류학자인 J. L. B. 스미스 박사에게 연락을 했다. 전화 연결이 되지 않아서, 다음날 문제의 물고기에 대한 설명과 그림을 동봉한 편지를 스미스 박사에게 보냈다.

스미스는 새해가 되어서야 그 편지를 받아보았다. 그는 병에서 회복되고 있는 중이었는데, 마침내 그 물고기에 관한 자료를 받았을 때 당황스러움을 감출 수 없었다. "내 머릿속에서 펑 하고 폭탄이 터지는 느낌이었다. 물고기 스케치와 편지 위로, 머나먼 과거에 살았으나 지금은 더 이상 존재하지 않는, 암석 안에 조각난 화석으로만 알려져 있던 물고기가 극장 스크린에서처럼 불현듯 내 눈앞에 떠올랐다."

스미스는 즉시 래티머 양에게 전보를 쳤다.

"편지에 기술한 물고기의 뼈와 아가미를 반드시 보존해두시오."

래티머 양은 이 물고기를 최대한 잘 보존처리해줄 박제 제작자를 가까스로 찾아냈다.

스미스는 그의 머리는 계속해서 불가능하다고 말하는 어떤 가능성 때문에 혼란스러워 미칠 지경이었다. 스케치와 뒤이어 전달받은 비늘은 이 물고기가 실러캔스라고 말하고 있었다. 실러캔스는 최초로 네 다리를 가진 척추동물과 밀접한 관련이 있는 짝지느러미들이 달린 어류 집단의 구성원으로, **6천5백만 년 전 백악기 말 이후로 멸종되었다고 알려져 있었다.**

스미스가 마침내 그 물고기를 직접 볼 기회가 왔을 때, 모든 의심을 내려놓을 수 있었다. 의심뿐만 아니라 그의 정신까지도! "넋을 잃고 녀석을 보고 또 보았고, 떨리는 마음으로 다가서서 녀석을 만지고 쓰다듬었다."

스미스는 발견자인 래티머 양과 그 물고기가 잡힌 장소 근처의 강 이름을 따서 학명을 라티메리아 칼룸나이 *Latimeria chalumnae*라고 붙였다. 그리고 14년 후 스미스인지 다른 누구인지가 또 다른 실러캔스를 보았다(이 두 번째 만남에서 스미스는 눈물을 흘렸다). 이후 최근 몇십 년간 더 많은 실러캔스가 발견되었고, 인도네시아 바다에서 또 다른 종도 발견되었다.

실러캔스는 자연사에서 특별한 지위를 점한다. 고대 생물 가운데 유일하게 살아 있는 생물이며, 3억6천만 년 전에 살았던 먼 조상들과 이어진 신체 특성을 지니고 있다. 그런 이유 때문에 실러캔스는 '살아 있는 화석'이라고 불린다.

이 장에서 우리는 좀 다른 종류의 화석을 발굴하게 될 것이다. 살아 있는 종에서 발견되는 화석이며, 먼 조상들 및 예전의 삶의 양식과 닿아 있는 화석. 이들은 바로 **화석 유전자**이다.

지금까지 우리는 종의 생활양식이 땅에서 물로, 가시영역의 색깔에서 자외선 색깔을 보는 것으로, 과실과 곤충을 먹는 것에서 이파리를 되새김질하는 것으로 바뀔 때 새로운 유전자의 탄생과 미세조정이 일어난다는 것을 보았다. 이제부터는 더 이상 쓸모가 없으며 기능을 상실한 유전자들도 그러한 변화의 흔적임을 알게 될 것이다. 화석이 퇴적암 속에 남듯 화석 유전자들은 DNA 속에 남는다. 또한 화석이 그러하듯 화석 유전자의 내용물은 시간이 흐름에 따라 부서지고 침식된다. 화석 유전자는 '쓰지 않으면 잃는다'라는 DNA 정보의 수칙을 온몸으로 보여준다. 마모되고 있는 화석 유전자의 텍스트는 자연선택이 느슨해졌다는 증거이며 또한 개별 유전자와 종에 따라 매우 독특한 형태를 하고 있다. 우리는 과거의 유전암호 파편이 인류를 포함한 종들이 새로운 삶의 양식에 적응한 사실을 어떻게 반영하는지를 살펴볼 것이다. 우선 실러캔스의 DNA와, 우리와 안면이 있는 유전자들의 화석화를 살펴보고, 그 다음에 대규모 화석화의 사례를 몇 가지 이야기하겠다.

환경변화와 화석화된 옵신 유전자

실러캔스에의 매혹은 이 어류가 사는 곳을 탐험하고 싶은 열망을 낳았다. 코모로 섬 주변의 심해저 동굴 속이나 남아프리카 주변의 바다에서 실러캔스의 모습이 잠수함이나 다이버들에게 포착되곤 했다. 실러캔스는 낮에는 동굴 안으로 들어가 있다가 밤이 되면 먹이를 찾아 바다 밑바닥을 어슬렁거린다. 수심이 100미터가 넘는 이런 심해 환경에서는 오직 희미한 푸른빛만이 실러캔스에게 도달한다.

실러캔스의 생활양식과 독특한 생물학적 지위는 실러캔스의 시각계와 옵신 유전자에 대한 궁금증을 불러일으켰다. 신기하게도 실러캔스는 어두운 빛에 감응하는 로돕신을 가지고 있을 뿐, 다른 어류와 우리 인간이 빨간색과 초록색을 볼 때 이용하는 MWS/LWS 옵신 유전자를 전혀 갖고 있지 않다. 어류와 포유류, 그리고 다른 대부분의 척추동물들이 이 옵신 유전자를 적어도 한 종류는 갖고 있기 때문에, 우리는 실러캔스의 조상들이 이 유전자를 갖고 있었지만 실러캔스가 진화하는 어느 시점에 MWS/LWS 옵신 유전자가 없어졌음을 짐작할 수 있다. 이 유전자의 소실은 아주 일반적인 질문을 불러일으킨다. 어떤 종에게는 아주 유용한 유전자가 어떻게, 그리고 왜 다른 종에서는 사라질까? 우리는 실러캔스의 DNA에 여전히 남아 있지만 서서히 사라지고 있는 또 다른 옵신 유전자를 통해 유전자 소실의 과정을 완벽하게 재구성해볼 수 있다.

실러캔스는 한 개의 SWS 옵신 유전자를 가지고 있다. 이것은 사람과 조류가 보라색을 감지하는 데 사용하며, 다양한 종이 자외선을 보는 데 사용하는, 짧은 파장의 빛을 흡수하는 옵신이라는 사실을 기

억할 것이다. 그런데 실러캔스가 갖고 있는 SWS 옵신 유전자의 유전
암호에는 그 내용을 훼손하는 많은 변화가 일어나 있다. 예컨대 이
DNA 유전암호의 200번에서 202번 자리는 쥐를 포함한 다른 종에서
는 CGA라는 코돈이 있는 곳인데, 실러캔스의 DNA에서는 TGA로 바
뀌어 있다. 염기 C가 T로 바뀐 것은 아주 사소한 차이처럼 보이지만,
CGA가 TGA로 바뀐 것은 엄청난 사건이다. TGA는 이른바 '정지' 코
돈으로서, SWS 옵신 유전자의 텍스트를 이제 그만 번역하라는 마침
표 기능을 하기 때문이다. 이 유전자의 다른 위치에도 옵신 유전자의
내용을 심각하게 훼손하는 결실과 변화가 존재한다. 이처럼 실러캔
스의 옵신 유전암호는 너무 많이 훼손되어서 더 이상 제 기능을 하지
못한다(생물학자들은 이런 유전자들을 '가짜유전자pseudogene'라고 부
르지만 나는 '화석' 유전자라는 말을 고수하겠다). 이 유전자는 실러캔스
의 조상들에서는 제대로 기능을 했지만 오늘날은 더 이상 작동하지
않는다. 아직까지는 파편이 남아 있어서 그 존재를 알아볼 수는 있
다. 하지만 기능이 없기 때문에, 돌연변이와 결실이 계속 쌓이면 더
욱 더 마모되어 마침내는 DNA에서 영원히 지워져버릴 것이다. 실러
캔스의 MWS/LWS 옵신 유전자가 지워졌듯이(그리고 1장에서 소개한
얼음물고기의 조상에서 글로빈 유전자들 중 한 개가 지워졌듯이).

여러분은 지금쯤 그들이 왜 멀쩡한 유전자를 사라지게 내버려두
는지 궁금할 것이다. 화석 유전자는 실러캔스와 얼음물고기 같은 신
기한 동물에서만 발견되는 희귀한 족속이 아닐까? 더 설명하기 전
에, 좋은 예를 한 가지 더 들겠다.

돌고래와 고래의 SWS 옵신 유전자를 조사해보니, 이들 고래목의
SWS 옵신 유전자도 실러캔스에서와 마찬가지로 화석이 되어 있었

돌고래	TTT	*TT	CTG	TTC	AAG	AAC	AT*	***	TTG
소	TTT	CTT	CTG	TTC	AAG	AAC	ATC	TCC	TTG

그림 5.1. 돌고래에 있는 한 화석 옵신 유전자 돌고래와 소의 SWS 옵신 유전자의 염기서열의 일부분. 음영 부위는 돌고래 유전자의 유전암호를 훼손한 염기 결실(별표)이 일어난 부위를 표시한다. 그림: 제이미 캐럴.

다. 예컨대, 병코돌고래의 SWS 옵신 유전자는 시작 부근의 한 자리에서 염기 한 개가 사라져버렸고, 또 다른 자리에서 염기 네 개가 사라졌다.^{그림 5.1} 염기가 사라지면 유전자 텍스트에서 염기 세 개를 한 단위로 해독하는 규칙이 깨져 유전암호의 내용을 읽을 수가 없으며, 결국 유전자는 기능을 못하게 된다. 고래목의 다른 종들에서도 SWS 옵신 유전자는 많은 변화가 일어나 이미 기능을 잃은 상태였다. 모든 돌고래와 고래류는 화석화된 SWS 옵신 유전자를 가지고 있다.

이제 우리는 화석이 된 SWS 옵신 유전자의 두 가지 예를 알고 있다. 실러캔스와 고래목. SWS 옵신 유전자가 왜 화석이 되었는지를 설명해줄 공통점이나 연관성이 있을까?

우선 이 유전자들이 화석화한 것은 따로따로 일어난 사건임이 확실하다. 척추동물의 계통수에서 이 동물들이 어디에 놓이는지를 보면 알 수 있다.^{그림 5.2} 실러캔스는 네 다리 척추동물로 이어지는 계통에서 갈라진 원시 어류 집단에 속한다. 양서류, 파충류, 조류, 그리고 많은 포유류들이 멀쩡한 SWS 옵신 유전자를 갖고 있기 때문에, 우리는 실러캔스의 옵신 유전자 화석화가 실러캔스 계통이 진화하면서 일어났음을 알 수 있다. 또한 돌고래와 고래의 가까운 친척인 하마와 소가 모두 멀쩡한 SWS 옵신 유전자를 갖고 있는 반면 고래목에 속하는 모든 동물들은 그렇지 않기 때문에, 우리는 고래목의 SWS 옵신

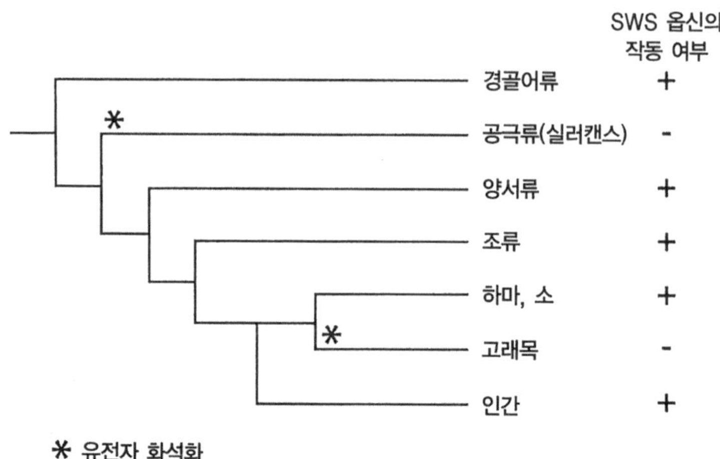

그림 5.2. 같은 유전자가 두 차례 화석화되었다 공극류와 고래목의 SWS 옵신에 나타나는 서로 다른 돌연변이 분포와 이 종들의 진화적 관계는 SWS 옵신의 화석화가 적어도 두 차례 독립적으로 일어났음을 말해준다. 그림: 제이미 캐럴.

유전자가 못 쓰게 된 것은 돌고래와 고래의 조상에서였음을 알 수 있다. 오늘날의 돌고래와 고래의 SWS 옵신 유전자가 제기능을 하지 않는 것은 4천여만 년 전에 살았던 그들의 조상들에게서 화석이 된 유전자를 물려받았기 때문이다.

유전자가 왜 화석화되었는지에 대한 가장 적절한 설명은 이 동물들의 생태를 곰곰이 생각해보면 나온다. SWS 옵신 유전자를 사용하지 않는 것과 이 동물들이 바다에서 사는 것 사이에는 분명 어떤 관련이 있다. 돌고래와 고래는 물에서만 살고, 어떤 형태의 색각도 가질 수 없는 유일한 포유류 목이다(고래목의 구성원들은 한 가지 원추세포 옵신만을 갖고 있는 반면, 그 밖의 포유류는 대부분 두 가지 옵신을 갖고 있다). 앞 장에서 살펴보았듯이, 어두운 빛의 파장에 감응하는 로돕신은 돌고래에서 최대 흡수파장이 파란색 쪽으로 더 옮겨져 있다. 실러캔스도 심해에 사는 동물이다. 그리고 또한 실러캔스도 색각을 이용할 데가 없다. SWS 옵신 유전자의 기능이 왜 사라졌는지에 대한 생태적 설명은 이 유전자가 실러캔스와 고래목의 조상들에게 쓸모없어졌기 때문이라는 것이다.

SWS 옵신 유전자가 쓸모없어졌다는 설명은 이 유전자의 DNA 유전암호에 일어난 일과 잘 들어맞는다. 옵신이 더 이상 필요 없어지면, 옵신 유전자의 내용을 관리하던 자연선택이 **느슨해진다.** 자연선택이 느슨해지면 유전자의 기능을 훼손하는 돌연변이를 제거하는 메커니즘이 사라진다. 돌연변이는 무작위로 일어나기 때문에 **모든** 유전자가 돌연변이를 겪는다. 평상시에는 유전자의 내용을 훼손하는 돌연변이가 일어나면 이런 돌연변이를 갖고 있는 개체와 그 자손은 적응도가 떨어지기 때문에, 자연선택의 심판으로 소거된다. 하지만 이 경우에서처럼 환경변화로 인해 한 형질이 더 이상 선택의 작용을 받지 않으면, 지금까지의 생활양식에 꼭 필요했던 유전자는 쓸모가 없어지고, 돌연변이가 유전자에 누적된다.

쓰지 않으면 잃는다, 바로 이 말이다.

좀더 전문적으로 표현하면, 자연선택이 없을 때 돌연변이가 시간이 흐름에 따라 계속 누적된 결과로 진화하는 것이 바로 화석 유전자다. 유전자의 내용을 훼손하는 돌연변이가 쌓이는 일은 그 유전자가 쓸모없어졌음을 나타내는 확실한 징표이다. 이 결과로 생긴 화석 유전자는 현재의 생활양식이 예전과 바뀌었다는 것을 뜻하며, 화석 유전자들을 찾아내고 추적하면 자연사를 재구성해주는 단서로 활용할 수 있다.

그러면 다른 종류의 생활양식 변화와 관련된 옵신 유전자 화석을 몇 가지 더 살펴보고, 논의를 확장하여 더 많은 종에서 더 많은 유전자의 화석화를 다루어보겠다.

어둠 속에서 살아가기

포유류의 조상들에서 옵신 유전자의 개수가 감소하고 완전한 색각이 사라진 일을 해명하는 유력한 가설 한 가지는 초기의 포유류가 야행성이었으며 이 설치류를 닮은 생물들의 생활양식에 색각이 쓸모가 없어졌다는 것이다. 야행성은 포유류에서 자주 반복해서 진화했기 때문에, 색각의 소실이 야행성과 관련이 있다는 가설을 검증하고 유전자 화석화와 생활양식 변화의 상관성을 일반화하는 한 방법은, 특이한 생활양식으로 살아가고 있는 최근의 종들을 조사해보는 것이다.

예를 들어 올빼미원숭이는 고등 영장류 가운데서 유일하게 야행성 생활을 하는 종이다^{그림 5.3}. 아니나 다를까 이 원숭이의 SWS 옵신 유전자를 조사해보니 유전자를 망가뜨리는 돌연변이들이 누적되고 있었다. 올빼미원숭이는 딱 60개의 염기로 옵신 단백질의 유전암호를 채우는데, TGG를 TGA로 바꾸는 돌연변이가 일어나 있다. 유전자 텍스트를 그만 번역하라는 정지 코돈으로 바뀐 또 다른 예이다. 올빼미원숭이의 주행성 친척들은 모두 멀쩡한 SWS 옵신 유전자를 가지고 있기 때문에, 이것은 야행성으로의 생활변화가 옵신 유전자에 작용하는 선택을 느슨하게 했음을 보여주는 아주 좋은 증거이다.

야행성과 SWS 옵신의 관련성을 더 확실히 알아보기 위해 야행성 원원류prosimian의 옵신 유전자를 조사해보자. 원원류는 원시적인

그림 5.3. **화석화된 옵신 유전자를 가지고 있는 야행성 혹은 지하생활 포유류들** 올빼미원숭이 (윗줄 왼쪽; 사진_ 그레그 & 메리 베스 디미얀), 갈라고원숭이(아랫줄 왼쪽; 사진_ 나이지리아 세르 코판의 B. 스미스), 늘보원숭이(윗줄 오른쪽; 사진_ 래리 P. 택킷, www.tackettproducitons. com), 장님쥐(아랫줄 오른쪽; 사진_ 탈리 킴치)는 모두 야행성 생활 또는 지하생활에 대한 적응의 결과로 화석화된 SWS 옵신 유전자를 가지고 있다.

영장류 집단으로 여우원숭이, 늘보원숭이, 갈라고원숭이, 안경원숭 이가 여기에 속한다. 여우원숭이는 야행성인 종과 주행성인 종이 둘 다 있지만, 늘보원숭이와 갈라고원숭이는 완전한 야행성이다.그림 5.3.

이들의 SWS 옵신 유전자를 조사해보니 역시 유전자가 화석이 되어 있었다. 두 종 모두 유전자의 시작 부근에 염기가 덩어리째 결실되어 있어서 옵신을 만드는 능력을 잃은 상태였다. 결실이 똑같은 위치에 일어나 있으며 두 종에서 같은 크기인 것을 볼 때 SWS 옵신의 화석화는 늘보원숭이와 갈라고원숭이의 공통조상에서 처음 일어나 두 종에게 유전된 것 같다.

슬슬 파악이 된다. 종이 살아가는 빛 환경의 변화는 색각 유전자의 소실 또는 보유와 밀접한 관련이 있는 듯 보인다. 그러면 딱 한 가지 경우만 더 알아보자. 땅속에 사는 동물들은 어떨까?

장님쥐*Spalax ehrenbergi*는 모든 포유류 가운데서 가장 퇴화된 눈을 갖고 있는 설치류이다[그림 5.3]. 화석기록에 따르면 이 집단의 동물들은 정상적인 눈이 있는 지상의 조상에서 진화했다. 지금과 같은 생활양식이 진화함에 따라 해부구조와 생리기능에 많은 변화가 일어났다. 장님쥐의 눈은 너무 작아서 화상을 감지할 수가 없다. 설사 눈이 제대로 작동한다 해도 눈이 피부 아래 파묻혀 털로 덮여있기 때문에 앞을 보기는 어려울 것이다. 그런데 장님쥐는 밤낮을 구별할 수는 있다. 빛을 감지하는 망막이 있기 때문에, 장님쥐는 하루의 바이오리듬을 조절하는 생체시계를 유지할 수 있다.

장님쥐를 조사해보니, 피부에 파묻힌 눈을 통해 들어오는 빛을 감지하기 위해 빨간색 쪽으로 이동한 MWS/LWS 시각색소와 어두운 빛에 감응하는 로돕신을 만드는 두 개의 멀쩡한 옵신 유전자가 있었다. 앞을 제대로 볼 수 없음에도 이 유전자들에 선택이 여전히 작용하고 있음이 분명하다. 아마도 생체시계를 돌리기 위해일 것이다. 하지만 SWS 옵신 유전자는 화석이 되어 있었고, SWS 옵신 단백질을 만드는 유전암호를 훼손하는 많은 돌연변이가 누적되어 있었다.

지금까지 SWS 옵신 유전자가 화석화된 예를 다섯 가지 살펴보았다. 실러캔스, 고래목, 올빼미원숭이, 늘보원숭이와 갈라고원숭이, 그리고 장님쥐. 모든 경우에서 유전자의 화석화는 종이 살아가는 환경과 상관이 있다. 또한 모든 경우에서 SWS 옵신 유전자의 결실 부위가 다르다. 게다가 각각의 종들은 진화적 계통수의 다른 부분에 속하며, 이 동물들의 가까운 친척들은 멀쩡한 옵신을 가지고 있다. 이 모든 사실들은 SWS 옵신의 화석화가 제각기 따로, 진화사의 서로 다른 시기에 서로 다른 돌연변이에 의해 반복적으로 일어났음을 입증한다. 이것은 한 유전자에 대한 선택이 느슨해지면 그 유전자가 기능을 잃어갈 것이라는 짐작을 확인해주는 강력한 증거이다. 또한 이 모든 종류에서 다른 종류의 옵신들은 멀쩡히 작동하는 것을 보면 유전자의 화석화가 매우 선택적이라는 사실을 알 수 있다.

생활양식의 변화에 따라 SWS 옵신에 자주 소실되었다는 것은 화석화된 유전자가 흔히 그 종이 진화적 변화를 겪었음을 알려주는 증표라는 얘기다. 그럼 이제부터는 인간의 게놈으로 가서 우리가 조상들과 어떻게 다른지를 보여주는 화석 유전자 증표를 찾아보자.

저 냄새가 안 난다고?

지금까지 우리는 시각계 유전자들의 적응과 소실이 서식환경의 변화와 관련이 있다는 것을 보았다. 다른 감각들도 동물의 행동과 생존에 매우 중요하다. 후각은 특히 그렇다. 개를 데리고 공원을 산책

하다보면 세상을 '보는' 그들의 관점이 민감한 후각에 기대서 형성된다는 것을 실감하게 된다.

다른 많은 포유류들도 강한 후각을 지니고 있으며, 후각을 이용해 먹이를 찾고 배우자와 자식을 구별하며 위험을 감지한다. 서로 다른 냄새가 어떻게 감지되고 구별되는지는 오랫동안 미스터리였다. 1991년에 린다 벅과 리처드 액셀이 후각 수용체를 지정하는 유전자 군을 발견했다. 후각 수용체 유전자라고 불리는 이 유전자들은 포유류의 게놈에서 가장 큰 유전자 군으로 밝혀졌다. 쥐들의 경우 약 25,000개 유전자로 구성된 게놈 가운데 1,400개가 후각 수용체 유전자들이다. 수많은 후각 신경세포가 수많은 후각 수용체 가운데 각기 한두 종류씩만을 만들어냄으로써 서로 다른 냄새 분자를 감지하기 때문에 후각은 극히 전문적일 수 있다. '냄새'의 화학성분을 감지했을 때 무슨 냄새로 지각되느냐는 그것을 감지하는 수용체들의 결합에 따라 결정된다. 냄새 유전학의 비밀을 푼 공로로 벅과 액셀은 2004년에 노벨 생리의학상을 받았다.

사람의 후각 유전자들은 아주 자세히 연구되어 있다. 우리의 후각 유전자들은 쥐에 비하면 아주 초라한 수준임이 밝혀졌다. 우리의 후각 수용체 유전자들의 약 절반이 화석화되어 있으며, 기능을 하는 수용체들을 만들지 못한다. 인간과 다른 포유류의 차이는 V1r 유전자가 지정하는 수용체 집단에서 가장 두드러진다. 쥐는 정상적인 V1r 수용체를 약 160개쯤 가지고 있지만, 우리의 경우 200개 이상의 V1r 수용체 가운데 5개밖에 기능을 하지 않는다. 우리의 후각 수용체 유전자 레퍼토리는 무척이나 빈약하다.

화석화된 후각 수용체 유전자가 압도적인 비율을 차지한다는 것은 우리가 조상들만큼 후각에 의존하지 않음을 의미한다. 여기서 금방 두 가지 질문이 떠오른다. 첫째, 우리는 왜 저렇게나 많은 후각 수용체들을 이용하지 않게 되었을까? 둘째, 진화의 어느 시기에 이런 일이 일어났을까?

두 질문의 단서는 다른 영장류와 포유류에서 화석화된 후각 수용체의 비율을 조사한 연구에서 나온다. 이스라엘 레호보트에 있는 바이츠만 과학연구소와, 독일 라이프치히에 있는 막스 플랑크 진화인류학 연구소의 요야브 길라드와 그 동료들은 유인원, 구대륙원숭이, 신대륙원숭이, 여우원숭이의 후각 유전자들을 조사하고 그것을 쥐와 비교했다. 그들은 화석화된 후각 수용체 유전자의 비율이 완전한 색각의 진화와 밀접한 관련이 있음을 발견했다. 색각이 불완전한 쥐, 여우원숭이, 신대륙원숭이의 경우, 후각 수용체 유전자의 약 18퍼센트가 화석화되어 있었다. 반면 콜로부스원숭이와 구대륙원숭이에서는 후각 수용체 유전자의 약 29퍼센트가 화석화되어 있었고, 오랑우탄, 침팬지, 고릴라 같은 인간 이외의 유인원들에서는 이 비율이 33퍼센트로 올라갔다. 마지막으로 인간은 후각 유전자의 50퍼센트가 화석화되어 있었다. 완전한 색각을 지닌 모든 종에서 화석화된 후각 수용체 유전자의 비율이 상당히 높았다. 이것은 삼원색 시각이 진화함에 따라 시각적인 단서로 먹이, 배우자, 위험을 찾으면서 후각 의존도가 줄어들었음을 뜻한다. 이처럼 삼원색 시각을 지닌 종에서 후각 수용체 유전자에 대한 선택이 느슨해지자 해당 유전자들의 유전 암호는 파괴되기 시작했다. 대조적으로, 후각 의존도가 높은 동물들에서는 멀쩡한 후각 유전자의 비율이 훨씬 높았다.

사람과 다른 영장류의 후각 의존도가 줄어들었음을 보여주는 다른 신체적, 행동적, 유전적 증거들이 있다. 비강의 앞쪽에 있는 시가 모양의 감각기관인 보습코기관(비서골기관)은 대부분의 육상 척추동물에서 페로몬을 감지하는 일을 한다. 하지만 이 기관도 인간과 고등 포유류에서는 다른 종들에 비해 크게 축소되어 있다. 앞에서 말한 V1r 수용체는 페로몬을 감지하는 데 중요한 역할을 한다. 확실히 우리 인간은 페로몬 의존도도 다른 포유류에 비해 낮은 듯하며, 이번에도 그 이유는 우리 조상들이 짝짓기와 다른 행동에서 시각신호에 더 많이 의존했기 때문일 것이다.

보습코기관과 V1r 수용체가 사람과 다른 고등 영장류에서 크게 축소되었다면, 후각계로부터 받은 정보를 전달하는 일에 관여하는 다른 메커니즘 역시 퇴화하지 않았을까? 그렇다. 보습코기관의 작동에 관여하는 TRPC2라는 유전자는 감각세포에서 이온의 수송을 조절하는 단백질을 만든다. 쥐에서 TRPC2는 제대로 작동하고 있으며, 페로몬에 정상적으로 반응하려면 꼭 필요한 유전자이다. 하지만 삼원색 시각을 갖고 있고 화석화된 후각 수용체 유전자의 개수가 많은 사람과 모든 고등 영장류에서는 TRPC2 유전자가 수많은 돌연변이로 인해 화석 유전자가 되어 있다.

코에서 서로 다른 일을 하는 여러 유전자들이 화석화된 것은 아주 인상적이며 우리가 종의 형질에 대한 선택이 느슨해질 때 일어나리라 예상한 일과 완벽히 들어맞는 사례이다. 다시 말해, 전체 기관이나 과정이 쓸모없어지면 과정의 각 단계들을 담당하는 모든 유전자들이 느슨한 선택을 받아 결국에는 화석화되고 만다. 보습코기관과 그 부속물들의 진화는 유전자의 전체 경로가 쓸모없어져 파괴되고 결국 완전히 사라질 수 있음을 보여준다. 실제로 몇몇 종에서 이런 일이, 때로는 대규모로 일어나고 있다. 진화가 쓸모없어진 기능을 어떻게 폐기하는지를 생생하게 보여주는 다른 생물계의 두 가지 사례를 살펴보자.

쓰지 않으면 사라진다

효모와 다른 균류는 인간의 일상사에서 중요한 역할을 한다. 우리는 맥주와 와인을 발효시키고 빵을 만들 때 효모를 이용하며, 균류는 최초의 항생제의 원료였다. 제빵사와 양조업자들이 쓰는 빵효모 *Saccharomyces cerevisiae*는 배양하기 쉽기 때문에 오랫동안 실험실에서 애용하는 생물이었다. 효모 실험을 통해 세포가 어떻게 성장하고 분열하는지, 유전자가 어떻게 이용되는지를 비롯해 생물의 생화학에 대한 많은 사실들이 밝혀졌다.

그런데 제빵사의 오랜 친구인 빵효모 외에도 수많은 효모 종이 존재한다. 현미경 아래서 보면 효모들의 대부분이 매우 비슷하게 생겼다. 하지만 영양소 대사와 환경이용 능력은 종마다 차이를 보인다. 효모가 다양한 영양소들을 자신에게 유용한 성분으로 분해하는 일은 대개 일련의 단계들을 거쳐서 일어난다. 이것을 **대사경로**라고 한다. 가장 잘 연구된 생물의 영양소 대사경로는 빵효모의 갈락토오스 대사경로이다. 대부분의 생물은 글루코오스(포도당)를 에너지원으로 이용한다. 글루코오스가 없을 때는 저장된 당(녹말) 또는 대체에너지원을 이용한다. 빵효모는 대체에너지원으로 갈락토오스를 이용할 수 있는데, 몇 단계의 효소반응을 통해 갈락토오스를 이용 가능한 형태의 글루코오스로 바꿀 수 있기 때문이다. 여기에는 네 가지 유전자가 지정하는 네 가지 효소가 필요하다. 뿐만 아니라 갈락토오스가 존재하며 필요한 순간에만 효모가 이 효소들을 만들도록, 세 가지 단백질이 효소 생산을 제어한다. 그러니까 모두 합쳐서 입곱 개의 유전자가 빵효모의 갈락토오스 대사경로를 가동시키는 데에 쓰인다.

빵효모와 가까운 친척들도 갈락토오스를 이용할 수 있지만, 한 종은 예외다. 이 종은 사카로미케스 쿠드리아우제위 *Saccharomyces kudriavzevii*(여러 번 빨리 발음해보기를!)로 일본에서, 효모가 주로 서식하는 당이 풍부한 장소가 아니라 부패하는 잎에서 발견되었다. 내 대학원생인 크리스 히팅어는 S. 쿠드리아우제위의 갈락토오스 대사경로를 담당하는 일곱 개의 유전자를 조사했을 때, 이 종이 왜 갈락토오스를 이용할 수 없는지 금방 알 수 있었다. 모든 유전자들이 완전히 망가져 있었다. 저마다 차이는 있지만 일곱 개 유전자들 모두에는 유전자의 내용을 알아볼 수 없을 만큼 유전암호가 대거 사라져 있었다.

S. 쿠드리아우제위에서 갈락토오스 대사 유전자 일곱 개가 처한 운명은 이웃하는 유전자들과 극명한 대조를 이루었다. 이웃 유전자들은 빵효모와 다른 친척 종들에서와 마찬가지로 멀쩡했다. 각 유전자의 유전암호를 어떤 글의 긴 문단이라고 한다면, S. 쿠드리아우제위에서 갈락토오스 대사경로 유전자 각각에 해당하는 문단들은 여러 군데가 지워져 있지만, 다른 유전자를 지정하는 앞과 뒤의 문단들은 훼손되지 않은 것이다. 이 사실은 유전자의 화석화가 필요한 지점에만 특이적으로 일어난다는 것을 잘 보여준다. 더 이상 필요가 없거나 쓰이지 않는 유전자에는 돌연변이가 누적되지만, 계속 쓰이고 있는 이웃 유전자들의 유전암호는 완벽히 보존된다. S. 쿠드리아우제위 유

전자들의 운명은 자연선택이 필요한 것은 보존하지만 필요 없는 것은 보존할 수 없다는 증거이다. 이 종이 다른 종류의 당을 이용하도록 적응하자, 갈락토오스 대사경로는 더 이상 필요 없어져 사용하지 않게 된 것이다. 갈락토오스 유전자에서 해로운 돌연변이를 제거하는 자연선택의 감시가 더 이상 없기 때문에 그 유전자들은 화석화되었고 소멸의 길을 밟고 있는 중이다.

한 기능으로 묶인 일곱 개의 유전자들만 선택적으로 파괴된 것은 자연선택의 감시가 느슨해졌을 때 많은 유전자들이 한꺼번에 폐기될 수 있음을 보여주는 좋은 예다. 그런데 다른 몇몇 미생물들에서 일어나는 일에 비하면 이것도 약과다. 한 예가 나병의 원인균인 미코박테리움 레프라이*Mycobacterium leprae*라는 종이다.

나균의 게놈이 밝혀졌을 때, 이 미생물은 1,600개의 멀쩡한 유전자와 거의 1,100개에 이르는 화석 유전자를 갖고 있음이 밝혀졌다. 죽은 유전자가 엄청난 비율을 차지하는 것인데, 지금까지 알려진 어떤 다른 종의 경우보다도 높은 비율이다. 나균은 결핵균*M. tuberculosis*과 아주 가까운 친척관계인데, 결핵균은 제 기능을 하는 멀쩡한 유전자가 약 4,000개이며 화석 유전자는 단 여섯 개뿐이다. 그렇다면 나균이 진화를 하는 동안 약 2,000개의 유전자가 화석이 되었거나 사라졌다는 뜻이다. 두 종의 정상 유전자와 화석 유전자의 수는 왜 이렇게 차이가 날까?

나균은 사촌인 결핵균과 사는 방법이 아주 다르다. 나균은 오로지 숙주의 세포 안에서만 살 수 있다. 나균은 대식세포라는 세포 안에 살면서 말초신경계 세포들을 감염시키며, 결국에는 말초신경계를 파괴해 나병에서 흔히 나타나는 사지 변형을 일으킨다. 나균은 알려진 모든 박테리아 종들 가운데서 가장 천천히 자라는 종이다(나균은 분열하는 데에 2주가 걸리는 반면, 우리 장속에 사는 대장균은 20분마다 한 번씩 분열할 수 있다). 수십 년의 노력에도 불구하고 이 세균을 실험실에서 배양하는 데는 실패했다. 나균은 숙주세포 안에서 살기 때문에 수많은 대사과정을 숙주에게 의존할 수 있다. 숙주세포의 유전자들이 온갖 일을 도맡아 해주다보니, 나균의 수많은 유전자들을 보존하던 자연선택이 느슨해졌다. 다른 세포내 기생충과 병균들에서도 나균에서처럼 유전자의 대량 소멸이 일어났다. 유전자를 대폭으로 줄인 종들이 있다는 것은 곧, 종의 생활양식이 변하면 상당한 비율의 유전자가 필요 없어질 수 있다는 얘기다.

개별 유전자, 한 경로를 담당하는 유전자군, 더 나아가 종의 대다수 유전자 집단이 화석화되는 것은 후손의 진화 방향에 중요한 영향을 미친다. 파괴되기 시작한 유전자들은 일반적으로 복합적인 결함을 일으키기 때문에, 한 번 잃은 기능은 쉽게 돌이킬 수 없다. 즉, 유전자 기능의 상실은 대체로 일방통행이다. 이 기능들은 한 번 떠나면 돌아오지 않는다. 새로운 얼음물고기 종이 헤모글로빈을 다시 가질 수도 이용할 수도 없는 것처럼, S. 쿠드리아우제위에서 진화한 새 종은 결코 갈락토오스를 이용할 수 없을 것이다. 유전자의 화석화와 상실은 계통의 진화 방향에 제약을 가한다.

'쓰지 않으면 잃는다'라는 절대법칙의 근간에는 자연선택의 감시가 오직 현재에만 작용한다는 사실이 깔려 있다. 자연선택은 미래를 계획할 수 없다. 이 법칙의 단점은 아주 오랜 시간이 흘러 상황이 다시 변한다 해도 특정 유전자를 잃어버린 종이 새로운 환경에 적응하기 위해 그 유전자를 다시 가질 수 없다는 것이다. 이것이 종의 성공이나 멸종에 중요한 요인으로 작용하는 듯하다. 생물학자들은 지구상에 존재했던 종의 99퍼센트 이상이 멸종했다고 추정한다는 것을 기억하시라.

원인일까 아니면 결과일까?

널리 존재하는 화석 유전자들은 진화 과정을 새로운 눈으로 바라보게 하는 매력적인 수단이다. 그런데 화석 유전자는 원인일까 결과일까? 곧, 유전자의 화석화는 진화적 변화의 원인으로서 자연선택의 작용을 직접 받을까? 아니면 진화적 변화의 결과, 다시 말해 자연선택이 다른 특성을 선택한 결과로 생긴 부산물일까? 상황에 따라 원인이 될 수도 있고 결과가 될 수도 있다는 것이 그 답이다. 지금부터 꽃식물과 사람에게 최근에 생긴 몇 가지 화석 유전자들을 가지고 이 문제를 탐구해보려 한다. 각각 원인과 결과의 예이다.

식물에서 꽃 색깔은 흔히 벌이나 새 같은 꽃가루매개자를 유혹하는 데 이용된다. 꽃가루매개자 종의 진화적 변화를 입증한 연구사례들은 많이 보고되어 있다. 기후가 어떻게 변하는지, 또는 꽃가루매개자가 얼마나 풍부한지에 따라 꽃 색깔이 다양하게 선택되리란 것은 잠시만 생각해보면 쉽게 알 수 있다. 더 나아가 벌새나 벌에게 꿀을 제공하는 꽃은 기생충이라는 불청객을 끌어들일 수 있기 때문에, 꽃가루매개자에 맞게 꽃의 해부구조를 맞추기 위한 선택도 일어난다. 예컨대 새가 꽃가루를 매개하는 종은 꿀을 많이 생산하고 화관이 좁은 반면, 벌이 꽃가루를 매개하는 종은 꿀을 조금 생산하고 화관이

넓은 경향이 있다.

나팔꽃속*Ipomoea*의 원래 꽃 색깔은 파란색이나 보라색이었다. 이 집단은 주로 벌이 꽃가루를 매개한다. 그런데 누홍초*Ipomoea quamoclit*라는 한 종은 붉은 꽃을 피우며 벌새가 꽃가루를 매개한다. 붉은 꽃 색깔은 벌새를 유혹하기 위한 적응으로 보인다.

효소 경로가 나팔꽃속이 붉은 꽃을 피울지, 파란색이나 보라색 꽃을 피울지를 결정한다. 여러 효소들이 공통의 전구체를 가지고 파란색/보라색 색소, 또는 빨간색 색소를 만든다. 최근에 듀크 대학의 레베카 주폴과 마크 로셔는 붉은 꽃을 피우는 누홍초에 파란색과 보라색 색소를 만드는 대사경로가 퇴화되어 있음을 밝혀냈다. 대사경로에서 파란색과 보라색 부분을 담당하는 한 효소는 완전히 망가진 듯했고, 또 다른 효소는 파란색과 보라색 색소 대신 빨간색 색소를 합성하도록 바뀌어 있었다.

붉은 꽃 색깔의 진화는 적응이며, 나팔꽃 속에서 붉은 꽃 색깔이 진화한 것은 두 효소의 변화 탓이므로, 이 경우 유전자가 기능을 하지 못하게 된 것은 진화의 원인으로 봐야 한다. 자연선택이 파란색과 보라색 꽃을 유발하는 효소가 기능하지 않도록, 붉은 꽃 색깔이 진화하도록 직접 작용한 것이다. 다른 형질에 작용한 선택의 결과로 이 효소들이 쓸모없어진 것이 아니다.

하지만 유전자의 불활성화와 화석화는 그 유전자에 대한 선택이 느슨해진 결과인 경우가 훨씬 많다. 곧 한 유전자가 일련의 변화들 때문에 점점 할 일이 없어지다가 결국 기능을 멈추게 된 것이다. 앞에서 말한 옵신 유전자가 여기에 해당하며, 인간에게도 한 가지 매혹적인 사례가 있다. 이 유전자의 화석화는 침팬지와의 마지막 공통조

인간	ATG	ACC	ACC	CTC	CAT	AGC	**C	CGC
침팬지	ATG	ACC	ACC	CTC	CAT	AGC	ACC	CGC
고릴라	ATG	ACC	ACC	CTC	CAT	AGC	ACC	CGC
짧은꼬리원숭이	ATG	ACC	ACC	CTC	CAT	AGC	ACC	CGC

그림 5.4. 인간의 근육 유전자의 화석화 MYH16 미오신 유전자의 염기서열 일부. 인간에서는 두 개의 염기 결실이 이 유전자의 유전암호를 훼손하고 있는데(별표), 씹는 활동에 관여하는 두 근육의 축소와 관련이 있다. 우리의 유인원 친척들에서는 이 근육들이 매우 발달되어 있다. 그림: 제이미 캐럴. 「네이처」 428(2004), 416쪽에 있는 H. H. 스테드먼 등의 자료를 바탕으로 제이미 캐럴이 그림.

상에서 인류가 갈라진 이후 인류 계통에서만 일어났다.

그 화석 유전자는 MYH16이라고 불리는 유전자이다. 사람의 MYH16 유전자에는 두 개의 염기 결실이 일어나 있어서 유전암호가 제대로 해독되지 않는다(관련 부분이 그림 5.4에 나와 있다. 별표로 표시된 부분이 결실 부위이다). 침팬지, 고릴라, 오랑우탄, 짧은꼬리원숭이의 MYH16 유전자는 아무런 문제가 없다.

다른 영장류에서 MYH16 단백질은 두개골의 양쪽 측두엽을 덮고 있는 매우 발달한 근육인 측두근에서 만들어진다. 커다란 측두근은 유인원이 육중한 턱으로 씹는 운동을 할 때 사용되며 사람은 측두부와 측두근이 고릴라, 침팬지, 짧은꼬리원숭이에 비해 대폭 축소되어 있다. MYH16 단백질은 근육 내에서 힘을 만들어내는 굵은 근섬유 성분의 하나인 미오신이다. 인류의 측두근 근섬유들은 친척 종들에 비해 훨씬 작으며, 따라서 더 작은 근육을 만든다.

이렇듯 근육과 근섬유 크기에 영향을 주는 단백질 돌연변이가 측두근의 진화적 변화와 흥미로운 상관관계를 이루고 있는데, 그렇다면 이 돌연변이는 근육 축소의 원인일까, 아니면 다른 이유로 일어난 근육 축소의 결과물일까? 확실히 말하기는 어렵지만, 후자의 설명에 무게를 실어주는 몇 가지 추가 증거들을 찾을 수 있다. 이런 종류의 단백질들에 돌연변이가 일어나면 근육에 심각한 영향을 미칠 수 있다고 알려져 있다. 큰 턱을 지닌 영장류(예컨대 유인원과 인류의 조상들)가 단번에 이 근육을 잃으면 당장 씹을 수가 없을 것이다. MYH16 돌연변이가 측두근의 진화에 일익을 담당했다고 주장하려면, 근육량이 한꺼번에 소실되지 않는 시나리오를 생각해내야 한다. 나는 MYH16 유전자의 화석화는 얼음물고기에서 글로빈이 밟은 경로와 비슷했으리라고 생각한다. 즉, 근육은 다른 유전경로에 의해 이미 줄어들고 있었으며, MYH16의 화석화는 나중에 그 유전자가 필요 없게 된 이후에 일어난 사건일 가능성이 높다.

화석 유전자는 '진보'와 '설계'가 틀렸다는 증거

이 장에서 설명한 예들은 그것이 태고의 물고기이든, 멋진 돌고래이든, 알록달록한 꽃이든, 턱이 갸름한 인간이든, 단순한 효모든, 땅속에 사는 눈먼 쥐들이든, 최적자 만들기가 반드시 '진보적인' 더하기 과정은 아니라는 사실을 보여준다. 오늘날의 종들은 조상들의 업그레이드 버전이 아니라, 대부분은 그저 다를 뿐이다. 종들은 심심찮게 DNA에 유전정보를 더하지만, 이 장에서 누누이 설명했듯 유전자와 능력의 일부를 잃는 경우가 허다하며 심지어는 무더기로 잃어버리기도 한다.

유전자의 화석화와 소실은 종이 만들어지는 과정에 어떤 '설계'나 의도가 개입된다는 생각이 틀렸음을 보여주는 강력한 증거다. 예를 들어 나균의 진화에서, 이 병균이 정교하게 설계되었다는 증거는 어디에도 없다. 그렇기는커녕, 조상들이 물려준 유전자들 가운데 천 개 이상이 이용가치를 잃고 망가져 있는 모습에서 알 수 있듯이 나균은 결핵균에서 불필요한 것을 제거한 버전이다. 마찬가지로 우리 인간도 지금보다 훨씬 민감했던 후각시스템의 유전적 흔적들을 지니고 있다.

종의 DNA가 보여주는 유전자 획득과 소실의 패턴은 자연선택이 오직 현재에만 작용한다고 봤을 때 예상할 수 있는 일과 정확히 맞아떨어지며, 어떤 공학자나 설계자의 솜씨라고는 절대 볼 수 없다. 자연선택은 사용되지 않는 것을 보존할 수 없고, 미래를 계획할 수도 없다. 유전자 화석화와 소실은 정확히, 자연선택이 더 이상 작용하지 않을 때 예상되는 진화 패턴이다. 자연선택이 없으면 무작위 돌연변이가 점점 쌓여, 결국에는 사용되지 않거나 불필요한 유전자들의 유전암호를 훼손할 것이다.

더욱이, 유전자 화석화가 완전히 다른 동물군에 속하는 서로 다른 종들에게 반복해서 일어났다는 사실은, 앞으로도 선택이 특정 형질에 대한 감시를 늦추면 똑같은 사건이 반복될 것임을 뜻한다. 여러 종에서 SWS 옵신 유전자가 제각기 반복하여 화석화된 사례는 이 원리를 잘 보여준다. 그런데 이것은 다음 장에서 더 본격적으로 다룰 이야기의 맛보기일 뿐이다. 6장에서는 진화의 예측가능성과 반복성을 살펴보고, 진화가 반복되어 일어나는 수많은 놀라운 사례들을 보여주겠다.

코스타리카의 고함원숭이　　　　　　　사진: 스티븐 홀트

데자뷰: 진화는 반복된다 ―
왜? 그리고 어떻게?

• • • • • • • • • • • •

> 운명이 오랜 시간에 걸쳐 이리저리 다니다보면 수많은 우연의 일치를 일으킬 수밖에
> 없을 것이다. 다루는 대상의 수와 종류가 무한히 많으면, 재료가 너무 많다보니 비슷
> 한 결과를 초래하기 쉽다. **플루타르코스, 「세르토리우스의 일생」**

험준하고 수풀이 우거진 초록빛 코스타리카 해안을 따라 저공비행을 하던 산악비행기가 시에르페 강 근처의 작은 도로에 무사히 착륙했다. 우리는 밴 한 대에 끼어 앉아 야자나무 농장을 지나 나루터로 덜컹거리며 달려갔고, 거기서 다시 배를 타고 하류로 향했다. 끝없이 펼쳐진 울창한 맹그로브 정글을 양옆에 끼고 흐르는 드넓은 강은 툭 트인 태평양으로 흘러들었다. 우리는 뱃전을 때리는 하구의 거친 파도를 뚫고 오사 반도의 코르코바두 국립공원 가장자리에 놓인 해변에 배를 댔다. 이곳은 중앙아메리카에 마지막 남은 거대한 야생구역 중 하나다. 길고 멋진 여행을 끝낸 우리는 완전히 녹초가 되어 조용한 열대우림 속에 잠자리를 마련했다.

가까스로 잠이 들 무렵 '새벽 합창소리'가 우리의 선잠을 흔들어

깨웠다. 고함원숭이 한 무리가 머리 위의 나뭇가지들을 뛰어다니며 낮고 거친 목소리로 소리를 질러대는 것이었다. 자연의 고요는 물 건너간 것이다.

고함원숭이는 5킬로미터 밖까지 들릴 만큼 큰 소리를 낼 수 있는 확대된 성도와 더더욱 확대된 후두를 가지고 있어서, 자신의 위치를 근처와 멀리에 있는 무리들(그리고 관광객들)에게 알릴 수 있다. 신호음도 독특하지만, 고함원숭이는 이곳 열대우림에서 함께 지내는 꼬리감는원숭이와 다람쥐원숭이 등의 신대륙원숭이들과 구별되는 또 다른 자질을 지니고 있다. 고함원숭이는 완전한 삼원색 시각을 갖추고 있다.

고함원숭이의 DNA는 고함원숭이가 먼 친척인 구대륙원숭이들과 방식은 비슷하지만 다른 시기에 완전히 독립적인 일련의 사건들을 통해 완전한 색각을 획득했음을 알려준다. 더욱이 고함원숭이들은 삼원색 시각을 지닌 다른 영장류들과 마찬가지로 부드러운 어린 이파리를 먹고 산다. 원숭이의 반복된 진화는 이 형질에 그치지 않는다. 고함원숭이는 아프리카와 아시아에 사는 먼 사촌들처럼 화석화된 후각 수용체 유전자의 비율이 신대륙에 사는 가까운 친척들보다 훨씬 높다. 고함원숭이도 후각을 색각과 맞바꾼 것이다.

놀랍지 않은가!

색각의 진화, 이파리를 먹는 습성, 그리고 후각 유전자의 소실. 이 형질들이 아프리카와 아시아의 원숭이와 유인원 조상들에게 진화한 지 2천만 년에서 2천5백만 년이 지나 다른 대륙에 사는 고함원숭이에게 똑같이 생긴 것이다. 이 영장류들의 자연사는 비슷한 조건이 발생하면, 서로 다른 시기에 서로 다른 곳에 사는 서로 다른 종이라도 비슷한 형질을 얻고 잃을 수 있다는 사실을 말해준다.

고함원숭이는 자연계에서 널리 관찰되는 수렴진화라는 현상을 보여주는 대표적인 종이다. 우리는 비슷한 형질들이 독립적으로 진화한 예들을 갖가지 동물에서 찾아볼 수 있다. 예컨대, 펭귄, 물범, 돌고래의 지느러미발은 저마다 헤엄칠 때 비슷한 구실을 하지만, 이들은 저마다 지느러미발이 없었던 서로 다른 조상들에서 진화했다. 익룡, 새, 박쥐의 날개들도 수렴진화의 예다. 어룡과 돌고래, 뱀과 발 없는 도마뱀의 비슷한 몸 형태도 마찬가지이며, 그밖에도 예는 무궁무진하다. 수렴진화가 이렇게 널리 일어난다는 것은, 종들이 흔히 비슷한 조건에 비슷한 '해법'을 찾는다는 증거다.

그런데 자세히 살펴보면 수렴된 구조들은 서로 다른 길을 통해 진화했다. 새, 박쥐, 익룡의 날개는 구조가 서로 다르다. 날개 표면의 주요부분이 서로 다른 앞다리 부위로부터 만들어졌기 때문이다. DNA를 조사하면, 세부구조가 서로 다르므로 진화적 변화를 일으킨 유전자도 서로 다르리라고 예상하기 쉽다. 그렇지만 놀랍게도 서로 다른 종에서 반복해서 일어난 똑같은 진화적 사건에 똑같은 유전자가 관여하고 있다. 앞서 본 고함원숭이의 사례나 내가 이 장에서 이야기할 다른 많은 예들에서 이런 사실들을 발견할 수 있다. 심지어 DNA 유전암호의 염기 철자까지 똑같은 경우도 있다. 우리는 그러한 정확한 반복의 사례를 4장에서 이미 보았다. 그때 나는 자외선 시각의 진화에서 짧은 파장을 흡수하는 조류의 옵신 유전자에 동일한 변화가 적어도 네 번 반복되어 일어난 일을 이야기했다. 또 5장에서는 다섯 종류의 동물 집단에서 똑같은 옵신이 돌연변이를 일으켜 불활성화되어 화석이 된 사례를 소개했다. 이런 사례들은 진화의 반복을

DNA라는 가장 근본적인 수준에서 보여주는 위력이 있다.

그러나 이들은 단지 빙산의 일각일 뿐이다.

이 장에서 진화의 반복을 보여주는 훨씬 놀라운 많은 사례들을 만나게 될 것이다. 내가 이야기할 사례들 가운데 여럿은 이미 앞의 장들에서 들어서 익숙한 것들이다. 새김질동물의 새로운 췌장 효소의 진화, 차가운 물에 사는 물고기의 결빙방지 유전자의 진화, 효모에서 갈락토오스 대사경로 유전자들의 소실. 나는 그 밖에 몇 가지 새로운 형질들도 소개할 것이다. 한 예는 매우 다양한 종에서 비슷한 수단을 이용해 반복적으로 진화한 검거나 흰 몸 색깔이다. 진화적으로 먼 종들이 비슷한 수단을 이용해 진화한 예들은 자연선택이 DNA의 변이를 통해 종의 진화를 이끈다는 사실을 입증하는 강력한 증거이다.

자연사의 반복은 호기심을 자극한다. 왜 진화가 반복해서 일어나며 어떻게 그럴 수 있을까? 답은 기회, 시간, 선택의 상호작용과, DNA와 자연계에서 일어나는 사건의 빈도를 결정하는 커다란 숫자들의 몇 가지 산술에 있다. 이 장의 뒷부분에서 자세히 설명할 것이다. 자연에서 반복해서 일어나는 사건들, 그리고 그것을 설명하는 숫자들은 '아하' 하는 탄성을 거듭 자아낼 것이며, 내가 이 책에서 하려는 이야기의 결정체들이다.

진화적 수렴인지 아닌지를 어떻게 알아내는가 이해하기 위해, 우선 고함원숭이를 좀더 자세히 살펴보면서 고함원숭이의 형질들이 구대륙원숭이들의 형질들과 별개로 진화했음을 어떻게 알 수 있는지를 살펴보자.

삼원색 시각을 지닌 원숭이의 재림

고함원숭이가 완전한 색각을 지닌다는 놀라운 사실은 신대륙원숭이들을 전반적으로 연구하던 중에 밝혀졌다. 고함원숭이와 구대륙원숭이가 모두 삼원색 시각을 갖고 있다면, 원칙적으로 두 가지 시나리오 중 하나일 수밖에 없다. 고함원숭이가 구대륙원숭이와의 공통조상에게서 완전한 색각을 물려받았거나, 아니면 (이미 이것이 정답이라고 이야기했지만) 구대륙원숭이의 색각과 별개로 완전한 색각을 획득했거나.

우리는 어느 시나리오가 맞는지를 어떻게 알까?

두 종이 한 형질을 공유할 때 공통조상에게서 물려받은 것인지 독립적으로 획득한 것인지를 알려면 계통수에서 두 종의 유연관계를 따져보면 된다. 그 형질이 있는지 없는지를 계통수에 표시하고 형질의 분포를 보면 진화적 역사를 알 수 있다. 계통수에서 가지가 갈라지는 점들은 공통조상을 뜻한다. 직계 공통조상을 공유하는 모든 종이 어떤 형질을 갖고 있다면, 공통조상도 그 형질을 갖고 있었을 것이다^{그림 6.1A}. 하지만 공통조상에서 갈라진 가지들에 그 형질이 없는 종이 포함되어 있다면 이 형질은 두 계통에서 독립적으로 획득되었을 가능성이 높다^{그림 6.1B}.

그렇다면, 그림 6.2에 있는 구대륙원숭이와 신대륙원숭이의 계통수를 보자(SINE, LINE을 포함한 DNA 염기서열들의 유전 여부를 바탕으로 만든 계통수). 이 계통수는 고함원숭이가 완전한 색각을 갖추지 않은 다른 모든 신대륙원숭이들과 매우 가까운 관계임을 나타낸다. 물론 신대륙원숭이들의 조상이 완전한 색각을 가지고 있었는데 고함

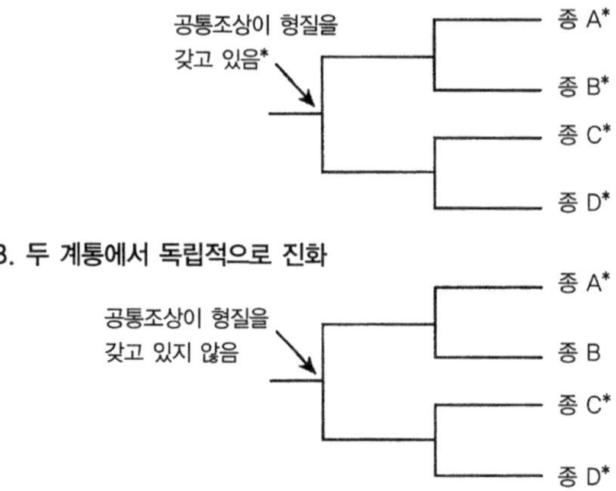

그림 6.1. 공통된 형질의 진화사에 대한 두 가지 가능성 종들이 형질을 공유하는 것은(별표) 그들이 그 형질을 가지고 있었던 공통조상을 공유하기 때문이거나(A), 아니면 그들이 공통조상으로부터 갈라진 후 독립적으로 그 형질을 진화시켰기 때문이다(B).   그림: 리앤 올즈.

원숭이를 제외한 모두가 잃어버렸을 가능성도 이론상으로는 존재하지만, 그러려면 단 한 차례의 획득과 수많은 소실을 설명해야 한다. 최소한의 진화적 변화만을 설명하면 되는 가장 간단한 시나리오는 고함원숭이가 이원색 시각을 갖춘 조상으로부터 진화해서 스스로 완전한 색각을 얻었다는 것이다.

다행히 계통수만으로 진실을 가리지 않아도 된다. 이 원숭이들의 DNA에는 이들이 겪은 유전자 중복의 흔적이 남아 있다. 구대륙원숭이, 고함원숭이, 다른 신대륙원숭이들의 DNA에서 옵신 유전자의 배열과 염기서열을 살펴보면 각 사건의 단서를 얻을 수 있다. 유전암호의 내용을 살펴봤을 때 구대륙원숭이와 고함원숭이의 DNA에 일어난 옵신 유전자의 중복은 각기 다른 사건임이 분명하다. 중복된 DNA 부위의 크기가 다르기 때문이다. 구대륙원숭이에서 중복된 두 유전

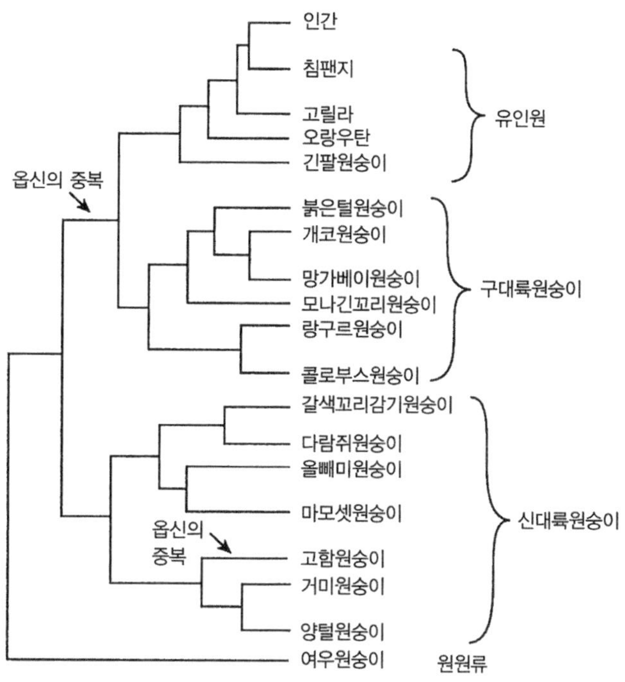

그림 6.2. 완전한 색각은 영장류에서 두 번 진화했다 이 나무 그림에 그려진 영장류들의 진화적 관계와 색각의 분포에 근거할 때, 완전한 색각은 영장류에서 두 차례(화살표) 진화했다. 유인원과 구대륙원숭이들의 공통조상에서 한 번, 그리고 고함원숭이 계통에서 한 번. 길라드 등의 「공공과학 도서관 생물학」 2(1)(2004), e5쪽에 나와 있는 것을 바탕으로 그림.

자는 각 유전자의 암호화 부위 가운데 236개 염기쌍을 공유한다. 염기서열을 공유하고 있다는 것은 구대륙원숭이의 MWS 옵신 유전자가 만들어질 때 이 236개의 이웃한 염기쌍들이 중복되었음을 뜻한다. 그런데 고함원숭이의 경우에는 중복된 두 유전자가 더 많은 염기쌍을 공유한다. 이 증거와 일치하는 해석은 고함원숭이의 옵신 유전자 중복이 구대륙원숭이에서 일어난 중복과는 별개의 사건이라는 것 하나뿐이다.

중복된 두 유전자의 염기서열이 보이는 차이의 정도는 이를 뒷받침하는 또 하나의 증거이다. 중복이 일어난 후 한 유전자의 두 복제본은 지속적으로 일어나는 돌연변이 때문에 계속 변한다. 중복 사건이 더 오래될수록, 두 자매 유전자의 내용에는 더 커다란 차이가 생길 것이다. 모든 구대륙영장류들의 경우 두 옵신 유전자의 내용은 5퍼센트 남짓 차이가 나는 반면, 고함원숭이의 경우는 두 유전자가 단 2.7퍼센트의 차이밖에 나지 않는다. 고함원숭이의 유전자 중복이 구대륙원숭이들의 유전자 중복보다 더 최근에 일어난 일임을 알 수 있다. 이 결론은 신대륙원숭이들이 남아메리카와 아프리카 대륙의 분리 이후 더 나중에 진화했다는 지리학적 증거와도 일치한다.

고함원숭이 옵신의 진화적 수렴은 유전자 중복에 그치지 않는다. 완전한 색각을 위해서는 옵신 유전자들이 저마다 다른 파장의 빛에 맞춰져야 하고, MWS와 LWS 시각색소의 세 부위가 두 옵신 유전자가 감지하는 빛의 파장에 결정적 차이를 만들어야 한다는 사실을 기억할 것이다. 고함원숭이의 MWS와 LWS는 사람을 비롯한 구대륙영장류 종들과 정확히 똑같은 파장에 맞춰져 있으며, 중요한 세 자리에 똑같은 아미노산을 가지고 있다. 곧, 세 개의 똑같은 변화가 고함원숭이의 '새로운' MWS 옵신과 구대륙영장류의 '새로운' MWS 옵신의 진화에 일어난 것이다.

모든 DNA 증거는 고함원숭이의 색각과 후각의 진화가 수백만 년 전 구대륙영장류들의 경우와 같은 단계들을 밟고 있다고 말한다. 옵신 유전자의 중복, 옵신에서 세 위치의 미세조정, 후각 유전자의 화석화는 같은 순서로 내용까지 거의 똑같이 반복되었다.

영장류의 색각과, 일부 조류 종들의 보라색 시각에 일어난 수렴 진화를 보면 가까운 종들이 비슷한 형질을 획득하는 것 같지만, 수렴은 '사촌지간'에만 일어나는 것은 아니다. 깊은 바다에 사는 뱀장어와 소위비부리고래의 어두운 파란빛에 맞춰진 로돕신의 진화 스토리를 떠올려보라(4장). 이들도 중요한 위치에서 세 개의 똑같은 아미노산을 진화시켰다. 종은 엄청나게 다르고 유전자도 다르지만, 진행되는 이야기는 똑같다.

옵신의 자연사는 다음과 같은 근본적인 질문을 던진다. 서로 다른 종에서 DNA에 일어난 비슷한 진화적 사건이 비슷한 형질을 만들어내는 일이 얼마나 자주 일어날까? 먼저 서로 다른 시기의 서로 다른 종에서 비슷한 형질이 진화하는 데에 비슷한 수단, 즉 똑같은 유전자 하나나 여럿이 사용된 네 가지 사례를 살펴보자.

비슷한 수단으로 비슷한 목적을 달성하다

콜로부스원숭이가 전장과 이파리 발효능력을 진화시키기 오래 전에, 우리에게 친숙한 소나 양, 염소 같은 새김질하는 가축동물들의 조상이 같은 능력을 진화시켰다. 원숭이와 소의 새김질 진화 사이에 비슷한 점이 있을까? 물론이다.

콜로부스원숭이의 적응 가운데, 발효하는 이파리 죽과 박테리아에서 영양소를 분해하는 일을 수행하는 췌장 리보뉴클레아제의 전문화가 있었음을 기억할 것이다. 이 췌장 효소는 일반적인 리보뉴클레아제를 지정하는 유전자가 중복된 후 미세조정된 것이다. 소에서도 똑같은 유전자가 중복되어 소의 장 환경에 맞춰서 미세조정됐다. 우리는 원숭이와 소에서 일어난 두 사건이 따로 일어난 것임을 알 수 있다. 새김질을 하는 모든 동물은 리보뉴클레아제 유전자가 중복되어 있지만, 하마와 돌고래 같은 새김질동물의 아주 가까운 친척들과 콜로부스원숭이의 아주 가까운 친척들은 유전자가 단 한 개뿐이다. 이 두 종류의 새김질동물이 중복된 유전자를 둘의 공통조상으로부터 물려받았을 가능성은 없다.

게다가 아프리카의 콜로부스원숭이가 새김질을 하는 유일한 원숭이 집단이 아님이 밝혀졌다. 아시아에도 새김질을 진화시킨 원숭이가 있다. 생김새가 독특한 두크마른원숭이가 그 동물로, 현재 베트남, 라오스, 캄보디아, 중국에 사는 멸종위기의 종이다. 이 원숭이도 중복된 리보뉴클레아제 유전자를 지니고 있다. 미시건 대학의 장 쟈즈는 두 원숭이의 리보뉴클레아제 유전자의 중복이 서로 다른 시기에 일어났고, 각 사건은 서로 다른 개수의 리보뉴클레아제를 만들어냈음을 발견했다(아프리카에서는 셋, 아시아에서는 둘). 그런데 그 뒤에 이 리보뉴클레아제 효소들에 여러 개의 똑같은 변화가 일어났다. 두 원숭이 집단에서 똑같은 변화가 우연히 일어날 확률은 아주 작다. 진화사에서 두 원숭이의 효소에 똑같은 변화가 일어난 것은 산성이 더 강한 원숭이의 전장 환경에 맞추어 효소를 조정한 자연선택의 흔적이라는 해석이 훨씬 설득력 있다.

유전자가 화석화되고 소실되는 일 또한 반복해서 일어났다. 앞장에서 나는 효모 S. 쿠드리아우제위가 어떻게 갈락토오스 대사에 관여하는 일곱 개 유전자들의 기능만을 선택적으로 잃었는지를 이야기했다. 서로 다른 속에 속하며 수백만 년 동안 따로 진화해온 세 종의 다른 효모도 갈락토오스 유전자들을 대부분, 또는 몽땅 다 잃어서 갈락토오스를 이용할 수 없다. 효모들의 진화적 관계를 고려하면 갈락토오스 유전자의 소실이 진화에서 적어도 세 번(아마도 더 많이)은 일어난 것이 확실하다. 모든 경우에 느슨해진 선택이 유전자의 파괴나 훼손을 방임했을 것이다.

느슨해진 자연선택은 동굴에 사는 동물들의 반복된 형질 진화도 설명해준다. 예를 들어 어류 가운데는 동굴에 살며 눈과 몸 색깔을 잃은 종들이 많다. 이러한 동굴 어류 종들은 여러 과에 흩어져 존재하는 데다 이들이 속한 과에는 수면 근처에서 살며 눈을 갖고 있는 종들도 포함되어 있기 때문에, 눈과 몸 색깔의 소실은 반복해서 일어난 사건임이 분명하다. 동굴 어류들은 비슷한 겉모습 이면에 공통의 원인이 숨겨져 있는지를 알아보기에 매우 좋은 사례이다.

하버드 의과대학의 메레디스 프로태스와 클리프 태빈, 메릴랜드 대학의 빌 제프리, 그리고 여러 동료 연구자들은 최근에 멕시코의 장님물고기(*Astyanax mexicanus*)에서 백색 형태가 어떻게 진화했는지를 연구했다^{그림 6.3}. 이 어류는 피라니아나 알록달록한 네온테트라와 같은 목에 속하는데, 멕시코에는 수면 근처에 사는 사촌들과 달리 몸 색깔을 잃어버린 약 30종류의 동굴 개체군이 살고 있다. 연구자들은 두 동굴 개체군을 연구하면서 똑같은 몸 색깔 유전자가 한 개의 염기 결실로 기능을 잃었지만 결실된 위치는 서로 다르다는 것을 발견했다. 이것은 두 동굴 개체군이 따로따로 몸 색깔을 잃었다는 결정적 증거다.

동굴 어류의 백색증은 몸 색깔에 대한 자연선택이 느슨해졌기 때문이라고 설명하는 것이 가장 자연스럽다. 어두운 동굴에서 몸 색깔이 무슨 소용이란 말인가? 하지만 보통의 경우에 몸 색깔은 동물들이 짝을 고르고 포식자를 피하는 것 같은 성선택이나 자연선택에 영

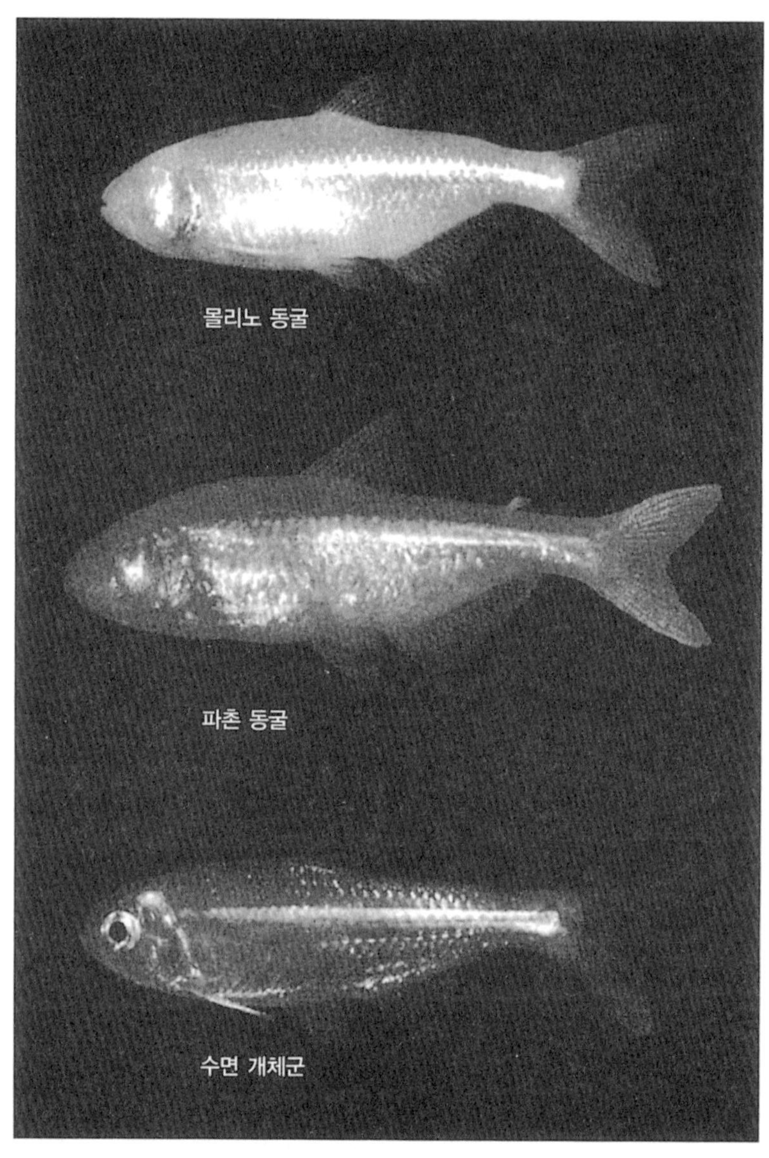

그림 6.3. 동굴의 장님물고기에서 백색증의 진화 아스티아낙스 멕시카누스*Astyanax mexicanus*라는 물고기는 수면 근처에 사는 형태는 정상적이지만, 동굴 개체군들은 시력상실과 백색증을 반복해서 진화시켰다. 여기에 소개한 몰리노와 파촌 동굴의 개체군들이 그러한 예이다. 사진: 하버드 의과대학의 메레디스 프로태스와 클리프 태빈의 허락을 받아 실음.

향을 받는 행동을 할 때 매우 중요하다. 가장 일반적인 몸 색깔 가운데 하나가 검은색이다. 많은 종들의 털, 비늘, 깃털에 검은색 부분이 있다. 종 안에서의 변이도 흔하다. 암수에 따라 혹은 개체군에 따라 검은색 부분의 양이 차이가 난다. 대부분의 경우 척추동물의 몸 색깔에 관여하는 똑같은 유전자에 자연선택 또는 성선택이 작용하고 있다.

예를 들어 흰기러기는 흰색이거나 '푸른색'이다. 후자는 깃털에 있는 검은색 색소 때문에 그렇게 보인다^{화보 M과 N}. 흰기러기의 몸 색깔 분포는 서식지에 따라 다르다. 푸른색 개체들은 캐나다 동부에 가장 흔하고, 흰색 개체들은 시베리아 동부의 서식지 안에서 서쪽 지역에 가장 흔하다. 몸 색깔의 차이는 짝을 고를 때 중요하다. 어린 흰기러기는 어릴 때 부모의 몸 색깔을 기억해두었다가 훗날 같은 몸 색깔의 개체와 짝짓기를 한다. 두 종류의 몸 색깔을 결정하는 것은 하나의 유전적 차이이다. 관련된 유전자는 멜라노코르틴-1 수용체, 간단히 줄여 MC1R이라고 불리는 유전자다. 흰색 형태의 MC1R 유전자는 푸른색 형태의 MC1R 유전자와 85번 자리의 아미노산을 지정하는 코돈이 다르다.

다른 조류에서도 MC1R 유전자의 염기서열 차이는 모두 몸 색깔과 관련이 있다. 바나나퀴트의 경우는 MC1R 유전자의 단 한 개의 변화가 어두운 형태와 노란색 형태를 결정한다. 변화 위치는 흰기러기의 흰색과 푸른색을 결정하는 위치와 다르다. 북극도둑갈매기(*Stercorarius parasiticus* 화보 O)의 밝은 몸 색깔과 어두운 몸 색깔을 결정하는 것도 MC1R 유전자이지만 위치는 또 다르다. 북극도둑갈매기의 경우도 깃털 색깔은 짝을 고를 때 중요한 역할을 하기 때문에 성선택의 작용을 받는다. 요정굴뚝새의 극적인 몸 색깔 차이를 결정하는 것도 MC1R 유전자이다[확보 P와 Q].

MC1R 유전자가 몸 색깔 진화의 주역으로 나선 것은 비단 조류에서만이 아니다. 재규어가 보여주는 주홍색과 검은색의 다양한 조합들, 북아메리카 서부에 사는 갈색곰의 흰색 형태와 검은색 형태, 다양한 도마뱀의 밝은 형태와 어두운 형태, 거기다 집에서 기르는 개, 말, 고양이의 털색 변이에 이르기까지 모두 그 주역은 MC1R 유전자의 변이이다.

야생에서 MC1R 유전자가 진화에 어떤 구실을 하는지 가장 잘 연구된 사례는 미국 남서부 사막에 사는 바위주머니생쥐의 경우이다. 2장에서 나는 진화에서 기회, 선택, 시간이 어떻게 상호작용하는지를 설명하기 위해 쥐의 MC1R 유전자와 바위주머니생쥐의 어두운 형태와 밝은 형태의 진화를 예로 들었다. 바위주머니생쥐들은 애리조나와 뉴멕시코의 밝은 모래사막과 검은색 용암노두에 산다. 털색이 배경과 비슷한 개체들은 포식자의 눈에 띄지 않을 수 있다. 애리조나 대학의 마이클 나흐만, 호피 혹스트라, 그리고 그 동료들은 피너케이트 지역에 사는 바위주머니생쥐의 어두운 형태와 밝은 형태는 MC1R 단백질에서 네 위치가 다르다는 것을 발견했다. 흥미롭게도 어두운 종류의 바위주머니생쥐는 230번 위치가 북극도둑갈매기와 똑같이 변해 있다. 이렇듯 조류, 파충류, 포유류 종들의 몸 색깔의 진화에 똑같은 유전자가 관여하고 있을 뿐 아니라, 경우에 따라서는 서로 다른 동물 집단의 MC1R 유전자 안에서 똑같은 변화가 일어나기도 한다.

정확한 반복의 사례는 또 있다. 바로, 자가란디와 황금머리사자원숭이이다. 자가란디의 어두운 형태는 MC1R 유전자에 24개의 염기 결실이 일어나 있다. 황금머리사자원숭이에도 똑같은 결실이 존재하는데, 이 종은 다른 사자원숭이들과 달리 몸통이 온통 검은색이다[화보 R].

포유류의 새김질, 효모의 갈락토오스 이용, 동굴 어류의 백색증, 다양한 조류, 파충류, 포유류의 어두운 몸 색깔. 이 모두는 개별 유전자라는 근본적인 차원에서 진화가 어떻게 반복되는지를 보여주는 사례들이다.

옵신의 수렴진화 사례들에서는 염기쌍까지 똑같게 진화의 반복이 일어났지만, 정확히 똑같지는 않은 유전자 변화가 비슷한 형질을 만들어내는 경우들도 있다. 리보뉴클레아제와 MC1R 수용체에 대한 상세한 생화학 연구결과들은 각 단백질들에는 비슷한 기능을 유발하도록 변할 수 있는 위치가 무수히 많다는 사실을 암시한다.

옵신의 진화에서는 정확한 반복이 일어나는 반면 다른 단백질에서는 덜 정확한 반복이 일어나는 것은, 어떤 진화상의 '문제들'(적응)에 대해서는 여러 가지 해결책이 있는 반면 어떤 진화상의 문제들에는 한두 가지 해결책밖에는 없기 때문일 것이다. 옵신의 구조는 몇 개의 핵심 위치에 정확한 아미노산이 들어가야만 각 시각색소가 원하는 파장을 맞출 수 있게 되어 있다. 선택은 핵심 위치에서 가장 효과적으로 일어난다. 리보뉴클레아제와 MC1R의 구조와 활동은 이만큼은 깐깐하지 않아서, 활동의 변화를 꾀하는 방법에 여러 가지가 있다. 다시 말해 몇몇 유전자와 형질에서는, DNA 유전암호가 정확히 똑같은 방식으로 바뀌지 않아도 똑같은 생물학적 효과를 낼 수 있다.

또한 수렴진화가 완전히 다른 유전적 출발점에서 일어나는 경우가 있다는 것도 밝혀졌다.

다른 수단으로 비슷한 목적을 달성하다

남극 어류가 만들어낸 최고의 발명품인 결빙방지 단백질은 단 세 개의 아미노산이 반복되는 특이한 구조를 하고 있다. 보통 트레오닌-알라닌-알라닌 또는 트레오닌-프롤린-알라닌이 반복 배열된다. 반복 부위는 해당 서열을 포함하고 있는 한 소화효소 유전암호의 일부분에서 유래했다. 결빙방지 유전자가 그 소화효소 유전자에서 왔음을 밝힐 수 있었던 것은 그 유전자의 비암호화 부위 덕분이었다. 결빙방지 유전자 바로 옆에 있는 유전암호 내용이 그 소화효소 유전자의 비암호화 부위와 너무나 비슷한 것을 보면, 결빙방지 유전자가 그 소화효소의 일부 암호화 부위뿐 아니라 이웃하는 유전암호의 일부도 가져온 것이 분명하다.

북극지방의 어류도 얼음장 같은 물에서 잘 살며, 혈류와 세포조직에 결빙방지 단백질이 존재한다. 또한 북극어류의 결빙방지 단백질들도 트레오닌-알라닌-알라닌 또는 트레오닌-프롤린-알라닌 서열이 반복되는 구조를 하고 있다. 물론 간단히 생각하면, 남극 어류와 북극 어류의 공통조상이 이 단백질을 발명했으며 각각의 종들은 이 조상에게 결빙방지 능력을 물려받았다고 볼 수도 있다.

하지만 결빙방지 단백질의 비슷한 구조는 속임수이다.

북극 어류의 결빙방지 단백질은 남극 어류의 결빙방지 단백질과는 다른 시기에 다른 길을 통해 진화했다. 여러 증거들로 이를 확인할 수 있다. 우선 어류의 계통수를 보면, 북극 어류와 남극 어류는 유연관계가 멀며 다른 목에 속한다. 둘째, 북대서양과 북태평양의 결빙은 비교적 최근인 약 250만 년 전에 일어났기 때문에, 약 1천만 년에

서 1천4백만 년 전에 수온이 어는점까지 떨어진 남대서양의 경우와
는 결빙방지 단백질의 진화를 이끈 힘이 다르다는 것을 알 수 있다.
물론 이 사실만 놓고 보면 일부 남극 어류가 북쪽으로 이주해 북극의
친척을 만들어냈을 가능성도 없진 않다. 하지만 DNA에서 결빙방지
단백질의 기원을 추적해보면 그렇지 않다는 것을 금방 알 수 있다.

북극 어류의 결빙방지 단백질이 별도의 기원을 갖고 있음을 암시
하는 두 가지 중요한 단서가 있다. 첫째, 북극 어류의 결빙방지 단백
질 유전자에서는 남극 어류의 결빙방지 단백질 유전암호의 유래로
지목된 소화효소 유전자와 비슷한 부분을 전혀 찾을 수 없다. 두 번
째 증거는 더욱 결정적인데, 두 결빙방지 단백질이 완전히 다른 과정
으로 만들어진다는 점이다. 남극 어류에서 트레오닌-알라닌-알라닌
또는 트레오닌-프롤린-알라닌 반복 서열은 군데군데 배열되어 있
고, 그 중간 중간에 류신-이소류신-페닐알라닌 서열이 끼어들어가
있다. 이 스페이서spacer들은 결빙방지 단백질을 더 작은 단위인 결
빙방지 펩티드로 끊어주는 위치들이다. 북극 어류에서는 스페이서가
전혀 다른 서열로 이루어져 있으며, 관여하는 효소도 다르다. 이렇듯
두 결빙방지 펩티드는 놀랍도록 비슷하지만, 기원이 분명히 다른 상
이한 내부 스페이서를 지닌 단백질에서 생산된다. 둘은 상동구조가
아니라 상사구조이다.

북극과 남극의 결빙방지 펩티드 서열에 일어난 놀라운 수렴은 어
류의 결빙방지 능력에 자연선택이 작용했다는 분명한 증거이다. 광
범위한 생화학 연구들은 결빙방지 펩티드가 얼음결정에 달라붙어 결
정의 성장을 막는다는 것을 밝혀냈다. 이 펩티드들은 트레오닌을 경
유해 탄수화물과 결합하며, 탄수화물은 얼음결정과의 상호작용에 중

요한 구실을 한다. 트레오닌-알라닌-알라닌의 단순 반복은 얼음결정의 규칙적으로 반복되는 구조와 상호작용하기에 안성맞춤인 구조인 듯하다. 남북극 어류의 결빙방지 단백질의 수렴진화는 이런 반복 서열과 결빙방지 기능을 생산하는 데에는 한 가지 이상의 길이 있음을 보여준다.

한편, 기원은 다르지만 놀랍도록 유사한 구조를 갖는 결빙방지 단백질들을 보면서 과연 분자가 비슷한 기능을 가지려면 반드시 비슷한 서열을 가져야 하는가 하는 의문이 든다.

이 수수께끼에 답을 하기 전에, 문제를 하나 내겠다. 자연에서 발견되는 작은 단백질 네 가지의 아미노산 서열이 아래에 있다. 서열을 자세히 들여다보라(스무 개의 아미노산 각각을 알파벳 약자 하나로 표시했다).

1. VCRDWFKETACRHAKSLGNCRTSQKYRANCAKTCELC
2. ZFTNVSCTTSKECWSVCQRLHNTSRGKCMNKKCRCYS
3. CRIONQKCFQHLDDCCSRKCNRFNKCG
4. ZPLRKLCILHRNPGRCYQKIPAFYYNGKKKQCEGFTWSG
   GCCGGNSNRFKTIEECRRTCIRKD

어떤 비슷한 점이 있을까?

모르겠다고?

낙담할 필요는 없다. 내 눈에도 비슷한 점은 보이지 않으니까. 하지만 이들은 뭔가 공통점이 있다.

단서를 하나 주겠다. 네 번째 단백질은 뱀이 만드는 단백질이다. 나는 평생 뱀에 지대한 관심을 가져왔고, 흥미로운 종들이 사는 장소에 갈 때면 반드시 뱀을 찾아 나선다. 이 단백질의 서열은 나를 공포에 질리게 했던 유일한 뱀의 것이다. 내가 케냐의 바링고 호수 근처에 있는 작은 파충류 수집센터를 방문했을 때였다. 사육사 한 명이 내게 보여주기 위해 2.7~3미터 길이의 마구 날뛰는 블랙맘바를 기꺼이 꺼내왔다. 블랙맘바는 대단히 빠르고 날쌨다. 나는 계속 뒤로 물러섰지만, 사육사는 그 녀석을 점점 가까이 들이밀었다.

사육사가 자칫 실수라도 했더라면 그도 나도 무사하지 못했을 것이다. 블랙맘바한테 물리면 30분 내로 죽는다. 블랙맘바의 독에는 강력한 신경독들(주요 신경독 하나의 아미노산 서열이 앞 목록의 네 번째 서열이다)이 들어 있다. 이 신경독은 칼륨 채널을 막음으로써 먹이를 죽인다. 칼륨 채널은 뉴런과 근육으로 전달되는 전기신호 발생에 매우 중요한 구실을 하기 때문에, 칼륨 채널이 막히면 신경과 근육 기능이 정지된다. 블랙맘바에게 물리면 신경과 근육에 문제가 일어나고, 즉시 치료하지 않으면 호흡 마비로 사망한다.

목록에 있는 나머지 세 단백질들도 칼륨 채널 방해 물질로서 다른 독에서 발견된다. 놀라운 이야기는 이제부터다. 첫 번째 단백질은 말미잘의 것이고, 두 번째 단백질은 전갈의 것이며, 세 번째 단백질은 청자고둥의 것이다. 블랙맘바를 포함한 이 동물들은 서로 다른 동물문에 속한다. 말미잘은 자포동물, 전갈은 절지동물, 청자고둥은 연체동물, 뱀은 척추동물이다. 이 독들은 따로따로 진화했으며, 서로 다른 분자구조로 먹이의 칼륨 채널을 막는다. 네 가지 독은 서로 다른 분자들로서 기원이 다르지만, 먹이를 죽이는 공통의 목적을 가지고 있다.

이 독들의 진화, 그리고 이 장과 앞의 장들에서 본 반복되는 진화의 사례들이 인상 깊지 않는가. 아니 눈부시지 않는가! 나는 이 이야기들이 자연에서 진화가 어떻게 작동하는지를 너무나도 잘 보여주는 중요한 사례들이라고 생각한다. 이 사례들의 특별한 의미는 두 가지 요소에서 나온다. 그것은 반복과 '디테일'이다.

옛 라틴어 속담에서 유래한 이런 말이 있다. 'repetitio est mater doctrinae.' '반복은 학습의 어머니'라는 뜻이다. 교육에 대한 이야기지만 과학에서도 통한다. 종의 적응을 보여주는 개별 사례들도 유용한 정보를 제공하지만, 같은 사건이 때때로 정확한 '디테일'까지 반복되는 사례들은 비슷한 힘이 주어지면 비슷한 결과가 나온다는 것을 가르쳐준다. 진화는 대단히 반복적이다.

지금까지는 진화의 반복이 '어떻게' 이루어지는지를 이야기했다. 즉, 비슷한 적응을 만들어내거나 비슷한 형질이 사라질 때 일어나는 단계들을 살펴보았다. 이제부터는 '왜'라는 질문에 대답할 차례다. 진화는 왜 반복되며 왜 반복될 수 있을까? 답은 진화의 세 가지 핵심요소—기회, 선택, 시간—와 2장에서 설명했던 진화의 대수학 속에 있다. 이 대목에서는 수학이 다소 헷갈릴지도 모르지만(아니 처음부터 헷갈렸을 수도 있지만), 세 가지 요소의 상호작용과 이 상호작용이 DNA의 내용에 남긴 흔적을 보면, 왜 같은 사건이 거듭해서 일어나고 또 일어날 수 있는지를 정확히 알 수 있다.

기회, 필요, 그리고 '최적자'(다시) 만들기

2장에서 진화의 핵심요소들을 살펴볼 때는 아직 우리가 DNA에서 진화의 단계들을 추적하기 전이었다. 우리는 이제까지 옵신, 리보뉴클레아제, MC1R, 갈락토오스 효소의 진화가 반복해서, 때로는 유전암호의 같은 변화를 통해 일어났음을 확인했다. 2장에서 이론에 '불과했던' 것이 가장 근본적인 수준—DNA 텍스트의 개별 요소들—의 종 연구를 통해 확인되었다.

이 장의 이야기들이 뜻하는 바를 다음과 같이 진화의 세 구성요소에 대한 일반진술로 정리할 수 있다.

ⅰ. 충분한 **시간**이 주어지면
ⅱ. 똑같거나 상응하는 돌연변이가 우연한 **기회**에 반복적으로 일어나며,
ⅲ. 돌연변이의 운명(보존 또는 제거)은 영향을 받은 형질이 처한 **선택**의 조건들에 따라 결정된다.

이 장의 나머지 부분은 위 진술들을 중심으로 풀어가겠다. 나는 진화가 반복될 수 있으며 실제로 반복되고 있다는 사실을 보여주기 위해 돌연변이에 대한 실제 수학, 종을 다룬 실제 생물학, 이 장과 앞의 장들에서 소개한 실제 사례들을 이용할 것이다. 무작위 돌연변이, 자연선택, 충분한 시간이라는 요소를 모두 더했을 때 생물학적 진화가 아주 쉽게 설명된다는 것을 수학계산과 DNA 기록에서 나온 사실들이 분명히 보여줄 것이다.

증명하는 과정에서 무지막지하게 큰 수치들이 나올 것이다. 미리 말해두는데, 그 숫자들을 보며 때때로 '도저히 불가능한 일이야' 하고 생각할지도 모른다. 실제로 진화를 부인하는 사람들이 다윈주의 진화가 불가능함을 입증하기 위해 흔히 쓰는 수법이 수학적 분석을 들이미는 것이다. 그러나 이들의 주장에는 **항상** 한두 가지 중요한 요

인들이 빠져 있다. 모든 요인들을 계산에 넣으면, DNA의 특정 변화를 통한 진화는 좀 그럴 법한 일이 아니라 아주 그럴 법한 일임을 알게 될 것이다.

기회 : '똑같거나 상응하는 돌연변이가 우연한 기회에 반복적으로 일어난다'

조류에서 자외선 시각이 진화한 사례로 이야기를 시작해보자. 서로 다른 네 개의 목에 자외선을 감지하는 종과 보라색을 감지하는 종이 둘 다 존재한다. 즉 자외선을 감지하는 능력과 보라색을 감지하는 능력의 전환이 적어도 네 차례 독립적으로 진화했다는 얘기다. 자외선 시각과 보라색 시각의 차이는 언제나 짧은 파장을 흡수하는 옵신(SWS 옵신)의 90번 자리에 있는 아미노산과 관련이 있다. 이 위치에 세린이 있는 새는 보라색에 감응하고, 시스테인이 있는 새는 자외선에 감응한다.

이 아미노산은 조류의 SWS 옵신 유전자의 268~270번 자리에 놓이는 세 염기가 지정한다. 조류의 SWS 옵신 유전자 내용을 자세히 살펴보면 세린과 시스테인의 차이는 표 6.1에서와 같이 DNA의 268번 자리에 있는 한 개의 염기 때문임을 알 수 있다.

금화조, 재갈매기, 레아, 사랑앵무는 각각 다른 목에 속한다. 이 새들 모두는 옵신의 268번 염기가 똑같이 A에서 T로 바뀌어 있지만, 각각의 사건은 네 차례에 걸쳐 따로 일어난 것이 분명하다.

정확히 똑같은 돌연변이가 다른 종에서 일어날 확률은 얼마나 될까? 자, 이제 수학이 등장할 차례다.

표 6.1. 자외선에 감응하는 옵신의 반복 진화

종	DNA 서열	아미노산	보라색 시각 또는 자외선 시각
금화조	TGC	시스테인	자외선
오리	AGC	세린	보라색
재갈매기	TGC	시스테인	자외선
바다쇠오리	AGC	세린	보라색
타조	AGC	세린	보라색
레아	TGC	시스테인	자외선
사랑앵무	TGC	시스테인	자외선

DNA의 한 염기에 돌연변이가 일어날 확률은 대부분의 동물(물고기에서부터 인간까지)에서 약 5억분의 1이다. 즉, 조류의 SWS 옵신 유전자 한 개에서 정확히 268번 자리에 있는 염기 A의 돌연변이는 평균 5억 마리의 자손 가운데 한 마리꼴로 일어난다는 얘기다. 그런데 SWS 옵신 유전자는 두 개가 있으므로, 이 평균값*은 2.5억분의 1로 준다. 하지만 268번 자리에는 세 종류의 돌연변이가 일어날 수 있다. A에서 T, A에서 C, 그리고 A에서 G. 유전암호에 따르면 A에서 T로 가는 돌연변이만이 자외선 시각으로 바꾸는 시스테인을 만들어낸다. 이 자리에 생길 수 있는 세 가지 돌연변이 중 한 경우에만 원하는 변화가 일어나기 때문에 각 돌연변이가 일어날 확률이 비슷하다면 (사실은 그렇지 않지만 여기서 사소한 차이는 무시할 수 있다), A에서 T로

● 나는 '평균값'을 사용해 수학을 단순화했다. 이것이 공식적인 확률은 아니다.

가는 돌연변이는 대략 7억 5천만 마리 가운데 한 마리꼴로 일어난다.

가망이 없어 보인다고?

그렇지 않다. 이 수치를 해마다 태어나는 자손의 수로 나눠야 한다. 장기간의 개체군 연구에 따르면 대부분의 종은 1백만 마리에서 2천만 마리가 넘는 개체를 보유한다. 연간 번식률을 따져보면 재갈매기 같은 수많은 종이 1년에 적어도 1백만 마리의 자손을 낳는다(이것도 아주 최소한으로 잡은 수치이다). 이 수치를 7억 5천만분의 1의 돌연변이율로 나눠보자. 그러면 세린이 시스테인으로 바뀌는 돌연변이는 750년마다 한 번 꼴로 일어날 수 있다. 인간의 시간관념으로는 이것도 오랜 시간일 테지만, 우리는 보다 긴 시간척도에서 생각할 필요가 있다. 진화의 시간척도에서 1만 5천년은 아주 짧은 시간인데, 이 시간에 이 돌연변이가 재갈매기 한 종에서만 스무 번 일어난다.

네 종류의 조류가 속한 네 목은 아주 오래 전에 생겼다. 이들의 조상들은 수천만 년 전에 자외선 시각 또는 보라색 시각을 진화시켰다. 재갈매기에서 계산한 비율로 따지면, A에서 T로 가는 돌연변이는 한 종에서만도 1백만 년에 1,200번이 넘게 일어난다. 이제 실감이 나는가?

그러면 진화적 변화가 그렇게 정확할 필요가 없는 경우라면 어떨까? 앞에서 MC1R 유전자의 서로 다른 위치에 일어난 돌연변이가 흰기러기, 북극도둑갈매기, 바나나퀴트의 어두운 형태와, 몇몇 다른 종의 어두운 몸 색깔에 관여한다는 이야기를 했다(나는 MC1R이 관장하는 변이들을 갖고 있는 동물종이 매우 많을 것이라고 확신하지만, 여기서는 생물학자들이 지금까지 연구한 소수의 종만 가지고 이야기하겠다). 우리가 이미 알고 있는 사실에 따르면 털, 깃털, 비늘을 어두운 색으로 만들도록 MC1R 유전자에 돌연변이가 일어나는 방법에는 적어도 열 가지가 있다. MC1R 유전자의 열 개 표적 부위에 똑같은 돌연변이율(모든 유전자 텍스트는 똑같이 돌연변이가 일어날 수 있으므로)을 적용하면, MC1R에 의해 검은색 변이가 유발될 확률은 얼마나 될까? SWS 옵신에 똑같은 변화가 일어날 확률보다 열 배가 높다. 그러므로 7천5백만 마리 중 한 마리가 검은색으로 태어날 것이다. 한 종에서 단위시간당 검은 변이가 생기는 빈도는 태어나는 자손의 비율에 따라 달라진다. 1년에 75만 마리의 자손을 생산하는 종이라면 검은 변이가 백 년마다 한 마리씩 나온다(1백만 년이면 10,000마리의 검은 변이가 나온다). 1년에 750만 마리의 자손을 생산하는 종에서는 새로운 검은 변이가 10년마다 한 마리씩 태어난다. 1년에 겨우 7만 5천 마리의 자손만을 생산하는 종에서도 1,000년마다 한 마리는 검은 변이가 나온다.

그래도 검은 쥐, 검은 새, 검은 도마뱀이 똑같은 유전자에 돌연변이를 갖고 있다는 사실이, 몇몇 종에서 MC1R 유전자에 정확히 똑같은 변화가 일어난 것이 놀라운가?

화석 유전자는 어떨까? 이들이 진화하기 어려울까, 쉬울까? **매우** 진화하기 쉽다. 새로운 기능을 갖도록 유전자를 바꾸는 방법은 상대적으로 적은 반면, 유전자를 망가뜨리는 방법은 **많다**. 전체 염기의 약 5퍼센트만 바뀌면 유전자는 제 기능을 못한다. 이런 간단한 '오타'뿐 아니라, 3의 배수가 아닌 수로 염기삽입이나 결실이 일어나도 유전자 내용이 훼손된다. 몇 개의 염기가 삽입되거나 빠지는 일은 제법 흔하다. 이 모든 비율을 고려하면 한 유전자를 망치는 것은 특정 염기에 정확한 돌연변이를 만들어내는 것보다 50에서 100배는 '더 쉽다'(더 가능성이 높다). 앞에서 한 것과 똑같은 수학을 적용하면, 약 2백만 마리 중 한 마리는 새로운 잠재적인 화석 유전자를 가지고 탄생한다.

표 6.2를 보면, 정확한 돌연변이뿐 아니라 화석 유전자가 번식률에 따라 얼마나 자주 일어날 수 있는지 짐작할 수 있다.

표 6.2 1백만 년 동안 한 유전자에 비슷한 돌연변이가 얼마나 자주 일어날까?			
	동일한 변화를 일으키는 돌연변이 자리의 개수		
번식률(연간)	1	10	100
12,000	10	100	1,000
120,000	100	1,000	10,000
1,200,000	1,000	10,000	100,000

이 표를 참고로 이제 오늘날 지구상에 약 1만 종의 조류가 살고 있음을 떠올려보라. 이 숫자들을 보면, 희귀종을 뺀 모든 현생 종에서 똑같은 돌연변이가 반복하여 일어나고 있으며, 그들의 멸종한 조상들에서는 셀 수 없이 일어났다는 것이 너무나 확실하지 않은가.

이 이야기는 조류의 진화에만 해당되는 게 아니다. 수많은 동물 집단들이 조류와 비슷한 수준의 개체군 크기와 번식률을 가지고 있고, 조류를 능가하는 집단도 많다. 어류, 곤충, 갑각류와 같이 개체군 크기가 엄청난 집단의 경우는 굳이 계산해보지 않아도 똑같은 돌연변이가 매우 자주 일어났으리라는 것을 짐작할 수 있다.

하지만 돌연변이가 엄청나게 자주 일어난다 하더라도, 새롭고 '유용한' 돌연변이가 보존되느냐 그냥 사라지고 마느냐는 또 다른 문제다. 일단 최초의 몇 세대에서 우연한 소실을 피해야 하며, 그 다음부터는 '선택'의 문제로 넘어간다.

선택: '운명은…… 영향을 받은 형질이 처한 선택의 조건들에 따라 결정된다'

우리는 앞선 네 장에 걸쳐 자연선택이 작용하고 작용하지 않음에 따라 DNA 정보가 어떻게 보존되고, 확장되고, 변형되고, 파괴되는지를 보았다. 나는 자연선택의 세 가지 조건에 따라 DNA 내용의 운명이 어떻게 엇갈리는지를 설명했다. 3장에서는 오랜 시간에 걸친 꾸준한 돌연변이의 타격 속에서도 DNA의 내용을 보존하는 정화 선택의 힘을 보았다. 4장에서는 자연선택이 중복된 유전자와 그 유전자의 미세조정에 관여해서 옛 DNA에서 새로운 정보와 형질을 빚어내는 모습을 보았다. 5장에서는 유전자를 보존하는 자연선택이 없을 때 DNA 내용이 어떻게 파괴되고 소멸하는지를 목격했다. 그리고 지금 이 장에서는 똑같거나 상응하는 변화가 DNA에서 반복해서 일어나며 반복해서 선택될 수 있다는 것을 보았다(선택이 느슨할 경우에는 '선택되는' 것이 아니라 '허용되는' 것이다).

DNA의 차원으로 내려가면 선택은 개별 유전자의 여러 변이들의 운명에 영향을 준다. 한두 개의 염기가 다른 두 서열 A와 B가 있을 때, A와 B의 운명은 선택의 조건에 따라 세 가지가 있을 수 있다. 서열 A가 서열 B보다 개체의 생존이나 번식에 더 크게 기여하면 서열 A가 선택되고, 반대로 서열 B가 생존율이나 번식률을 더 높이면 B가 선택된다. 나머지 두 가능성은 A와 B가 능력이 같거나, 생존 또는 번식에 별 영향을 주지 않는 형질에 관여하는 경우이다. 이 경우 서열 A와 B의 빈도는 각 형태를 지닌 개체 수의 무작위적인 변동에 따라 '부동浮動' 한다.

따라서 모든 새로운 돌연변이는 다음 세 가지 운명 가운데 하나에 처한다. 선택에 의해 적극적으로 보존되거나, 적극적으로 거부되거나, 그냥 방치되거나. 예를 들어 268~270번 염기 자리에 AGC가 있는 SWS 옵신 유전자를 가지고 있는 새는 보라색 파장을 볼 수 있다. 세 염기 중 하나의 돌연변이를 통해 이 서열이 바뀌는 방법은 아홉 가지가 있다.

원래상태	AGC ⟶ 세린		보라색 시각
270번 염기에 일어나는 돌연변이	AGT ⟶ 세린		보라색 시각
	AGA ⟶ 아르기닌		?
	AGG ⟶ 아르기닌		?
269번 염기에 일어나는 돌연변이	ACC ⟶ 트레오닌		?
	ATC ⟶ 이소류신		?
	AAC ⟶ 아스파라긴		?
268번 염기에 일어나는 돌연변이	TGC ⟶ 시스테인		자외선 시각
	GGC ⟶ 글리신		?
	CGC ⟶ 아르기닌		?

만일 선택이 작동하지 않는다면, 우리는 조류의 옵신에서 아홉 가지 변이를 모두 볼 수 있을 것이다. 하지만 35개 과의 45개 종을 조사한 결과, **모든** 종이 이 자리에 세린 아니면 시스테인을 갖고 있었다. 이와 같은 패턴이 무작위로 일어날 확률은 아주 아주 적다. 다시 말하면, 이 자리에 일어난 나머지 변화들은 조류가 진화하는 동안 거듭해서 모조리 제거되었다는 뜻이다. 이것이 바로 자연선택의 위력이다.

간단한 통계로도 DNA의 변화 패턴이 무작위적이지 않음을 짐작할 수 있지만, 수학 말고도 선택이 특정한 방식으로 작동하고 있는지 아닌지를 알아볼 방법이 있다. 실험실에서 실험을 해보고 종의 생리 기능을 조사하는 것이다. 이것을 DNA 분석결과와 더하면 완전한 내막이 드러난다. 이 사례의 경우, 표적 위치에 시스테인이 있는 조류들은 자외선 시각을 갖는 반면, 세린을 갖고 있는 종은 자외선 파장을 감지할 수 없는 옵신을 갖는 것으로 밝혀졌다. 시스테인과 세린이 선택적으로 출현하는 것을 해명할 길은 오직 자연선택과 성선택뿐이다. 또 이 위치에 시스테인이 반복하여 진화한 것에 대한 최선의 설명은 자외선 시각을 선호하는 비슷한 조건이 조류의 서로 다른 목, 과, 종에 계속해서 존재해왔다는 것이다.

마찬가지로 고함원숭이의 삼원색 시각, 새김질동물의 리보뉴클레아제, 조류, 파충류, 포유류의 어두운 몸 색깔, 차가운 물에 사는 어류의 결빙방지 단백질, 강력한 신경독소의 수렴 진화도 비슷한 조건에서 비슷한 형질이 거듭하여 선택된 결과라고밖에는 달리 설명할 길이 없다.

결빙방지 단백질이나 먹이를 죽이는 독의 이점은 명백하다. 한편 이들의 진화는 선택이 있는 재료를 어떻게 활용하는지를 잘 보여준다. 선택은 완전히 다른 두 가지 유전암호에서 거의 똑같은 두 개의 결빙방지 단백질을 빚어냈으며, 수많은 다른 재료를 가지고 치명적인 독을 만들어냈다. 필요는 분명 발명의 어머니였지만, 발명품을 탄생시킨 것은 무작위적인 돌연변이와 선택의 협업이었다.

그렇지만 생활양식의 변화로 인해 어떤 형질이 불필요해지면, 선택은 관련 유전자를 모른 척한다. 그러면 이 유전자를 망가뜨리는 돌연변이들이 유전암호의 여기저기에 누적된다. 우리는 척추동물에서

SWS 옵신이 적어도 다섯 차례, 다섯 가지 길을 통해 망가진 사례를 보았고, 갈락토오스 대사경로를 이루는 일곱 개 유전자가 효모에서 적어도 세 차례 파괴된 일을 목격했다. 역시, 비슷한 조건(불필요함)이 비슷한 결과를 만들어낸 것이다.

잠재적으로 '유용한' 돌연변이라 해도 생길 때마다 종 안에 퍼질 수 있는 것은 아니다. 사실 대부분의 새로운 돌연변이는 유의미한 빈도에 이르기 전에 우연히 사라진다. 새 돌연변이의 아주 일부만이, 그 돌연변이가 개체에게 부여하는 이점의 크기에 따라, 선택에 의해 퍼져나간다. 돌연변이의 반복 출현을 보여주는 표 6.2의 수치들은 돌연변이의 빈도가 진화를 위한 충분한 기회를 제공한다는 것을 잘 보여준다. 설사 그러한 기회를 어쩌다 한 번씩만 잡을 수 있다 하더라도 말이다.

또 한 가지 기억해야 할 중요한 사실은 같은 종이라도 다양한 환경에 사는 경우가 많기 때문에 한 돌연변이가 어떤 지역에서는 환영받는 반면 다른 지역에서는 내쫓기거나 방치되기도 한다는 것이다. 그 결과 바위주머니생쥐, 재규어, 흰기러기 같은 종에서처럼 서식지에 따라 다양한 변이가 존재하게 된다. 나는 새로운 돌연변이가 얼마나 자주 일어나는지 묘사했지만, 보통은 한 유전자의 적어도 두 형태가 한 개체군 또는 종에 상당한 빈도로 존재한다. 이때 진화는 새로운 돌연변이를 '기다리는' 문제가 아니라, **조건의 변화에 따라 어느 형태를 더 늘리고 줄이느냐**의 문제다. 2장에서 보았듯이 선택은 생각보다 빨리 일어나기에, 특정 형질이 한 번 생기면 거침없이 퍼지거나 금세 사라질 수 있다.

거의 2천 년 전에 작가이자 철학자로 활동한 플루타르코스는 저서 『세르토리우스의 일생』에서 마치 진화의 본질과 반복 가능성을 묘사하는 듯한 말을 했다(이 장의 맨 앞에 인용해놓았다). 그는 주어진 시간의 충분함('오랜 시간'), 우연성('운명'), 가용할 재료의 수와 다양성('다루는 대상의 수와 종류가 무한히 많으면')의 효과를 예리하게 포착하고, 역사가 반복된다는 결론을 내렸다('수많은 우연의 일치가 일어난다'와 '비슷한 결과를 초래한다').

플루타르코스는 역사의 확률적인 측면을 적절히 묘사했지만, 진화 과정에 존재하는 결정적 순간—선택의 힘—은 놓쳤다. DNA가 무작위로 뒤섞이는 과정에서 일어나는 무수한 사건들 가운데서 선택은 대다수를 솎아내고 단 몇 개만을 점찍는다. 최적자 만들기는 단지 우연한 기회의 문제가 아니라, 위대한 생물학자 자크 모노가 30여 년 전에 말했듯이 **기회와 필요**의 문제다.● 형질의 반복된 진화는 같은 돌연변이가 일어날 확률과 선택이 작용하는 조건의 유사성, 이 두 가지 힘의 산물이다.

2장에서 진화의 대수학을 이론적으로 따져본 이후 우리는 먼 길을 달려왔다. 그런데 이쯤에서 여러분은 이런 궁금증이 들지도 모르겠다. "쥐와 효모, 쇠앵무는 그럴 수 있어. 하지만 사람도 그럴까?"

기회와 필요의 상호작용은 먼 과거나 '하등한 종'만의 일이 아니다. 지금부터 우리 종에서 실시간으로 일어나고 있는 돌연변이와 선택을 보여주겠다. 다음 장이 바로 그 이야기이다.

● 자크 모노의 유명한 책은 『우연과 필연 *chance and necessity*』이라는 제목으로 잘 알려져 있지만 본문에서는 맥락에 맞춰서 '기회 chance'와 '필요 necessity'로 옮겼다(옮긴이).

대단히 강력한 독을 가지고 있는 오리건의 캘리포니아영원   사진:스티븐 홀트.

우리의 살과 피 : 진화적 군비경쟁,
인류의 자연선택

• • • • • • • • • • • •

> 인간의 치명적인 적은 다른 대륙에 사는 사람들이나 다른 인종이 아니다. 그 적은 인간
> 의 통제력을 약화시키거나 방해하는 물리적 세계의 한 측면인 병균이다. 인간, 인간이
> 기르는 식물과 동물, 이 병균들을 데리고 다니는 곤충을 공격하는 병균 말이다…….
>
> **W. C. 앨리, 「곤충들의 사회생활」(1939년)**

사람들이 죽기 전에 마지막으로 가장 많이 하는 말 중에 '너희들 내가 하는 거 잘 보고, 술 살 생각들이나 하라고!'가 있다는데…….

다른 사람은 몰라도 1979년에 오리건의 한 불행한 청년은 정말 그렇게 말했을 것 같다. 평소 건강했던 스물아홉 살짜리 청년은 술을 잔뜩 퍼마신 후 친구들 앞에서 괜한 호기로 20센티미터 길이의 영원이란 동물을 한 마리를 삼켰다. 10분도 지나지 않아 청년의 입술이 실룩거렸다. 그 뒤 차츰 몸에 감각이 없어지면서 힘이 빠지기 시작했다. 그는 친구들에게 죽을 것 같다고 말했다. 하지만 끝내 병원에 가지 않겠다고 버티다가 곧 심장이 멎은 상태가 되었다. 심장박동은 되돌렸지만 모든 의료행위는 실패했고, 그는 24시간을 못 넘기고 사망했다. 영원 중독으로 죽었다고 보고된 최초이자 유일한 사람이며, 인

간의 유전자 풀에서 자신의 유전자를 자발적으로 제거한 이 식도락 선구자를 나는 다윈상 후보로 추천하는 바이다●

순하고 부들부들하고 끔찍이 귀여운 영원은 그다지 무서워 보이지 않는다. 하지만 오리곤 남자가 삼킨 캘리포니아영원 *Taricha granulosa*은 자칫 우습게봤다가는 큰코다친다. 몇 사람은 거뜬히 죽일 수 있는 분량의 테트로도톡신TTX이라는 독이 피부에 들어 있기 때문이다. 테트로도톡신은 신경 기능에 매우 중요한 또 다른 이온 채널인 '나트륨 채널'을 막는 치명적인 방해자이다. 테트로도톡신은 마비, 호흡곤란, 비정상적인 심장박동을 유발하며, 치사량을 먹으면 사망한다. 이 독은 복어를 먹는 아시아에서는 복어독으로 훨씬 유명하다. 복어에도 치사량의 테트로도톡신이 들어 있다. '전문' 요리사가 복어독을 삼키지 않고 복어의 놀라운 풍미를 즐길 수 있도록 요리를 해주지만 1974년에서 1983년까지 일본에서 646건의 복어복 중독 사례가 보고되었으며, 그 가운데 179명이 사망했다.

왜 무게가 고작 14그램인 영원 한 마리가 77킬로그램씩 나가는 사람을 죽일 정도의 독을 지니고 다니는 걸까? 그 오리건 남자는 물론 어리석어서 죽었지만, 원인을 파고들면 진화적 '군비경쟁'의 희생자였다. 영원은 흔한 가터뱀인 탐노피스 시르탈리스 *Thamnophis sirtalis*와 영원토록 사활이 걸린 전투를 해야 하는 신세다. 영원은 황소개구리를 비롯한 다른 동물들의 목구멍으로 넘어가고 나서도 무사

● 웬디 노스컷이라는 여성이 전 세계 네티즌들로부터 온라인 추천을 받아 수상자를 선정하는 다윈상은 무모하고 바보 같은 행동으로 스스로 목숨을 잃은 사람에게 주어지는 상이다. 이 상의 수여 이유는 '인류의 유전자 풀에서 자신의 어리석은 유전자를 제거함으로써 인류의 진화에 이바지한 것을 기리기 위해서'라고 한다(옮긴이).

히 몸 밖으로 빠져나갈 수 있지만, 유일하게 영원의 테트로도톡신에 저항성을 갖고 있다고 알려진 포식자가 바로 탐노피스 시르탈리스이다.

저항성의 정도는 가터뱀의 개체에 따라 차이가 난다. 마찬가지로 테트로도톡신 생산량도 영원의 개체들 간에 차이가 있다. 가터뱀과 영원의 개체군들끼리도 저항성과 독성의 수위의 차이를 보인다. 포식자와 먹이에 존재하는 변이는 '공진화' 군비경쟁의 바탕이 된다. 즉 선택이 점점 더 저항성이 강한 가터뱀과 독성이 강한 영원을 선호한다는 얘기다. 진화 과정을 통해 군비경쟁에 불이 붙으면, 그 결과로 웬만한 포식자들은 거뜬히 죽이는 엄청난 독성을 지닌 영원과, 그런 영원을 먹어도 아무렇지도 않을 만큼 강한 저항성을 지닌 가터뱀이 탄생한다.

군비경쟁은 진화의 빨리감기 모드이다. 당사자들에 대한 강도 높은 선택이 진화적 변화의 속도를 가속화하기 때문에, 생물학자들은 진화 과정에 있는 종을 포착할 수 있다.

영원을 삼키려고 시도한 모든 가터뱀들은 테트로도톡신 중독의 몇 가지 징후를 보인다. 머리를 잘 가누지 못하고, 축 늘어져 자세를 바로잡지 못한다. 실험실 연구에서, 대부분의 뱀들은 영원을 뱉어내고 회복을 한다. 먹이를 통째로 삼킬 만큼 몸집이 커다란 뱀들조차도 독에 마비되고 굴복한다. 오직 극소수만이 무사히 영원을 잡아먹을 수 있다.

이쯤에서 여러분은 이런 궁금증이 들지도 모른다. 왜 이 가터뱀들은 하필 그렇게 까다롭고 위험한 식사를 하려는 것일까? 답은 기름진 음식을 배터지게 먹는 사람들이 하는 얘기와 비슷하다. 불쾌한 기분을 잠시 참으면 많이 먹을 수 있다는 것. 저항성이 강한 뱀들은 영원을 먹을 수 있지만 그렇지 않은 뱀들은 먹을 수가 없다. 먹으면 좀 어질어질하겠지만, 아예 안 먹는 것보다는 낫다. 저항성은 유전되기 때문에, 자손들도 저항성이 약한 경쟁자들에 비해 '이득'을 누릴 것이다. 아마도 소풍에서 마시멜로와 젤로 샐러드를 둘러싼 풍경과 비슷하지 않을까. 나는 속이 메슥거려 많이 못 먹지만, 대신 드물게 잘 먹는 몇몇은 양껏 먹게 될 것이다.

만일 영원이나 복어가 우리 식탁에 날마다 오르는 주메뉴였다면, 우리도 그들과 진화적 군비경쟁을 벌였을 것이다. 영원을 먹은 오리건 남자에게는 안타깝게도, 우리는 그렇지 않다. 그렇지만 우리 인간들은 다른 치명적인 적들과 진화적 군비경쟁을 해왔고, 지금도 그렇다. 이 전투들 가운데 몇몇은 인간 종의 유전적 구성에 강한 흔적을 남겼다. 게다가 몇몇 전투는 아직 승리를 거두지 못했다.

이 장에서는 현재진행형인 인간 — 우리의 살, 피, 그리고 DNA — 의 진화 과정을 살펴볼 것이다. 먼저, 우리의 물리적 환경이 인간의 진화와 유전자 구성에 어떤 영향을 미쳤는지를 살펴보겠다. 그런 다음에 감염원(병균)과의 진화적 군비경쟁이 인간의 역사와 유전자를 어떻게 바꾸어왔는지를 이야기하겠다. 우리 모두는 말라리아, 페스트, 매독 등 수많은 전염병을 이겨낸 최적자들의 후예이며, 우리의 몇몇 유전자에는 이 전투로 생긴 영광의 상처가 남아 있다. 마지막으로 암이 일종의 진화 과정을 통해 우리 몸에서 어떻게 생기는지, 그 과정을 알면 암과 싸우기 위한 새로운 무기를 설계하는 데에 어떤 도움이 되는지를 설명하겠다. 이 장에 나오는 예들에서 여러분은 변이와 경쟁이 있는 생명체라면 어디에서든 선택이 작동하고 있음을 보게 될 것이다. 또한 돌연변이와 선택이 그저 '이론'에 머무는 문제가 아님을 알게 될 것이다. 돌연변이와 선택은 죽느냐 사느냐에 관한 문제였고, 지금도 그렇다.

햇빛에 맞서다

지구촌 사람들을 구분하는 가장 명백한 특징 가운데 피부색이 있다. 피부색 차이는 선택으로 인한 진화의 산물일까? 아니면 '단지' 같은 지역에 사는 사람들 사이의 유연관계를 반영하는 것일까?

아주 오래 전부터 사람들은 이 질문을 궁금해했다. 실제로 사람의 피부색과 적응도에 대한 생각들은 다윈 이전부터 있었다. 다윈은 『종의 기원』을 쓸 때 그 사실을 몰랐지만, 미국에서 태어난 의사인 윌리엄 찰스 웰스는 이보다 40년쯤 일찍 자연선택의 기본원리를 놀랍도록 명료한 말로 표현했다. 게다가 그것을 인간의 다양성에 영향을 미치는 몇 가지 요인들과 결부시켰다.

웰스는 1757년에 사우스캐롤라이나에서 스코틀랜드 이민자의 아들로 태어났다. 그는 스코틀랜드에 가서 교육을 받고, 13살에 에든버러 대학교에 들어갔다. 하지만 얼마 후 1771년에 찰스턴으로 돌아와, 저명한 식물 수집가이자 칼 폰 린네의 추종자였던 알렉산더 박사 밑에서 수련의 생활을 시작했다. 수련을 끝낸 후 개업을 하고 고생을 좀 했지만, 그는 근육이 어떻게 수축하는지에 대한 연구에서부터 시력 문제의 치료에 이르기까지 다양한 과학적 공헌을 하며 크게 성공했다. 그는 또한 이슬이 어떻게 생기는지를 처음으로 정확히 설명하여, 이 업적으로 런던 왕립학회에서 수여하는 럼퍼드 메달을 받았다.

1813년에 그는 (당시의 스타일과 언어 그대로 표현하면) "피부의 일부가 흑인의 피부와 닮은 한 백인 여성에 대한 논고"●라는 제목의 논문 한편을 발표했다. 이 논문은 그가 죽고 나서 1818년에 자서전을 포함한 긴 저작^{그림 7.1} 속에 끼어 출판되었다. 웰스는 자신의 발견들을 단지 보고하는 것에 그치지 않고, "인류의 백인종과 흑인종이 피부색과 형태에서 차이가 나는 이유들에 대한 몇 가지 의견"도 제시했다.

웰스는 "흑인과 물라토"들이 특정 열대병들에 면역성을 지니고 있음을 지적했다. 또한 모든 동물들이 어느 정도 변이를 보이며, 육종가들이 선택을 통해 가축동물의 품종을 개량한다는 사실도 알았다. 그는 육종가들이 하는 일에 대해 예리한 지적을 하면서, 다윈의 지적 도약을 40년 먼저 이루어냈다.

자연에서 그 나라에 적합한 인류의 변종이 형성되는 것은, 비록 이 경우가 더 느리기는 하지만, 인위적으로 선택이 이루어지는 것과 효과가 같은 듯하다. 아프리카 중부 지방에 흩어져 살던 소수의 거주자들 사이에 우연히 인간의 몇몇 변종이 생겼다고 가정한다면, 그 가운데서 어느 종족은 다른 종족보다 풍토병을 견뎌내기에 더 적합할 수 있다. 따라서 이 종족은 번성할 것이며, 그 밖의 다른 종족들은 줄어들 것이다. 병을 견뎌낼 능력이 없을 뿐 아니라, 더 건강한 이웃 종족과 경쟁할 힘이 없기

● 이 논문에서 흑인을 지칭한 단어는 'negro'인데, 이 단어는 현대 영어에서는 흑인을 가리키는 경멸적인 의미로 쓰인다. 그러나 1800년대에는 그렇지 않았으므로 저자가 따로 괄호를 넣은 것이다(옮긴이).

TWO ESSAYS:

ONE

UPON SINGLE VISION WITH TWO EYES;

THE OTHER

ON DEW.

A LETTER

TO THE

RIGHT HON. LLOYD, LORD KENYON

AND

AN ACCOUNT

OF

A FEMALE OF THE WHITE RACE OF MANKIND,
PART OF WHOSE SKIN RESEMBLES THAT OF A NEGRO;

WITH

SOME OBSERVATIONS ON THE CAUSES OF THE DIFFERENCES IN
COLOUR AND FORM BETWEEN THE WHITE AND NEGRO
RACES OF MEN.

BY THE LATE WILLIAM CHARLES WELLS,
M.D. F.R.S. L. & E.

WITH

A MEMOIR OF HIS LIFE,

WRITTEN BY HIMSELF.

LONDON:

PRINTED FOR ARCHIBALD CONSTABLE AND CO. EDINBURGH,
LONGMAN, HURST, REES, ORME, AND BROWN,
AND HURST, ROBINSON, AND CO. LONDON.

1818.

그림 7.1. 1818년 사후 출간된 윌리엄 C. 웰스의 소책자의 권두 페이지 웰스는 자연선택의 개념을 최초로 정확하게 설명했다. 사진: 위스콘신 대학 도서관의 허락을 받아 실음.

때문이다. 이 건강한 종족의 피부색은 이미 말한 바와 같이 어두운 색일 것이다. 그러나 변종을 형성하는 동일한 경향이 계속 존재하므로, 시간이 흐름에 따라 점점 더 어두운 피부의 종족이 출현할 것이다. 또한 가장 어두운 피부색의 종족이 그 풍토에 가장 적합해질 것이므로, 그 종족이 생겨난 특정 지역에서는 결국, 그 종족이 유일하지는 않더라도 가장 우세한 종족이 될 것이다.

다윈은 『종의 기원』을 펴내고 몇 년 후 웰스의 저작을 알게 되었다. 이후 개정판에서 다윈은 "역사적 개관"이라는 장을 마련하여 『종의 기원』보다 먼저 나온 여러 진화 관련 저술들을 검토했다. 1866년에 나온 『종의 기원』의 4번째 개정판에서, 다윈은 웰스가 "자연선택의 원리들"을 "확실히" 인정했으며 "이것은 이 원리들에 대한 최초의 인정"이라고 평했다. 다윈은 웰스의 업적을 제대로 알아보았지만, 웰스는 피부색에 작용하는 선택을 과연 제대로 알았을까? 웰스의 가설을 평가하기 전에, 우리는 피부색의 생리학과 유전학을 살펴보고, 서로 다른 인종 집단의 유전자들을 면밀히 검토해보아야 한다.

피부(그리고 털)의 밝기나 진하기는 멜라닌이라는 색소의 상대적 양에 따라 결정된다. 멜라닌은 멜라닌 세포라고 하는 피부 안의 특수 세포가 만든다. 멜라닌 형성 과정의 생화학은 아주 잘 밝혀져 있다. 이 과정의 중심에는 앞에서 이미 만났던 멜라노코르틴-1 수용체 MC1R가 있다. 털, 깃털, 비늘의 색에 관여하던 그 수용체이다. 멜라닌 생산은 뇌하수체의 한 부분에서 만들어지는 호르몬인 α-멜라닌 세포 자극 호르몬 αMSH이 조절한다. 이 호르몬이 멜라닌 세포의 MC1R 수용체에 결합하여 멜라닌 생산을 촉진한다. 이렇게 생산된

멜라닌은 멜라닌 세포에서 피부 세포와 털로 전달된다.

멜라닌 합성의 두 번째 경로는 자외선이 유도한다. 자외선은 MC1R 과 αMSH의 합성을 유도하고, 이 일은 멜라닌 생산량을 늘린다. 그래 서 햇볕에 노출되면 피부가 타는 것이다.

멜라닌 색소는 천연 선스크린이다. 이 색소가 햇빛의 다양한 파 장을 매우 효과적으로 흡수해준다. 멜라닌 색소는 그 구조로 인해 자 외선을 흡수할 수 있다. 자외선은 세포에 해를 입히며, 심하면 DNA 유전암호의 염기에 직접 작용하여 유전자 내용을 영구적으로 바꿔버 리기도 한다. 그러므로 자외선은 강력한 돌연변이 유발원이다. 시중 에서 판매하는 선스크린에는 자외선을 차단하는 성질이 있는 화학물 질들이 들어 있다. 하지만 자외선이 모두 나쁜 것은 아니라는 사실을 염두에 두어야 한다. 자외선은 피부에서 비타민 D3이 생산되도록 유 도하는 데에 꼭 필요하다. 비타민 D3은 칼슘 흡수에 중요한 역할을 하며, 또 칼슘은 뼈 형성과 유지에 중요하다. 비타민 D가 부족하면 골다공증이 생기고, 심하면 구루병에 걸릴 수 있다. 비타민 D를 강화 한 우유가 나오는 것도 그런 이유 때문이다.

지구에 내리쬐는 자외선의 양은 지역에 따라 다르다. 어떤 종류 의 자외선이 우리 피부까지 올지, 자외선이 얼마나 강할지는 많은 요 인들로 결정된다. 예를 들면 광선이 대기를 통과하는 거리(이것은 계 절에 따라, 하루 중 어느 때이냐에 따라, 위도에 따라 다르다), 고도, 공기 중의 기체 성분, 표면 반사량(눈, 물 등에 따라 다르다)이 있다. 햇빛 속 의 자외선은 적도에서 위도 30도까지의 지역에서 가장 강하다. 한편 보스턴의 겨울은 피부에 비타민 D 생성을 유발하지 못할 정도로 햇 빛이 적다.

최근에 캘리포니아 과학아카데미의 니나 자블론스키와 조지 채플린은 세계 여러 지역에서 자외선의 양과 피부색 사이에 밀접한 관련이 있음을 발견했다. 물리적 환경의 차이가 피부색 차이를 만드는 것일까? 그렇다면, 피부색이 선택의 작용을 받고 있다는 것을 우리는 어떻게 알까?

일단 피부가 흰 사람과 검은 사람들의 MC1R 유전자부터 조사해보는 게 좋겠다. 스코틀랜드나 아일랜드 같은 북유럽에 사는 피부가 흰 사람들은 흔히 머리카락이 붉으며 주근깨가 있고, 그들의 피부는 피부가 까만 사람들보다 햇빛에 훨씬 더 민감하다. 가계 내의 피부색과 머리색의 유전을 조사해보면, 확실히 인간의 경우도 다른 동물들과 마찬가지로 MC1R 유전자의 변이와 피부색 및 머리색 차이 사이에 관련이 있다. 북유럽인들, 또는 유럽 혈통 사람들의 붉은 머리카락은 거의 다 한 아미노산을 다른 것으로 치환하는 여러 형태의 MC1R 유전자 돌연변이들 때문이다. 유럽인들과 아시아인들에게는 MC1R 유전자의 변이형이 적어도 열세 가지가 있다. 이 가운데 열은 MC1R 단백질을 바꾸고, 셋은 그렇지 않다(이 셋은 동의적 치환이다).

이와 반대로 아프리카에는 MC1R 유전자의 변이형이 다섯 가지가 있는데, 모두가 동의적 변화이다. 따라서 MC1R 단백질에는 변화가 없다. MC1R의 변화에서 비동의적 치환과 동의적 치환이 차지하는 비율이 비아프리카인(10:3)과 아프리카인(0:5)에서 다르게 나타나는데, 이것은 통계적으로 대단히 의미심장한 수치이며, 무작위적인 우연만으로는 설명되지 않는다. 분명 뭔가가 아프리카인들의 MC1R 단백질 변화를 막고 있는 것이다. 물론 그 '뭔가'는 자연선택이다. MC1R 유전자에는 돌연변이가 일어나고 있다. 그냥도 알 수 있지만, 다섯 가지 동의적 변이가 존재하는 것을 보면 확실히 그렇다. 하지만 아프리카인들의 MC1R 변이는 극도로 제약되어 있으며, 이는 높은 멜라닌 생산량을 유지하려는 선택이 작용하고 있다는 뜻이다. 햇빛과 자외선이 강한 곳에서 멜라닌이 피부를 보호하는 기능을 한다는 사실을 떠올려보면 완벽히 이치에 닿는 일이다.

어두운 피부색이 아프리카인들에게 '훨씬 적합하다'고 했던 웰스의 말은 옳았다.

그런데 유럽인들이 MC1R 변이가 더 많고 피부가 더 흰 것은 흰 피부가 선택되었기 때문일까, 아니면 멜라닌 생산에 대한 선택이 느슨해졌기 때문일까. 일단은 두 가지 설명 모두 일리가 있다. 북쪽 위도에서는 멜라닌 생산에 대한 선택이 느슨해질 수 있다. 그렇지만 또 비타민 D 생산을 촉진하려면 어느 정도는 자외선 흡수가 필요하기 때문에, 더 밝은 피부색은 햇빛의 양이 적은 데 대한 적응일 수도 있다. 어느 경우가 옳든, 인간의 피부색과 MC1R 유전자의 진화는 인간이 지구 곳곳으로 퍼져나갈 때 선택의 조건이 지역에 따라 달랐음을 입증하는 것이다. 그런데 햇빛의 양과 질은 단지 한 가지 변수일 뿐이다.

인류 역사에 영향을 미친 또 다른 중요한 요인은 특정 지역들에 존재하는 질병 유발 생물들이다. 웰스는 피부색이 까만 사람들이 일부 질병에 면역성을 지니고 있는 것을 보면 까만 피부색이 이러한 이점을 위한 것인 듯하다고 추측했다. 비록 그의 추론은 틀렸지만, 그의 관찰처럼 질병에 대한 저항성이 존재하며, 그의 추측처럼 질병의 공격을 견뎌내는 능력은 적응도를 결정하는 중요한 인자라는 사실을 지금부터 살펴볼 것이다. 전염병은 인간의 진화에 뚜렷한 흔적을 남겨온 강력한 선택 인자들이다. 또한 전염병은 어째서 특정 유전병이 일부 인간 집단에서 높은 발생빈도로 계속 존재하는가 하는 커다란 역설을 푸는 실마리라는 사실도 곧 알게 될 것이다. 이 역설을 푼 사람은 우리에게 잘 알려져 있지 않은 또 한 명의 의사였다.

세균 전쟁

앤서니 앨리슨은 1930년대와 1940년대에 동아프리카 지구대가 내려다보이는 케냐 고원지대의 한 농장에서 자랐다. 그는 어린아이 때부터, 케냐의 서로 다른 서식지마다 독특하게 적응해서 살아가는 엄청나게 다양한 동식물들에 주목했으며, 토착민과 그들의 언어가 선보이는 놀라운 다양성을 눈여겨보았다. 루이스 리키가 발굴한 그 유명한 올두바이 협곡에 방문한 일을 계기로 그는 일찍부터 인간의 기원과 진화라는 문제에 관심을 갖게 되었다. 그는 10대에 『종의 기원』과 『인간의 유래와 성선택』을 읽었고, 옥스퍼드 대학교에서 진화와 선택을 유전학과 결합시킨 수학자들인 R. A. 피셔, J. B. S. 홀데인, 시월 라이트의 영향을 받았다. 그가 학창시절을 지내던 때까지만 해도 인간의 유전자에 자연선택이 작용하고 있는 사례가 없었다. 그의 성장환경과 그 밖의 일련의 사건은 연구활동의 초기에 그 증거를 찾도록 앨리슨을 자극했으며, 또 그럴 수 있도록 이끌었다.

1949년에 기초과학 공부를 끝내고 의대 과정을 시작하기 전에, 앨리슨은 케냐 산으로 가는 옥스퍼드 대학 탐사대에 참여했다. 동급생들이 식물과 곤충을 관찰하는 동안, 앨리슨은 혈액형 검사를 포함

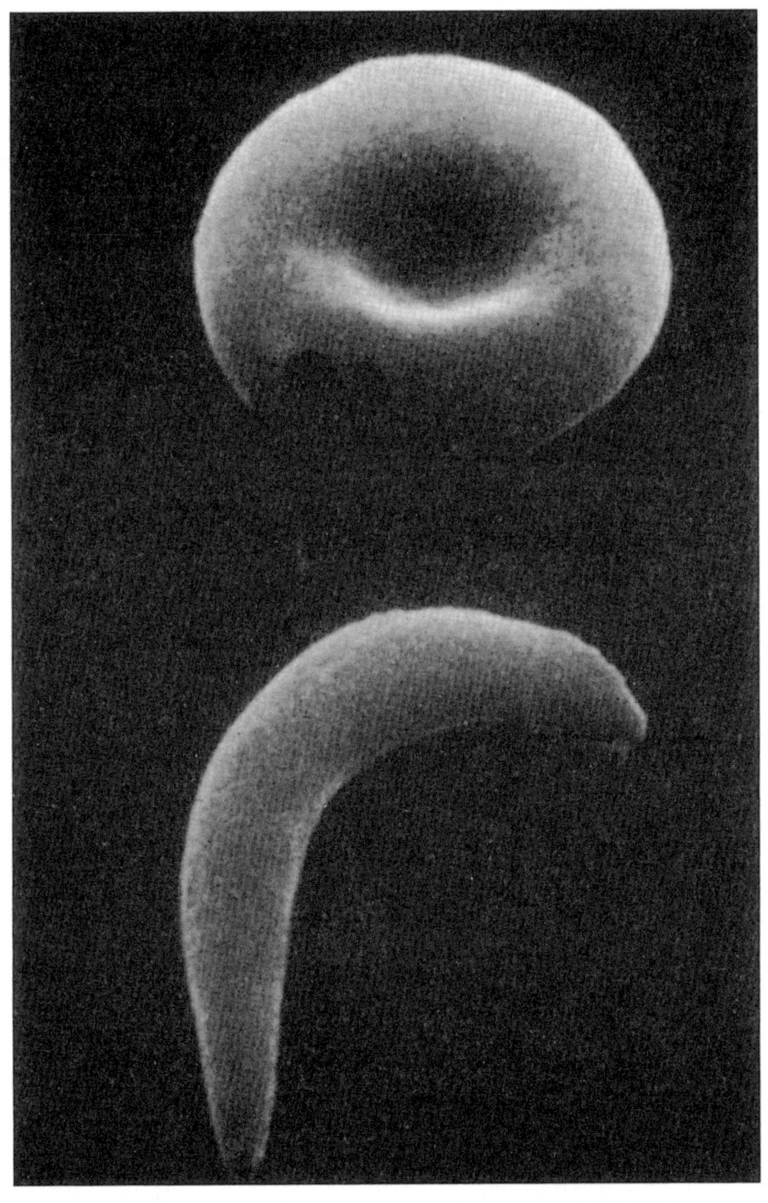

그림 7.2. 정상 적혈구와 낫 모양 적혈구 낫 모양은 비정상 헤모글로빈 때문에 생긴다. 사진: 미네소타 의과대학, 제임스 화이트 박사의 허락을 받아 실음.

한 여러 검사를 위해 케냐 전역의 원시부족에게서 혈액 샘플을 채취했다.

　핵심적인 한 검사는 겸상鎌狀적혈구 형질의 분포를 알아보는 것이었다. 겸상적혈구 형질은 1910년에 발견되었으며, 이 형질을 갖고 있는 사람에게 낫 모양[鎌狀]으로 생긴 적혈구가 나타난다고 해서 이런 이름이 붙었다.^{그림 7.2} 겸상적혈구빈혈증은 유전적으로 우성으로 알려져 있었다. 겸상적혈구 돌연변이 유전자가 하나뿐인 사람은 특정 환경에 처했을 때만 이 형질이 발현되는 반면, 겸상적혈구 돌연변이 유전자가 둘 다 있는 사람은 겸상적혈구빈혈증의 완전한 증세를 보인다. 1949년은 겸상적혈구빈혈증의 근본 원인을 이해한 획기적인 해였다. 위대한 생화학자 라이너스 폴링과 그의 연구팀은 겸상적혈구빈혈증 환자는 적혈구 세포에서 산소를 운반하는 단백질인 헤모글로빈 분자가 비정상임을 발견했다.

　1949년 탐험에서 앨리슨은 부족들에 따라 겸상적혈구 형질의 빈도가 심한 차이를 보인다는 사실을 발견했다. 빅토리아 호수나 케냐 해안가 근처에 사는 부족들의 경우, 겸상적혈구 형질이 나타나는 빈도는 20퍼센트가 넘었다. 고원이나 건조한 지역에 사는 부족들의 경우는 빈도가 1퍼센트 이하였다. 앨리슨은 수수께끼에 휩싸였다. 겸상적혈구빈혈증은 치명적인 병인데 왜 겸상적혈구의 빈도가 그렇게 높을까? 어떤 부족은 빈도가 높은데 어떤 부족은 빈도가 높지 않은 이유는 또 무엇인가?

　앨리슨은 기발한 생각이 떠올랐다. 앨리슨은 겸상적혈구 형질의 빈도가 말라리아에 대한 저항성과 관련이 있을지도 모른다는 생각이 들었다. 그는 말라리아와 말라리아를 옮기는 모기가 지대가 낮고 습

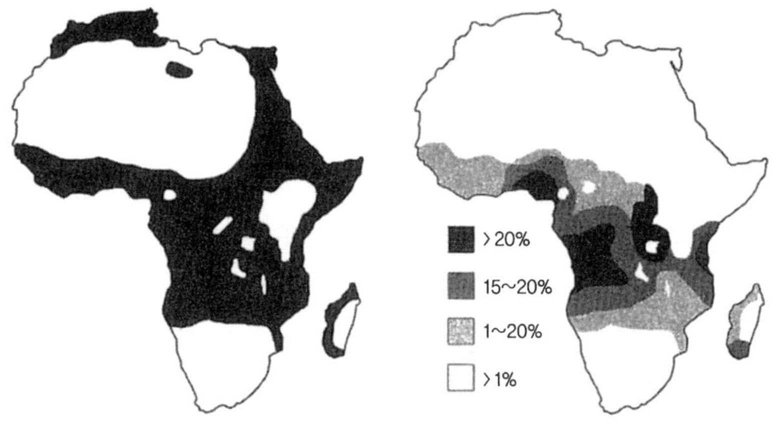

그림 7.3. 겸상적혈구 헤모글로빈과 말라리아의 지리적 분포　겸상적혈구 형질의 발생빈도(오른쪽)와 말라리아 원충의 분포(왼쪽)가 거의 상응함을 보여주는 지도.　지도: A. C. 앨리슨, 「유전학」 166(2004), 1591쪽에 실린 그림을 리앤 올즈가 다시 그림.

한 지역에서는 창궐하는 반면, 고도가 높거나 물이 부족한 곳에서는 거의 또는 전혀 없다는 사실을 알고 있었다.

앨리슨은 몇 년 후 의대 수련을 마친 다음에서야 자신의 생각을 검증해볼 수 있었다. 1953년에 그는 겸상적혈구 형질이 있는 환자들이 말라리아 감염에 상대적으로 높은 저항성을 보이고, 겸상적혈구를 가진 아이들이 정상 헤모글로빈을 가진 아이들보다 기생충이 적다는 사실을 입증할 수 있었다. 앨리슨은 5,000곳에 이르는 동아프리카 지역을 조사한 결과, 거의 40퍼센트에 이르는 높은 겸상적혈구 빈도는 말라리아 발생지역에 국한되어 나타나며, 말라리아가 발생하지 않는 지역에 사는 사람들에게는 겸상적혈구의 빈도가 낮다는 사실을 발견했다. 앨리슨은 아프리카에서 겸상적혈구의 빈도가 높은 지역과 말라리아가 발병하는 지역이 상응함을 보여주는 지도를 작성했다[그림 7.3]. 이 같은 상관성은 부족과 언어의 경계를 초월하여 나타나는데, 이것은 말라리아가 인간 집단의 유전자 분포에 지대한 영향을 미쳤다는 사실을 보여주는 설득력 있는 자료다. 겸상적혈구 유전자의 진화는 인간에게 일어나는 자연선택의 예로 교과서마다 빠짐없이 등장한다 (흥미로운 것은 대부분의 교과서가 앨리슨이 말라리아가 선택 인자라는 생각을 처음 해낸 사람임을 밝히지 않는다. 참고문헌을 참조하라).

앨리슨의 선구적인 연구가 있은 다음 반세기에 걸쳐 말라리아가 인간의 유전자에 뚜렷한 흔적을 남겼음을 입증하는 증거들을 계속해서 발견했다. 겸상적혈구빈혈증은 사하라 이남 아프리카뿐만 아니라, 그리스와 인도에서도 산발적으로 발생한다. 그리스 중부의 코파이스 호수 주변에 사는 사람들의 16퍼센트와 그리스 북부의 칼키디키 반도에 사는 사람들의 무려 32퍼센트가 겸상적혈구 유전자를 가지고 있다. 인도 남부 닐기리 지역의 원시부족 집단도 겸상적혈구빈혈증의 발생 빈도가 무려 30퍼센트에 이른다. 이 지역들의 공통점이 무엇일까? 모두 최근까지 말라리아 박멸에 골머리를 앓은 말라리아 다발 지역이었다.

겸상적혈구와 말라리아의 관련성을 보여주는 더 확실한 증거는, 적혈구 유전자의 여섯 번째 코돈의 염기 하나가 바뀌어(GAG에서 GTG) 일어나는 겸상적혈구 돌연변이가 인간 집단에서 **적어도 다섯 차례 독립적**으로 일어난 것 같다는 점이다. 반투족, 베냉, 세네갈, 카메룬, 인도 아대륙의 집단들 <u>그림 7.4</u>이다. 이처럼 진화는 인류에서도 정확히 반복되어 일어나고 있다.

말라리아 원충이라는 강한 선택압을 받고 있을 경우에는, 양 부모에게 모두 물려받으면 유전적으로 해로운 돌연변이를 한 부모에게만 물려받을 때 중요한 생존 이익을 얻을 수 있다. 특정 유전자의 '나

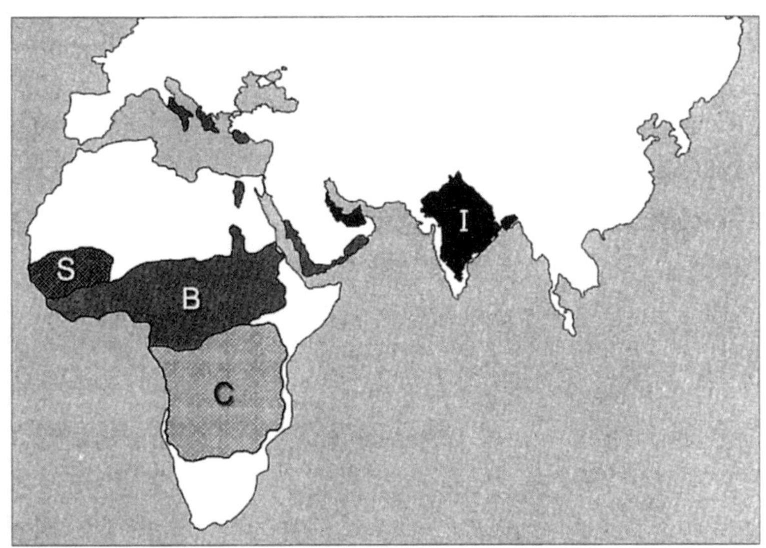

그림 7.4. 인간의 겸상적혈구 돌연변이는 여러 차례 진화했다 지도는 같은 돌연변이가 아프리카의 서로 다른 지역(세네갈, 베냉, 중앙아프리카공화국), 남부유럽, 인도 아대륙(I)에서 각각 다섯 차례 출현하여 확산되었음을 보여준다. 지도: 리앤 올즈.

쁜' 돌연변이가 인간 집단에 널리 나타나는 것은 이런 이점 때문인 것이다.

사실 겸상적혈구 헤모글로빈이 유일한 예는 아니다. G6PD로 줄여서 부르는 한 효소는 포도당 대사와 세포 내의 산화 환경에 중요한 역할을 한다. 이 효소의 결핍은 인간에게 나타나는 가장 흔한 효소 결핍이다. 세계적으로 약 4억 명 정도가 이런 증상을 보인다. 서른네 종류의 G6PD 돌연변이는 일부 인간 집단에 높은 빈도로 발생한다. 그러한 집단이 어디에 사는지 맞추어보시겠는가?

말라리아 지역이라고? 훌륭하다. 자주 발생하는 모든 변이형이 말라리아 지역에 나타나고 말라리아 지역이 아닌 곳에는 변이형이 전혀 없는 것은 결코 우연이 아니다. 실제로 G6PD 결핍 환자들은 정상인 대조군보다 말라리아 원충이 적다. 2,000명의 아프리카 어린이들을 대상으로 한 대규모 연구결과, 46∼58퍼센트에 이르는 심각한 말라리아 감염률이 감소한 것은 G6PD 결핍과 관련이 있었다. 뿐만 아니라 G6PD 결핍 세포에서는 말라리아 원충의 성장이 저해되었다. G6PD가 결핍된 적혈구 내의 변화된 산화 환경이 말라리아 원충의 생활사에 타격을 주는 것이 분명하다.

다른 돌연변이들은 말라리아 원충의 적혈구 진입을 원천봉쇄함으로써 말라리아를 막는다. 가장 치사율이 높은 말라리아는 열대열원충*Plasmodim falciparum*이라는 종이 일으키는 것이다. 또 다른 종인 삼일열원충*P. vivax*은 아프리카 서부에서 유행한다. 이 원충은 더피 단백질Duffy protein이라고 불리는 적혈구 표면 단백질에 달라붙어서 적혈구 안으로 들어온다. 더피 단백질의 발현을 억제하는 돌연변이는 아프리카 집단에서는 100퍼센트의 빈도까지 발생하는 반면, 백인과 아시아인들의 경우는 드물거나 존재하지 않는다. 삼일열원충은 이 돌연변이가 있는 사람의 적혈구 안으로는 들어올 수 없다. 삼일열원충이 존재하는 곳에 더피 유전자 돌연변이에 대한 선택이 일어나고 있음이 분명하다.

강력한 말라리아 선택압은 인간 유전자의 진화에 여러 방면으로 영향을 미쳐왔다. 그런데 언제부터 그랬을까? 말라리아가 인류에게 미친 영향을 보여주는 흥미로운 고고학 기록이 있다. 기원전 2,700년경의 책인 『황제내경黃帝內經』이라는 중국의 고대 의학문헌에 말라리아의 증상이 묘사되어 있다. 말라리아는 기원전 4세기경 그리스에서 널리 알려졌고, 여러 도시 국가에서 많은 목숨을 앗아갔다. 이 질병에 말라 아리아(mala aria, '나쁜 공기'라는 뜻)라는 이름을 붙인 이들은 로마인들이었다. 그들은 특히 늪지 주변의 나쁜 공기가 이 질병을 일으킨다고 생각했기 때문이다. 어떤 고고학자들은 말라리아가 로마 제국의 몰락에 일조했다고 생각한다. 말라리아 지역으로의 팽창이 로마 제국의 자원을 고갈시켰다는 것이다.

유전학을 이용하면 말라리아가 언제부터 인간의 진화에 영향을 미치기 시작했는지를 알 수 있다. 메릴랜드 대학의 새러 티시코프와 그 동료들은 G6PD 유전자의 돌연변이들과 관련된 유전자 표지를 연구함으로써, 두 종류의 돌연변이는 지난 몇천 년 동안에 생겼다고 추측했다. 또한 하버드-옥스퍼드 말라리아 유전체 다양성 프로젝트의 한 연구는 가장 치사율이 높은 말라리아를 일으키는 열대열원충도 비교적 최근인 지난 3,200년에서 7,700년 동안에 생겼다는 결론을 내렸다.

이 연대들 사이에 어떤 관련성이 있을까? 이 연대들에 뭔가 의미가 있을까?

이 수치들은 대략 1만 년 전에 시작된 농업의 확산 시점과 일치한다. 또한 말라리아가 인간의 진화에 영향을 미치기 시작한 것은 비교적 최근이라는 사실을 말해주고 있다. 인간이 경작을 위해 숲을 베기 시작하면서, 말라리아 원충을 옮기는 말라리아모기가 번식하는 볕이 잘 드는 물웅덩이의 수가 늘어났다. 모기 개체군의 증가와 인구 밀도의 증가, 물가의 거주지 증가는 말라리아의 확산을 촉진하고, 원충, 모기, 인간 사이의 진화적 군비경쟁에 방아쇠를 당긴 듯하다. 오늘날 매년 3억에서 5억 명의 사람들이 말라리아에 걸리고, 2백만 명이 말라리아로 죽는다.

인간의 진화에 영향을 미치고 특정 유전병이 높은 발병률로 나타나는 원인이 되는 전염병은 말라리아 하나가 아니다. 장티푸스를 일으키는 티푸스균*Salmonella Typhi*은 특정 백인 집단에서 낭포성 섬유증Cystic fibrosis, CF 돌연변이가 높은 빈도로 발생하는 이유를 설명해주는 듯하다. 양 부모 모두에게 CF 돌연변이를 물려받은 사람은 낭포성 섬유증에 걸리는데, 최근까지만 해도 이 병에 걸리면 보통 20세 전에 사망했다. 그런데 인간 집단의 CF 돌연변이 발생 빈도는 치사율이 높은 질병을 유발하는 돌연변이의 경우에 예상할 수 있는 수준보다 훨씬 높다. 실험연구 결과, 티푸스균은 CF 단백질을 이용해 장 세포 안으로 들어가며, 가장 흔한 종류의 CF 돌연변이를 지니고 있는 쥐의 세포들은 티푸스균을 적게 받아들인다는 사실이 드러났다. CF 돌연변이는 장티푸스에 대한 저항성을 갖게 하는 듯 보인다. 역사적으로 잦았던 장티푸스 발병으로 CF 돌연변이를 가진 사람들이 선택되었던 것 같다.

다양한 병원균이 숙주 세포의 표면에 있는 특정 분자들을 통해 세포 안으로 들어온다. 따라서 세포 표면 분자에 저항성을 부여하는 돌연변이는 병원균과 인간의 전투에서 중요한 역할을 할 것이라고 예상된다. HIV 감염에 저항성을 보이는 사람들은 CCR5라는 유전자의 돌연변이형을 가지고 있기 때문임이 밝혀졌다. CCR5는 HIV 바이러스가 세포 안으로 들어갈 때 이용하는 수용체의 일부를 만드는 유전자이다. 하지만 HIV 바이러스의 출현은 너무 최근의 일이라, HIV로 CCR5 돌연변이의 빈도를 설명하기는 어렵다. CCR5 돌연변이는 다른 병원균에 저항성을 띠기 때문에 선택되었을 가능성이 높다. 한 가지 후보는 중세 유럽에 유행했던 것으로 보이는 출혈열을 일으키는 바이러스이다.

수용체에 돌연변이를 일으켜 병원체를 따돌리는 것이 우리와 병균 사이에 벌어지는 군비경쟁의 전부는 아니다. 감염이 되고 나면 우리의 면역체계가 방어에 나선다. 면역체계는 병원체를 봉쇄하고 빨아들이며, 직접 죽이기도 한다. 이에 대응하여 병원체는 우리의 면역체계를 피하기 위해 온갖 유전적 속임수를 동원한다. 예를 들면 우리보다 한발 앞서기 위해 계속 돌연변이를 일으켜 겉모습을 바꾼다.

우리는 현대에 들어와 병원체 또는 병원체를 옮기는 매개체와 싸우기 위한 시도에 나서면서 끝날 줄 모르는 진화적 군비경쟁을 계속하고 있다. 말라리아 퇴치 노력은 말라리아 원충인 열원충과 원충을 옮기는 말라리아모기를 죽이는 약제와 살충제 개발에 집중되었다. 말라리아 박멸을 위한 전 세계적인 노력이 1950년대에 시작되었으며, 1951년에는 미국 남동부에서 말라리아를 몰아냈고, 1979년에는 유럽에서 몰아냈다. 하지만 DDT를 사용해 모기를 죽이고 약제를 개발해 말라리아 원충과 싸우는 노력들이 그 밖의 다른 곳에서는 수포로 돌아갔으며, 오히려 두 생물과의 진화적 군비경쟁을 더욱 부추겼다. 유감스럽지만 우리는 이 싸움에서 지고 있다.

예컨대 클로로퀸은 말라리아 감염에 대처하는 가장 안전하고 값싼 치료제였으며 처음에는 가장 효과적인 치료제였다. 하지만 한 유전자에 일어난 돌연변이 때문에 열원충이 클로로퀸에 저항성을 갖게 되었다. 현재는 저항성이 너무 광범위하게 퍼져서 클로로퀸은 거의 소용이 없다. 메플로퀸, 퀴닌, 설파독신/피리메타민 등의 다른 약들에 대한 저항성도 진화했다. 한편 DDT로 모기를 박멸하려는 노력도 DDT에 저항성을 갖는 모기의 진화로 이어졌다(게다가 먹이연쇄의 더 높은 곳에 있는 맹금류 같은 동물들에게는 재앙을 가져왔다).

심각한 상황이긴 하지만 아직 절망하기는 이르다. 사실 말라리아를 둘러싼 진화적 군비경쟁은 의학에 진화의 원리를 적용한 진화의학이 어떻게 '새로운 약-새로운 저항성-더 새로운 약-더 강한 저항성……'의 영원한 고리 밖으로 우리를 구할 수 있는지를 보여주는 좋은 예이다. 키포인트는 돌연변이와 선택의 상호작용을 고려하는 것이다. 이 원리에 따르면 한 가지 특정한 원충 단백질을 표적으로 하는 약을 아무리 개발해도 얼마 후면 약에 저항성을 갖는 돌연변이가 진화한다. 약이 널리 사용되면 저항성을 지닌 원충만 살아남아 전염되는 선택적 환경이 생긴다. 따라서 약이 처음 한동안은 성공을 거둘지 몰라도 시간이 지나면 질병이 다시 고개를 들고 현재의 약은 소용이 없어진다.

새로운 접근법은 몇 가지 약물을 **병용**하는 것이다. 두 가지 이상의 약에 대해 저항성을 갖는 돌연변이 병균이 나타날 확률은 각각의 약에 저항성을 갖는 병균이 나타날 확률의 곱이기 때문이다. 예를 들어 약물 X와 Y 각각에 저항성을 갖는 돌연변이 원충이 나타날 확률이 1억분의 1이라고 하자. 그러면 두 가지 약 모두에 저항성을 갖는 원충이 나타날 확률은 1만조 분의 1이 된다(1억분의 1×1억분의 1). 다시 말해, 여러 가지 약을 병용하면 저항성이 생길 확률이 훨씬 낮아진다는 얘기다. 병용 투약 요법은 실제로 HIV 바이러스와의 싸움에 활용되고 있는 전략이며 효과를 거두고 있다. 최근에 말라리아에 시도하고 있는 새로운 병용 요법은 기원전 2세기의 중국에서 처음 기술된 약제의 유효성분을 바탕으로 한 복수의 약들(포함된 약들은 모두 저항성이 나타나지 않은 것)로 말라리아 원충을 공격하고 있는데, 잘 듣는 듯하다. 하지만 이 새로운 방법은 클로로퀸을 쓰는 것보다 비싸며, 비용 문제가 아프리카에서 효과적인 약이 널리 쓰이지 못하게 하는 주된 걸림돌이다.

오늘날 벌어지고 있는 살충제와 감염매개물, 약제와 원충 사이의 군비경쟁은 돌연변이와 선택의 상호작용을 이해하는 것이 뜬구름 잡는 이야기나 학자들만의 사치가 아님을 보여준다. 이 일은 매우 심각하고 중요한 전 세계인의 당면 과제다. 우리의 뇌(군비경쟁이 낳은 또 하나의 산물), (다윈주의 방식으로 폭발적으로 진화하고 있는) 바이오테크놀로지, 그리고 우리가 아는 진화 원리를 이용해 마침내 말라리아를 통제하고 나아가 영원히 뿌리 뽑을 수 있기를 소망한다. 진화가 의학과 관련이 있음을 실감나게 보여주는 사례를 한 가지 더 소개하며 이 장을 마무리하겠다.

내부의 적

수조 개의 세포로 이루어진 거대하고 복잡하고 오래 사는 생명체로 살아가려면 감수해야 하는 일들이 있게 마련인데, 그 가운데 하나가 피부, 혈액, 장 세포 같은 몸속의 세포들을 지속적으로 보충해야 한다는 것이다. 새로운 세포를 생산하려면 DNA를 복제해야 하며, DNA를 복제하다보면 이따금씩 실수가 일어난다. 생식세포(정자, 난자)를 제외한 모든 세포에 일어나는 돌연변이는 다음 세대로 전달되지 않지만, 몇몇 돌연변이는 우리 몸속에서 진화적 군비경쟁을 일으키기도 한다. 인간의 사망 원인들 가운데 1위를 차지하는 암이 바로 그것이다.

종양은 본질적으로 진화의 세 가지 요소—우연한 돌연변이, 선택, 시간—를 포함하는 과정에서 생긴다. 암의 첫 단계는, 세포분열과 세포 간 연락을 제어하는 메커니즘을 교란시키는 돌연변이의 발생이다. 몇몇 돌연변이들이 조합되면, 그 세포는 무한 증식할 수 있는 선택적 이득을 누리게 된다. 이러한 종양이 자라면, 추가 돌연변이가 일어나 암세포들이 원래 있던 위치를 떠나 다른 몸 조직으로 이동하고 침투해서 증식할 수 있는 능력이 생긴다(전이).

30여 년 동안 생물학자들은 암의 유전적·분자적 메커니즘을 이해하기 위해 노력해왔다. 그 결과, 특정 종류의 암에서 거의 항상 돌연변이를 일으키는 유전자들을 찾으면서 일련의 중요한 성과를 거두고 있다. 대표적인 예가 만성골수성백혈병CML과 관련이 있는 비정상 염색체인 필라델피아 염색체이다. CML의 경우 염색체의 일부가 끊어져서 다른 염색체에 붙는데(전좌), 이 과정에서 한 유전자가 다른 유전자에 붙는다. 이로 인해 ABL 활성화 효소라고 불리는 강력한 조절단백질의 활성이 정상적으로 조절되지 않는다. 그러면 세포는 이상 증식하고 암세포가 되기 쉽다. 미국에서는 해마다 4,400건의 CML이 새로 발생한다.

그동안의 암 치료는 특정한 표적을 공략하기보다는 독한 약들과 방사선을 광범위하게 적용하는 방법으로 행해졌다. 이러한 치료는 건강한 세포와 암세포를 가리지 않고, 빠르게 분열하는 세포들을 무차별하게 파괴한다. 따라서 여러 가지 심각한 부작용들을 낳는다. 하지만 특정 암에 존재하는 유전자 변이들이 발견되면서, 그 질병에 관여하는 특정 분자들만을 표적으로 하는 새로운 치료법을 쓸 수 있게 되었으며, 현재 '합리적인' 차세대 항암제들이 다양한 암 치료를 위해 사용되고 있다.

그 가운데 하나로, CML 종양에서 ABL 활성화 효소를 공략하는 약이 개발되어 뛰어난 효능과 안전성을 인정받았다. 글리벡 또는 이 매티닙이라는 이름으로 불리는 이 약은 ABL 활성화 효소의 특정 부위에 붙어서 활동을 방해한다. 글리벡은 CML과 맞서 싸우는 최전선의 치료법이며, 이 약으로 치료한 많은 수의 환자들이 증상이 완화되었다.

이제 여러분은 돌연변이와 선택에 대해 충분히 알았으니, 글리벡이 환자에게 투약된 이후 무슨 일이 일어났을지 짐작할 수 있을 것이다. 그렇다. 저항성이다. 글리벡은 본질적으로 CML 세포를 죽이는 독이다. 그러므로 오리건의 가터뱀이 테트로도톡신에 대한 저항성을 진화시켰고 말라리아 원충이 약에 대한 저항성을 진화시켰듯이, 일부 CML 세포들이 추가 돌연변이를 일으켜 글리벡에 저항성을 가지게 될 것이다.

최근에 UCLA 하워드 휴스 의학 연구소의 찰스 소이어스와 그 동료들이 글리벡으로 치료를 한 CML 환자들에서 어떻게 저항성이 진화했는지를 조사했다. 저항성을 보이는 환자들의 ABL 활성화 효소 유전자를 직접 조사한 결과, 연구자들은 이 암세포들의 ABL 활성화 효소 유전자가 새로운 돌연변이를 일으켰음을 알아냈다. 게다가 여섯 명의 환자들에게 **정확히 똑같은 돌연변이가 일어나 있었다.** 이것은 진화가 반복되어 일어난다는 사실을 다시 한번 입증하는 사건이다^{그림 7.5}. 암세포에 있는 ABL 유전자의 염기 C를 염기 T로 바꾸는 이 돌연변이는 ABL 단백질의 트레오닌을 이소류신으로 바꾼다. 이 변화는 글리벡이 ABL 활성화 효소에 결합하는 부위를 변형시키기 때문에 글리벡은 더 이상 그 자리에 붙어서 ABL 활성화 효소를 방해할 수 없다. 원래의 암세포들은 글리벡에 의해 통제되고 죽지만, 이 돌연변이가 일어난 세포들은 글리벡을 피할 수 있기 때문에 암은 재발한다.

물론 이것은 나쁜 소식이다. 하지만 전투는 끝나지 않았으며 이제 겨우 시작일 뿐이다.

이제 일부 환자들에게 글리벡 저항성이 나타날 것을 예상할 수 있으며, 저항성을 갖는 돌연변이들 가운데 일부는 같은 자리에서 일어날 테니, 글리벡에 저항성이 있는 ABL 활성화 효소의 빈틈을 찌르는 새로운 약제를 설계할 수 있다. 실제로 브리스톨-마이어스 스퀴브 사의 소이어스와 그 동료들은 다른 종류의 ABL 활성화 효소 저해제(현재까지는 BMS-354825라고 불린다)가 글리벡에 저항성을 갖는 15가지 활성화 효소들 가운데 14개를 막을 수 있음을 보여주었다. 이 발견은 글리벡으로 치료한 이후 재발한 환자들도 효과적인 2차 치료를 받을 수 있으리라는 기대를 심어주고 있다. 게다가 추가 전략으로 병용 투약법도 가능할 것이다. 말라리아나 HIV의 경우처럼, 우리는 돌연변이, 선택, 진화를 이해함으로써 한 형태의 암과 싸워 이기기 위한 합리적인 계획을 세울 수 있다.

한편 CML 환자들을 자세히 연구한 결과, 글리벡 투약 **이전**에도 암세포들에 글리벡 저항성 돌연변이가 존재했음이 밝혀졌다. 이 점은 중요한 포인트이다. 약물이나 독이 저항성을 유발한 것이 아니다. 돌연변이는 무작위로 일어나는 것임을 기억하라. 약이 하는 일은 저항성을 갖는 기생충, 박테리아, 바이러스, 그리고 (이 경우에는) 암세포만이 번성할 수 있는 선택적 조건을 만드는 것이다. 암은 성장할수

정상 단백질   I I **TE** FMT

정상 DNA   ATCATCA**C**TGAGTTCATGACC

환자   1   ATCATCA**C**TGAGTTCATGACC

      2   ATCATCA**T**TGAGTTCATGACC

      3   ATCATCA**T**TGAGTTCATGACC

      4   ATCATCA**C**TGAGTTCATGACC

      5   ATCATCA**T**TGAGTTCATGACC

      6   ATCATCA**C**TGAGTTCATGACC

      7   ATCATCA**T**TGAGTTCATGACC

      8   ATCATCA**T**TGAGTTCATGACC

      9   ATCATCA**T**TGAGTTCATGACC

돌연변이 단백질   I I **I** EFMT

그림 7.5. 약물에 저항성을 갖는 암 유전자의 반복 진화 만성골수성백혈병 발병에 관여하는 단백질 서열의 일부(꼭대기)와 이에 상응하는 유전자 염기서열(둘째 줄). 여섯 명의 환자에서(숫자 2, 3, 5, 7, 8, 9) 같은 위치에 돌연변이가 일어났다(*표, C→T). 이 돌연변이는 그 단백질에 결합하는 약물에 대한 암세포의 저항성을 유발한다. 고어 등, 「사이언스」 293(2001), 876쪽의 자료를 바탕으로 리앤 올즈가 그림.

록 지속적인 돌연변이로 인해 유전적으로 매우 불균질하게 된다. 만일 암이 충분히 크다면 암세포의 일부 하위집단이 우연히 약에 저항성을 지니게 될 것이다. 따라서 새로운 연구는 저항성이 진화하기 전에 CML을 퇴치하기 위해 ABL 활성화 효소에만 특정적으로 반응해서 작용하는 두 가지 약을 이용해 진행되고 있다(아마 미래에는 세 가지가 될 것이다). 영구 완치율을 높이기 위한 최선의 전략은 '선제공격으로 큰 타격을 입히는 것'이다.

글리벡에서 얻은 교훈은 현재 많은 암들에 응용되고 있으며, 미래의 암 치료는 환자 개인의 종양이 지닌 독특한 유전적 특성에 맞춰서 이루어지고 저항성의 진화를 미리 예측할 수 있게 될 것이다. 그러므로 점점 더 큰 성과를 거두게 되리라는 희망을 품어본다.

자연선택: 필요하면 어떻게든 한다

나는 얼음물고기라는 놀라운 물고기 이야기를 하며 이 책을 시작했다. 얼음물고기에게는 차가운 물에서 혈액의 점도를 줄여야 할 필요가 적혈구와 헤모글로빈을 유지하는 가치보다 컸다. 이 장에서 살펴보았듯이 사람은 문명의 진화가 낳은 말라리아와 싸워 이겨야 했기 때문에 헤모글로빈 같은 적혈구 단백질들의 변형을 감수했다.

얼음물고기와 인간의 진화는 자연선택이 있는 재료를 최대한 이용한다는 사실을 잘 보여준다. 말라리아나 차가운 온도에 대처하는 그들의 해결책들은 가장 이상적인 해법이 아닐 수도 있지만 적어도 할 수 있는 것 중에서는 최선이었다. 겸상적혈구와 G6PD 돌연변이 같은 '나쁜' 돌연변이들과 되돌릴 수 없는 유전자 화석화도 선택의 조건이 부여한 당면과제를 위해서는 선택될 수 있다. 중요한 것은 당장의 이익이 당장의 비용보다 눈곱만큼이라도 큰가이다.

이 예들은 진보와 설계의 개념을 반박한다는 점에서 중요하다. 최적자를 만드는 일은 대본에 적힌 과정이 아니라 즉흥연주이다. 자연은 30억 년이 넘는 동안 그렇게 최적자를 만들어왔다.

지난 다섯 개의 장에 걸쳐 나는 자연선택으로 일어난 진화를 DNA라는 근본적인 차원에서 극명하게 보여주는 사례들을 소개했다. 내가 고른 이 장의 사례들은 선택이 **어디서나** 일어나고 있음을 보여준다. 영원이든 뱀이든, 기생충이든 모기든 인간이든, 빠르게 분열하는 종양 세포에서든 변이가 있는 곳이라면 어디서나 선택은 존재한다. 포식자와 먹이, 병원체와 숙주, 약에 저항성을 지니는 세포와 약에 취약한 세포 사이에 계속되는 경쟁은 생물 집단의 유전자 구성에 변화를 일으킨다. 이것이 바로 진화이다.

개체들 사이의 아주 작은 차이에도 자연선택은 어김없이 작용하고 있다. 불멸의 유전자에 일어나는 작은 변화들이 30억 년 동안 수십억의 종에서 적극적으로 제거되었고, 헤모글로빈 유전자에 일어난 단 하나의 변화는 우리 종의 수많은 구성원들을 말라리아에서 구해주었다. 그런데 내가 아직 다루지 않은 자연선택의 장기적인 효과가 한 가지 남았다. 그것은 누적된 창조력이다. 작은 변이들에 대한 자연선택이 누적되면 생명 형태들 사이의 엄청난 복잡성 차이도 만들어낼 수 있을까?

DNA 기록은 이 질문에 대해서도 새로운 통찰력을 가져다준다. 다음 장은 만찬의 마무리가 될 것이다.

무수히 다양한 동물들이 오스트레일리아의 대보초를 만들고 그곳에서 산다.　　**사진: 안토니아 발렌틴.**

복잡성의 탄생과 진화에 대하여

• • • • • • • • • • •

우리의 단순한 개념으로 자연의 단순성을 재단해서는 안 된다. 무한히 다양한 결과를 낳는 자연은 원인의 측면에서만 단순할 뿐이며, 자연의 경제성은 아주 적은 수의 일반법칙을 가지고 때로는 대단히 복잡한 수많은 현상들을 만들 수 있다.

피에르 시몽 라플라스, 「세계의 체계에 대한 해설」(1796)

스노클이 충분한 공기를 제공해주고 있지만, 나는 내 아래쪽 풍경에 숨이 멎는다.

노랑, 보라, 갈색의 산호 숲과 산호초 덩어리 위를 둥둥 떠다니는, 산호초 주변의 화려한 동물들은 다채로운 색깔, 모양, 크기의 대향연을 벌인다. 형광색 물고기 무리, 밝게 빛나는 불가사리, 얼룩덜룩한 문어, 가시로 뒤덮인 성게, 녹색 바다거북, 검정첨단상어, 터키색 또는 심홍색의 화려한 외투막으로 덮인 거대한 조개, 줄무늬 게, 점박이 가오리, 크림색 말미잘.

오스트레일리아의 대보초는 위대한 자연의 경이이다. 오스트레일리아 대륙의 동해안을 따라 2,000킬로미터가량 뻗어 있는 대보초는 살아 있는 생물이 지은 지구상의 가장 큰 건축물이며, 달에서도 보이는 유일한 건축물이다.

　이러한 위대한 자연의 경이는 많은 위대한 자연학자들을 궁금증에 빠뜨렸다. 이 산호초는 대체 어떻게 생겨났을까? 이토록 엄청나게 다양한 동물 형태들은 어떻게 진화했을까?

　19세기 초 지질학이 학문적 기틀을 다지고 지형 형성을 설명해 줄 이론을 찾아 나섰던 시절, 산호초가 어떻게 형성되었는지에 대한 지배적인 견해는 해저 화산의 분화구 꼭대기에서 자랐다는 것이었다. 남태평양의 평화로운 환초 — 맑고 푸른 초호를 둘러싼 환상環狀의 산호초 — 는 그렇게 생겼을 수도 있을 것 같다. 하지만 지질학에서, 그리고 잠시 후 잠깐 살펴보겠지만 생물학에서도, 겉모습은 속임수일 가능성이 있다. 산호초 형성을 해저 분화구로 설명하는 것을 반박한 사람이 있었다. 누굴까?

　다윈이라고? 맞다!

　『종의 기원』이 나오기 20년 전에 두 권의 책에서 — 첫 번째는 『H. M. S. 비글 호가 세계 일주 항해를 하는 동안 방문한 다양한 나라들의 지질학과 자연사에 대한 연구』(1839)(일반적으로 『비글 호 항해기』라고 알려져 있다)에서, 그런 다음 마침내 『산호초의 구조와 분포』(1842)에서 — 다윈은 대보초를 포함한 모든 종류의 산호초 형성을 설명하는 새로운 이론을 제시했다. 다윈의 산호초 이론은 적어도 두 가지 의미를 가진다. 첫째, 그는 옳았다. 다윈이 제시한 이론은 논란을 초래했고 수십 년 동안 반박을 당했지만, 증거들은 마침내 그가 옳았음을 입증했다(이번에도!). 두 번째, 아무도 본 적이 없고 목격할 수도 없는 장기적인 과정을 이론화하고, 작은 개별적인 관찰에서 포괄적인 설명을 추정해낸 다윈의 대담함과 능력은 이후 그가 생물 세

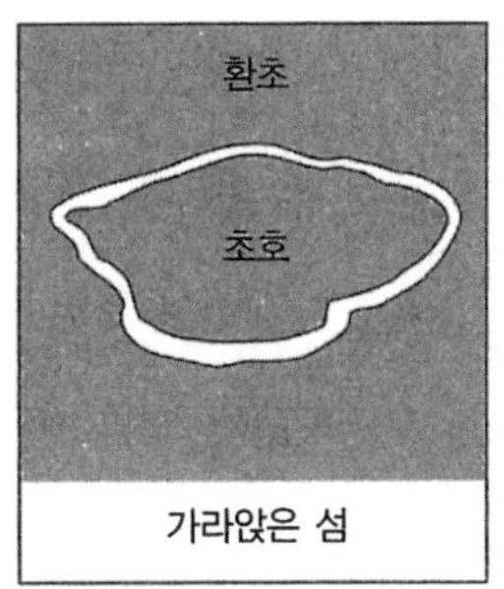

그림 8.1. 산호초의 형성 다윈은 세 종류의 산호초 형태들은 한 과정의 연속적인 세 단계로 형성된다고 설명했다. 먼저 거초가 섬 둘레에 형성된다. 섬이 가라앉으면서 보초가 형성되고 산호초와 섬 사이에 초호가 생긴다. 마지막으로 섬이 수면 아래로 가라앉으면 산호초가 초호를 둘러싸면서 환초가 형성된다. 그림: 리앤 올즈.

계의 형성을 설명하는 데 적용한 추론의 전조였다.

다윈이 해저 분화구 이론에 의심을 품었던 이유는 커다란 환초를 만들 만큼 큰 화산 분화구가 있을 것 같지 않고, 또 이어진 환초들을 만들 만큼 많은 수의 커다란 분화구들이 한군데에 모여 있을 리도 없다는 생각이 들었기 때문이다. 또한 다윈은 분화구 이론은 지나치게 환초 중심적이며 산호초가 일반적으로 보이는 다른 두 가지 형태를 간과했다는 점도 지적했다. 섬을 둘러싸는 거초와, 섬의 초호들을 둘러싸는 보초는 어떻게 설명할 것인가? 대신 다윈은 거초, 보초, 환초가 한 과정의 연속적인 세 단계라는 큰 틀의 이론을 제안했다^{그림 8.1}. 다윈의 이론에 따르면, 처음에는 섬의 가장자리를 둘러싸고 거초가 형성된다. 그런 다음 섬이 차츰 가라앉으면서 산호초가 계속 자라 보초와 초호를 만든다. 마지막으로 섬이 해수면 아래로 완전히 가라앉으면 환초가 형성된다.

우리는 산호의 성장과 섬의 침몰을 인식하지 못한다. 커다란 산호초 덩어리는 일 년에 5밀리미터 정도로 아주 조금씩 성장한다. 하지만 (처음에는 지질학을 통해) 오랜 시간에 걸친 점진적 변화의 누적 효과를 잘 알고 있었던 다윈은 대변화가 어떻게 일어나는지를 자신 있게 설명할 수 있었다. 그리고 산호초 이론을 내놓은 지 20년 뒤에 는 산호초에 사는 생물들의 다양성을 설명하는 새로운 이론을 제시 했다.

다윈의 지질학과 생물학 이론들은 광대한 추정을 포함하고 있다. 곧 작고 점진적인 변화에서 위대한 대변화를, 현재에서 과거를, 단순 한 형태에서 복잡한 형태를 추정하는 과정이 필요하다. 다윈의 이론 에 대한 반론의 대부분은 예나 지금이나 이러한 추정의 타당성을 의 심하는 것에서 비롯된다(예를 들면 오랜 시간에 걸친 결과들의 '총계'를 받아들이지 않는다). 사실 나도 이 책에서 약간의 추정을 끼워 넣었다. 예를 들어 나는 시각색소를 갖고 있는 눈에서 색소 단백질의 한두 가 지 변화들이 눈의 성질을 어떻게 바꾸며, 생물이 서로 다른 빛 환경 에 적응하는 것을 어떻게 돕는지를 설명했다. 이전의 다섯 개 장들에 서 자연선택은 의심의 여지가 없는 사실이었다. 모든 의심을 제거하 는 것, 이것이 이 책의 주목적이다. 하지만 누군가는 이렇게 말할지 도 모른다. 이들은 이미 복잡한 구조 안에 있는 사소한 변화들 아니 냐고. 이 눈은 애당초 어디에서 왔느냐고.

좋은 질문이며 중요한 질문이다.

복잡한 구조의 진화는 오랫동안 생물학자들의 주된 관심사였으 며 진화를 의심하는 사람들의 주된 피난처였다. 종 안에서의 변이와 진화('소진화')는 인정하지만 그 과정들로부터 새로운 종의 형성과 종 수준을 뛰어넘는 복잡한 특성의 진화('대진화')를 추정하기를 거 부하는 사람들을 심심찮게 볼 수 있다. 미국의 몇몇 주들은 학교 생물 교과서의 이 대목에 스티커를 붙이기까지 한다(287페이지의 그림 9.3을 보라).

다윈은 자연선택이 어떻게 눈과 같은 "극도로 완벽하고 복잡한" 기관을 빚어낼 수 있는지를 대단히 자세하게 설명했다. 다윈의 설명은 멋지다. 하지만 그것은 단순한 기관에서부터 복잡한 기관을 추정한 것일 뿐, 눈의 진화사에 대한 분명한 지식을 이용한 것이 아니었다. 복잡한 기관이 어떻게 만들어지고 진화하는지 당시로서는 자세히 알 수 없었고, 다음 세기 대부분에도 그랬다.

하지만 이제 더 이상 그렇지 않다.

지난 20여 년 동안, 복잡한 기관들, 특히 동물의 복잡한 기관들이 어떻게 만들어지고 진화하는지에 대한 직접적인 증거들이 쏟아져 나왔다. 새로운 이해를 촉진한 촉매는, 하나의 세포인 수정란이 수십억, 또는 수조 개의 세포로 구성된 복잡한 동물이 되는 과정을 연구하는 학문인 발생생물학의 발전이었다. 발생은 형태의 진화와 밀접한 관련이 있다. 왜냐하면 형태의 모든 변이와 변화는 발생 과정의 변화에서 기인하기 때문이다. 발생의 진화에 대한 연구—줄여서 이보디보라고 한다—는 복잡한 몸과 몸 부위들이 어떻게 진화했는지에 대한 놀랍고도 통찰력 가득한 발견들을 무수히 쏟아냄으로써 진화를 의심하는 사람들의 도피처를 허물어버렸다.●

이 장에서는 동물의 복잡하고 다양한 구조들이 어떻게 진화했는지를 설명하는 이보디보의 중요한 통찰력 몇 가지를 살펴볼 것이

● 나는 내 최근 저서 『이보디보, 생명의 블랙박스를 열다』에서 이 발견들과 그 의미들을 자세히 설명했다.

다. 나는 발생을 알면 복잡한 기관이 어떻게 만들어지는지를 알 수 있고, 서로 다른 종의 기관이 발생하는 과정을 비교하면 복잡성이 진화하는 과정을 알 수 있다는 점을 강조하여 설명할 것이다. 이 장에서 나는 몸과 기관을 만드는 특별한 유전자 집단과, 형태의 진화를 이해하기 위한 열쇠인 내가 아직 공개하지 않은 DNA 기록을 소개하겠다.

겉모습은 속임수이다: 모든 동물들은 기관과 몸을 만드는 유전자들이 들어 있는 도구상자를 공유한다.

내가 대보초에서 보았던 동물들은 동물계의 여러 주요 집단에 속하는 대표들이다. 대략 35개의 주요한 동물 집단, 즉 동물문 가운데, 자포동물(산호, 말미잘), 해면동물(해면), 연체동물(조개, 문어), 절지동물(게), 극피동물(불가사리, 성게), 그리고 척추동물(상어, 경골어류, 바다거북, 고래)이 있었다. 이 동물들의 대부분은 같은 종류끼리만 공유하는 특유의 구조들을 가지고 있다. 거북의 등껍질, 문어의 촉수, 조개의 껍데기, 게의 집게발 등등. 하지만 또한 그들은 눈처럼 비슷한 목적을 수행하는 기관들도 가지고 있다.

눈이 그 주인에게 유용하다는 것은 틀림없는 사실이다. 동물계에 존재하는 다양한 눈 형태들은 다윈 시대 이후 생물학자들의 의문과 호기심을 불러일으켰다. 우리와 같은 척추동물들의 눈은 수정체가 하나인 카메라 형태의 눈이다. 게와 같은 절지동물들의 눈은 수많은 독립적인 낱눈들이 시각 정보를 모으는 겹눈이다. 우리와 진화적으로는 멀지만, 문어와 오징어도 카메라 형태의 눈을 가지고 있다. 한 편 이들의 친척인 조개와 가리비들의 눈은 세 종류이다. 수정체가 하나인 카메라눈, 수정체 하나와 반사거울 하나를 갖춘 거울눈, 그리고 10개에서 80개의 낱눈들로 구성된 겹눈.

백 년이 넘도록, 엄청나게 다양한 눈 구조들은 서로 다른 동물 집단이 독립적으로 발명한 것으로 여겨져왔다. 위대한 진화생물학자 에른스트 마이어와 그 동료 L. V. 살비니-플라웬은 다양한 눈의 세포 구조를 바탕으로, 눈이 마흔 번에서 예순다섯 번에 걸쳐 제각기 발명되었다고 주장했다.

이런 주장은 일면 진화가 같은 필요(시각)에 대해 같은 해결책(눈)을 반복적으로 내놓을 수 있다는 개념을 뒷받침하는 것처럼 보이기도 한다. 눈의 반복진화설은 널리 받아들여졌다. 그런데 눈의 진화를 전면 재검토할 수밖에 없는 새로운 발견이 나왔다. 핵심 쟁점은 눈이 거듭 **무에서** 발명되었는가, 아니면 한두 종류의 공통조상에 존재하는 공통 성분들이 눈의 진화에 이용되었는가, 하는 것이다. 복잡한 기관의 진화가 일어날 수 있는 개연성과 확률을 따져보면, 확실히 아무것도 없는 데서 진화하는 것이 이미 있는 것을 이용하는 것보다 '어려워'(확률이 낮거나 빈도가 떨어져) 보인다. 그런데 엄청나게 다른 눈들이 우리가 생각하는 것보다 훨씬 더 공통점이 많다는 사실을 알려주는 새로운 증거들이 나왔으며, 다양한 눈들이 공유하는 공통 성분은 복잡한 기관이 어떻게 진화했는지에 대해 많은 것을 말해준다.

눈의 진화를 새롭게 바라보기 시작한 것은 1994년부터였다. 스위스 바젤 대학의 발터 게링과 그 동료들은 당시 초파리의 겹눈을 만

팍스-6 단백질 아미노산 서열

초파리 LQRNRTSFT<u>NDQIDS</u>LEKEFERTHYPDVFARERLA<u>G</u>KI<u>G</u>LPEARIQVWFSNRRAKWRREE

쥐   LQRNRTSFTQEQIEALEKEFERTHYPDVFARERLAAKIDLPEARIQVWFSNRRAKWRREE

인간   LQRNRTSFTQEQIEALEKEFERTHYPDVFARERLAAKIDLPEARIQVWFSNRRAKWRREE

그림 8.2. 팍스-6 눈 형성 유전자 초파리, 쥐, 인간의 팍스-6 단백질의 아미노산 서열 일부. 초파리와 포유류의 단백질이 매우 유사하다는 점, 쥐와 인간의 아미노산 서열이 똑같다는 점을 눈여겨보라.

드는 한 유전자를 연구하고 있었다. 돌연변이가 일어나 이 유전자가 작동하지 않으면 눈이 형성되지 않았다. 초창기의 초파리 유전학자들은 이 유전자를 아이리스(eyeless, 눈 없음)라고 불렀다(많은 유전자들의 이름은 돌연변이가 일어날 때 무엇이 잘못되느냐에 따라 붙여졌다. 아이리스 유전자가 정상적으로 해야 하는 일은 눈 형성을 촉진하는 것이다). 아이리스 유전자를 지정하는 DNA를 분리해냈을 때, 연구자들은 아이리스 유전자가 놀랍게도 쥐와 인간에서 발견된 두 개의 유전자가 지정하는 단백질과 놀랍도록 비슷한 단백질을 만든다는 사실을 발견했다. 쥐가 만드는 단백질은 스몰아이(small eye, 작은 눈)라고 불렸고, 이것 역시 눈―쥐의 카메라눈―을 만드는 데 관여했다. 인간의 단백질 역시 결함이 생기면 홍채 또는 눈의 대부분의 부위가 생기지 않는 병을 일으키기 때문에 아니리디아(Aniridia, 무홍채)라고 불린다. 초파리, 쥐, 인간의 단백질은 너무 비슷해서 똑같은 단백질을 보고 있다는 생각이 들 정도다^{그림 8.2}. 현재 이 단백질은 다소 밋밋한 팍스-6Pax-6이라는 한 이름으로 불린다.

팍스-6이 초파리와 포유류의 눈처럼 형태가 매우 다른 눈의 형성에 모두 관여한다면, 이것이 단지 우연일까, 아니면 우리가 모르는 중요한 뭔가가 있다는 뜻일까? 다시 말하면, 파리와 포유류가 무에 서부터 눈을 진화시키면서 우연히 똑같이 팍스-6을 이용하게 되었 을까, 아니면 겉으로는 달라 보이는 눈들이 실은 우리가 생각하는 것 보다 훨씬 가까우며, 똑같이 팍스-6의 명령으로 눈이 형성된다는 것 은 뭔가 근본적인 공통 원리가 있다는 증거일까?

어느 쪽이 맞는지를 확인해주는 발견들이 계속 이루어졌다. 첫 번째는 초파리의 팍스-6 유전자를 쥐의 팍스-6 유전자로 교환해도 초파리의 눈이 발생한다는 것을 보여준 실험들이었다. 스위스의 연 구자들은 특수 기술을 이용해 초파리의 팍스-6 유전자를 다리, 날 개, 또는 더듬이 같은 엉뚱한 장소에서 발현시켰는데, 어디에 놓아도 눈 조직 형성을 유도할 수 있었다! 그들은 또 다른 실험에서, 쥐의 팍 스-6 유전자도 초파리 눈 조직을 유도할 수 있음을 발견했다. 분명 이 유전자들은 단지 비슷한 염기서열을 갖는 것이 아니라 똑같은 능 력을 가지고 있었다. 3장에서 DNA가 암호화하는 어떤 것도 자연선 택 없이는 오랜 시간을 견딜 수 없다고 한 이야기를 기억하는가? 어 떤 이유인가로 팍스-6 단백질의 기능과 아미노산 서열이 동물이 진 화하는 오랜 시간 동안―무려 5억 년이 넘게―보존된 것이다.

팍스-6 유전자가 보존된 이유는 다른 동물들에서도 눈을 만드는 데에 팍스-6가 사용된다는 사실이 밝혀짐으로써 분명해졌다. 오징 어, 플라나리아, 그리고 끈벌레에서 분리된 팍스-6도 각 생물의 복 잡하거나 단순한 눈의 발생에 사용되고 있었다.

팍스-6이 그토록 다양한 동물의 눈 발생에 관여하고 있다면, 그 종들이 그저 우연히 팍스-6 유전자를 이용하게 되었을 리가 없다.

팍스-6이 눈 발생에서 폭넓게 활약하는 데는 역사적인 이유가 있는 것이 분명하다. 곧, 이 동물들의 공통조상이 아주 원시적인 형태의 어떤 눈을 만들 때 팍스-6을 사용했기 때문일 것이다. 이 조상의 후손들에서 진화한 더 복잡하고 경이로운 눈들은 모두 이 주춧돌 위에서 지어졌을 것이다.

그러면 흥미로운 질문이 이어진다. 이 주춧돌이 무엇이었을까? 공통조상에게 있었으며 더 복잡한 눈의 진화에 쓰인 그 성분이 무엇일까? 이것은 복잡성이 어떻게 진화했는지를 밝혀줄 열쇠이다.

우리는 팍스-6 유전자의 기능 말고도 눈의 발생에 필요한 성분들과 눈의 기능에 대해 많은 것을 알고 있다. 모든 눈은 광수용기라고 하는 빛 감지 세포들과 광수용기 세포에 도달하는 빛의 각도를 결정하는 색소세포들로 구성되어 있다. 따라서 가장 원시적인 눈도 이 두 가지 종류의 세포로 되어 있었다고 보는 것이 타당하다. 다윈도 그렇게 추론했다. "눈이라고 부를 수 있는 가장 단순한 기관은 시신경으로 이루어져 있고, 색소세포로 둘러싸여 있고, 투명한 막에 덮여 있었지만 수정체나 굴절 매체는 없었다."

두 개의 세포로 이루어진 이처럼 단순한 눈을 실제로 바다에 사는 갯지렁이류인 곱사참갯지렁이*Platynereis dumerilii* 같은 생물의 유충에서 발견할 수 있다. 수정란에서 발생을 시작한 지 만 하루가 지나면 유충이 앞쪽 끝에서 두 개의 세포로 된 한 쌍의 눈을 '게슴츠레 뜬다' 그림 8.3. 위쪽. 그러나 간단한 구조와 겉모습에 속으면 안 된다. 이 눈은 더 복잡한 눈에서 사용되는 구성요소들을 이용한다. 예를 들어 이 단순한 눈의 광수용기 세포들은 빛을 감지할 때 우리가 앞의 여러 장에서 이야기했던 것과 똑같은 옵신 단백질을 이용한다. 실제

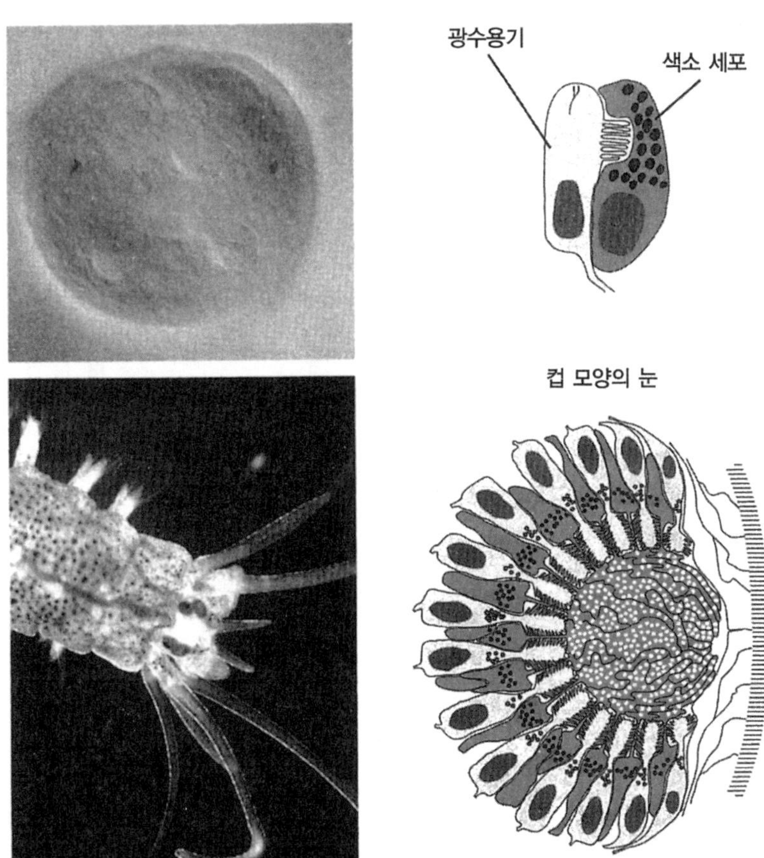

그림 8.3. 바다에 사는 갯지렁이의 단순한 눈과 복잡한 눈 갯지렁이는 발생 만 하루가 지난 유충에서 한 쌍의 단순한 눈이 형성된다(왼쪽 위). 각각은 두 개의 세포로 이루어져 있다(오른쪽 위). 성체가 되면 두 쌍의 눈이 형성된다(왼쪽 아래). 이것은 컵 모양으로 배열된 더 많은 세포로 이루어져 있다(오른쪽 아래). 여러 개의 같은 유전자들이 이 두 종류의 눈을 만드는 데 사용된다. 그림과 사진: 독일 하이델베르크에 있는 유럽 분자생물학 연구소 데틀레프 아렌트(아렌트 등의 「발생」 129(2002), 1143쪽에 실린 것을 다시 그림)와 생물학자들의 모임Company of bioogist의 허가를 받아 사용됨. 단, 아랫줄 왼쪽 사진은 하워드 휴즈 의학연구소와 위스콘신 대학의 벵자멩 프뤼동의 허락을 받아 실음).

로, 모든 동물의 눈은 빛을 감지할 때 옵신을 이용한다. 그렇다면 대다수 동물들의 공통조상이 가지고 있던 원시적인 눈에 옵신이 존재했으며 그 이후 모든 형태의 눈이 빛을 감지하는 데 옵신을 이용했다고밖에는 달리 설명할 길이 없다.

더 복잡한 눈이 어떻게 만들어지고 진화하는지를 밝혀줄 단서도 이 갯지렁이 유충에서 나왔다. 두 개의 세포로 이루어진 단순한 유충의 눈 근처에서 더 크고 컵 모양으로 생긴 성체의 눈이 발생하기 시작해 더 많은 광수용기 세포와 색소세포들과 결합한다_{그림 8.3, 아래쪽}. 이 경우에 복잡성은 같은 종류의 눈 세포를 3차원으로 여러 개 배열하기만 하면 되는 문제다. 다시 말해, 같은 건축 재료로 다른 구조를 만드는 것과 같다. 게다가 동일한 도구가 쓰인다. 팍스-6 유전자 외에도 파리와 척추동물에서 눈을 만드는 것으로 알려진 유전자들 가운데 최소 두 종류가 갯지렁이의 눈 발생에 관여한다. 갯지렁이 유충의 아주 기본적인 눈 세포 형태가 여전히 원시적이지만 더 커다란 성체의 눈이 되고, 그 과정에서 훨씬 정교한 겹눈과 카메라눈을 만드는 데 사용되는 것과 똑같은 유전자들이 쓰인다는 사실은 복잡성이 어떻게 만들어지고 진화하는지를 밝혀준다. 발생 과정에서 몇 종류의 세포들이 많은 수가 합쳐져 복잡한 기관이 만들어지듯이, 진화에서는 똑같은 종류의 세포들과 눈 유전자들이 오늘날의 눈을 만드는 데에 이용되었던 것이다. 똑같은 세포 벽돌과 유전자 '도구들'이 다양한 동물에서 구조가 서로 다른 눈을 만드는 데에 이용되었다.

그러니까 오늘날의 서로 다른 눈들은 광수용기 세포와 색소세포의 단순한 배열이라는 비슷한 지점에서 출발해 서로 다른 진화의 길을 걸어온 결과이다. 무에서 출발한 것이 아니다. 또한 겹눈에서 카메라눈이 진화한 것도 아니며, 그 반대의 경우도 아니다. 오늘날의 복잡한 형태들만 놓고 생각하면, 한 종류의 눈이 다른 종류의 눈으로 변한 것이라고 생각할지도 모른다. 그런데 그러한 전환이 일어나려

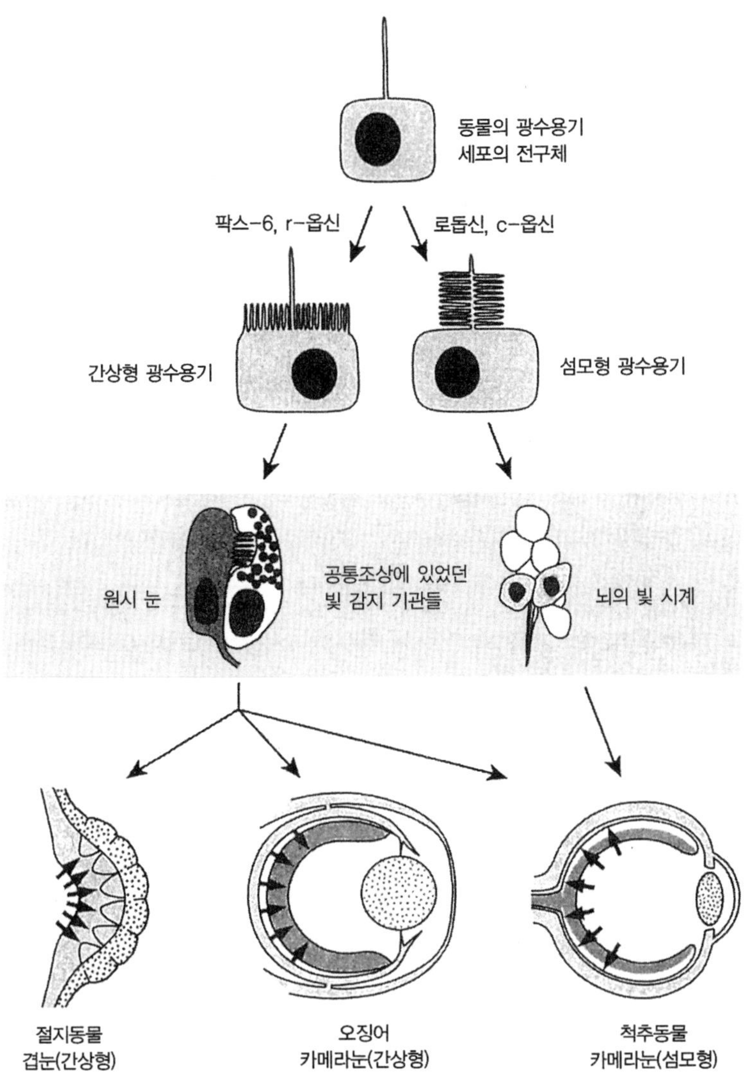

그림 8.4. 복잡한 눈의 기원과 진화 광수용기 세포들은 팍스-6 유전자의 제어 아래 동물들의 조상에서 진화했으며 옵신을 통해 빛을 감지한다. 복잡한 눈들은 광수용기와 색소세포들의 단순한 배열에서 진화했다. 좌우대칭동물의 공통조상은 두 종류의 광수용기 세포를 가지고 있었다. 원시 눈의 시각에 관여한 간상형과, 뇌에서 빛을 감지하는 생체시계에 관여한 섬모형이다. 간상형 광수용기는 절지동물과 두족류의 눈에 동원되었고, 척추동물의 눈의 진화에는 두 종류의 광수용기가 모두 동원되었다. 그림: 리앤 올즈.

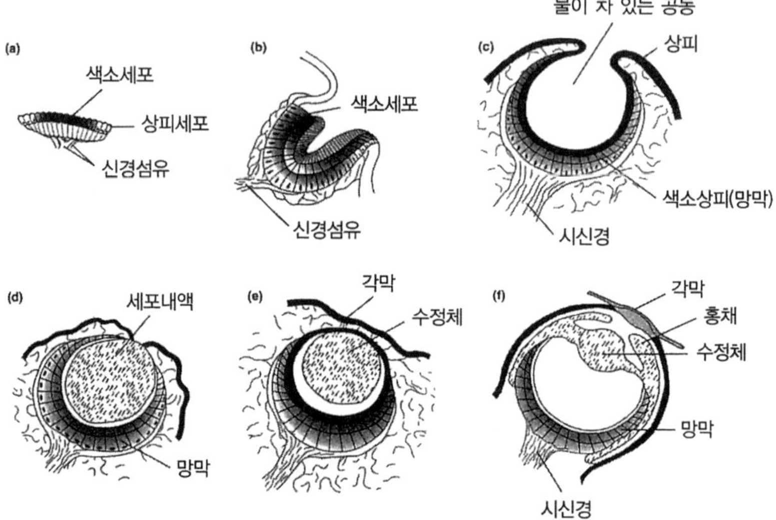

그림 8.5. 연체동물에서 나타나는 눈 진화의 다양한 단계들 연체동물의 눈 구조는 단순한 안점 (a)에서부터, 컵 모양의 눈(c), 세포내액이 차 있는 눈(d), 수정체로 덮인 눈(e), 오징어의 복잡한 눈 (f)에 이르기까지 다양하다.   그림: 보스턴 존스 앤 바틀렛 출판사에서 출간된 M. W. 스트릭버거의 『진화』 (1990)에 실린 그림을 허가를 받아 실음.

면 중간에 기능이 저하되는 단계를 거치지 않을 방도가 없다. 하지만 진화는 그런 식으로 일어나지 않았다.

그보다는 눈의 진화는 단순한 원시 눈에서 복잡한 눈이 반복해 서 진화하는 패턴을 띠었던 것 같다[그림 8.4]. 더 나은 광학적 자질을 갖 춘 복잡한 눈이 진화하는 과정에서 자연선택이 무슨 역할을 했을지 는 쉽게 이해할 수 있다. 시작은 단순했어도 그렇게 눈의 기능을 향 상시키는 변화들이 누적되어 합쳐졌을 것이다. 실제로 연체동물이 라는 한 동물문만 보더라도, 여러 등급의 복잡성을 갖는 다양한 눈 이 있다[그림 8.5]. 스웨덴 룬드 대학의 단 닐손과 수산네 펠게르가 설계 한 컴퓨터 모델은, 작은 변이에 대한 선택이 50만 년 동안 2,000단계만 거치면 단순한 원시 형태에서 카메라눈을 만들어낼 수 있음을 보여주었다.

또한 눈의 진화사가 점점 밝혀지면서 눈 형태들 사이에 존재하는 특이하고 흥미로운 차이들 가운데 몇몇을 설명할 길이 열렸다. 예를 들어 사람의 눈에서 광수용기 세포들은 빛의 반대방향을 향하고 있고 눈의 뒤쪽에 있는 반면, 오징어 눈에서는 빛을 향하고 있고 눈의 앞쪽에 있다_{그림 8.4}. 둘 중 어떤 한 배열에서 다른 한 배열이 비롯되었다고 상상하기란 정말 어렵다(그리고 이제는 정말 그렇게 생각할 필요가 없다). 분명 카메라눈이 진화한 길은 하나가 아니며, 두족류와 척추동물이 생각해낸 해법은 서로 다르다.

눈의 진화에 얽힌 또 다른 골칫거리는 우리의 눈과 오징어나 초파리의 눈에 있는 광수용기의 유형이 다르다는 것이다. 인간을 포함한 척추동물의 눈에 있는 광수용기의 간상세포와 원추세포는 섬모형이라고 하며, 오징어와 초파리의 광수용체 세포는 간상형이라고 불린다. 둘의 구분은 많은 옵신을 수용하기 위해 광수용체의 막을 넓히는 방식과 관련이 있다. 이 차이는 척추동물과 나머지 동물의 눈이 '독립적인' 기원을 갖고 있다는 주장에서 자주 인용되는 대표적인 세포학 증거 중 하나였다.

또다시 보잘것없는 갯지렁이에서 나온 새로운 발견이 사람의 눈과 광수용기의 기원에 얽힌 수수께끼를 풀어주었다. 독일 하이델베르크에 있는 유럽 분자생물학 연구소EMBL의 데틀레프 아렌트와 동료들은 발생 중인 갯지렁이의 뇌에서 척추동물의 광수용기와 소름이 돋을 만큼 비슷한 섬모세포들을 목격했다. 추가 연구 결과, 갯지렁이 뇌의 이 섬모세포들은 갯지렁이의 눈이나 다른 무척추동물의 눈에 있는 광수용기 세포에서 발견되는 옵신보다는 척추동물의 옵신과 훨씬 비슷한 특정 옵신을 발현시킨다는 것이 밝혀졌다. 이 '섬모형' 뇌 옵신(c-옵신)은 시각이 아니라 갯지렁이의 생체시계 조절에 관여하는 듯하다. EMBL의 연구자들은 무척추 환형동물인 이 갯지렁이가 두 가지 알려진 유형의 광수용기와 옵신을 모두 가지고 있음을 밝혀냈다. 그렇다면 갯지렁이, 오징어, 척추동물의 공통조상도 두 종류의 광수용기와 옵신을 모두 가지고 있었다는 뜻이다. 간상형 광수용기와 그 옵신(r-옵신)은 절지동물과 두족류의 시각계에 동원되었고, 섬모형 광수용기와 그 옵신(c-옵신)은 척추동물의 시각에 동원되었다[또한, 척추동물의 눈은 간상형 광수용기 세포들로 망막 신경절 세포(망막에서 신호를 받아서 뇌로 전달하는 세포)를 만든 것 같다. 따라서 척추동물의 눈은 광수용기 세포의 두 유형 모두에서 비롯된 것 같다].

이리하여 눈은 진화로 설명하기 가장 힘든 구조이기는커녕, 진화가 공통의 유전자 도구를 이용해 복잡한 기관을 어떻게 만드는지를 보여주는 대표적인 사례가 되었다. 이보디보의 발견들은 공통의 유전자 도구들이 온갖 동물들의 현격히 다른 심장, 소화관, 근육, 신경계, 팔다리를 만드는 데에 사용된다는 사실을 보여준다. 광수용기 세포가 오래된 세포이듯, 수많은 조직과 기관을 이루는 세포들도 오래되었다. 게다가 우리는 유전자와 게놈 서열을 통해, 대부분의 동물들이 몸과 기관을 만드는 비슷한 유전자 도구상자를 가지고 있음을 알게 되었다(우리가 속한 동물문인 척추동물문은 이러한 도구상자 유전자 Tool-kit gene들을 많이 가지고 있는데, 대규모의 게놈 중복이 일어났기 때문이다). 이것은 그 도구상자가 오래되었고, 현생 동물의 몸과 몸 부위 형태들의 대부분이 진화하기 전에 공통조상에 존재한 것이 틀림없다는 뜻이다.

그 공통조상의 신분은 모른다. 하지만 그 모습을 대충 그려보면? 아마도 완전한 유전자 도구상자, 여러 유형의 세포들, 단순한 기관을 갖추고 있는, 몸이 작고 연체성이며 바다에서 자유롭게 헤엄치는 갯지렁이 유충^{그림 8.3, 왼쪽 위}과 비슷한 동물의 모습이 동물계의 대부분을 만든 주춧돌에 가장 근접한 스케치가 아닐까.

발생과 도구상자 유전자에 대한 새로운 발견들은 복잡한 기관이 어떻게 만들어지고 진화했는지를 실감나게 보여준다. 그런데 여기서 일종의 역설이 생긴다. 공통적인 세포 유형과 몸 형성 유전자들이 그렇게 많은데 어떻게 형태들 사이의 엄청난 차이가 생기도록 진화할 수 있었을까?

다양성은 몸을 만드는 비슷한 유전자들을 다르게 사용한 결과

형태의 진화를 더 파헤치기 전에, 팍스-6을 포함한 도구상자 단백질들과 앞의 장들에서 이야기한 종류의 단백질들 사이의 중요한 차이를 구분 짓고 넘어가는 것이 좋겠다. 옵신, 글로빈, 리보뉴클레아제, 후각 수용체, 등등은 **생리기능**—시각, 호흡, 소화, 후각—에 직접적으로 관여하는 단백질들이다. 팍스-6과 다른 도구상자 단백질들은 **형태**를 만드는 일에 전념한다. 즉 몸 부위의 개수, 크기, 모양뿐 아니라 몸의 세포 유형을 정한다. 대부분의 도구상자 단백질들은 수많은 유전자들이 언제 어디서 사용될지를 제어하는 일에 직접적, 또는 간접적으로 관여한다. 팍스-6 단백질의 극적인 영향—

활성화되지 않으면 눈이 발생하지 않고 활성화되는 곳에서 눈이 유도되는 것 — 은 이 단백질이 다른 수많은 유전자들과 발생의 단계들에 영향을 미치는 것에서 기인한다. 게다가 팍스-6 단백질과 대부분의 다른 도구상자 단백질들은 몸과 몸 부위들을 만드는 과정에서 여러 가지 일을 한다. 예를 들어 팍스-6 단백질은 포유류에서 뇌와 코의 일부를 만드는 데에 관여한다. 몇몇 도구상자 단백질들은 만들거나 다듬는 몸 부위가 10개, 20개, 혹은 더 많은 경우도 있는 듯하다.

생리기능에 관여하는 단백질과 몸 구성에 관여하는 단백질의 절대적으로 중요한 차이점 한 가지는 이 단백질들을 바꾸는 돌연변이의 여파다. 옵신 단백질을 바꾸는 돌연변이는 기껏해야 눈에 있는 간상세포나 원추세포에서 감지되는 빛 스펙트럼에만 영향을 미칠 수 있다. 하지만 도구상자 단백질에 일어난 돌연변이는 눈을 완전히 못 쓰게 만들 수 있을 뿐 아니라 다른 몸 부위에도 영향을 미칠 수가 있다. 그래서 도구상자 단백질을 바꾸는 돌연변이들은 대개 치명적이며, 자손으로 전달될 확률이 없다. 이런 이유 때문에 형태의 진화는 도구상자 단백질 자체를 바꾸기보다는 도구상자 단백질들의 사용방식을 바꿈으로써 일어나는 경우가 많다.

여기에 형태의 진화가 주로 단백질은 지정하지 않고 도구상자 유전자의 사용방식을 지시하는 DNA 부위의 변화로 일어난다는 것을 보여주는 두 가지 사례를 소개한다. 이 DNA 부위는 아직은 연구가 덜 되어 충분히 밝혀져 있지 않지만, 공통된 도구들을 사용해 어떻게 형태의 위대한 다양성을 만들어냈는지를 밝혀줄 열쇠가 여기에 들어있다.

크고 복잡한 동물의 두드러진 특징 한 가지는 몸 부위가 반복적으로 구성되어 있다는 것이다. 조직과 기관이 세포 벽돌로 만들어지듯, 동물의 몸은 기본 벽돌로 만들어진다. 예를 들어, 체절은 절지동물(곤충, 거미, 갑각류, 지네류)의 기본 벽돌이고, 척추는 우리와 같은 척추동물의 등뼈를 만드는 기본 벽돌이다. 절지동물의 수많은 부속지들(다리, 발톱, 날개, 더듬이, 등등)과 척추동물의 갈비뼈 같은 많은 구조들이 이러한 기본 벽돌에서 생긴 반복 구조들이다. 큰 규모의 몸 진화에 나타나는 한 가지 보편적인 추세는 반복 부위의 수와 종류 변화다. 절지동물문에 속하는 강들을 구별하는 주요 특성은 체절의 수와 부속지 종류이다. 마찬가지로, 척추동물문에 속하는 강들은 척추의 수와 종류(경추, 흉추, 요추, 천추)가 서로 다르다.

반복 부위의 개수와 형태 차이는 상위 분류군에서만 나타나는 것이 아니다. 가까운 종들 사이에서나 개체군들 사이에서도 발견된다. 예를 들어, 큰가시고기는 북아메리카의 대부분의 호수에서 두 가지 형태로 나타난다. 하나는 얕은 물의 밑바닥에서 사는 가시가 짧은 형태이고, 또 하나는 드넓은 물에 사는 가시가 완전한 형태^{그림 8.6}이다. 배지느러미 가시는 실제로는 큰가시고기의 배지느러미 골격의 일부이며, 배지느러미와 가슴지느러미는 반복 구조들이다. 배지느러미 가시의 길이는 포식자 선택압을 받고 있다. 탁 트인 물속에서는 긴 가시가 큰 포식자에게 잡아먹히는 것을 막아주기 때문에 도움이 된다. 하지만 호수 바닥에서 기다란 배지느러미 가시는 거추장스러운 짐이다. 잠자리 유충은 가시를 붙잡고 어린 큰가시고기를 잡아먹기까지 한다.

큰가시고기 개체군의 진화는 최근에 일어난 일이다. 그들이 사는

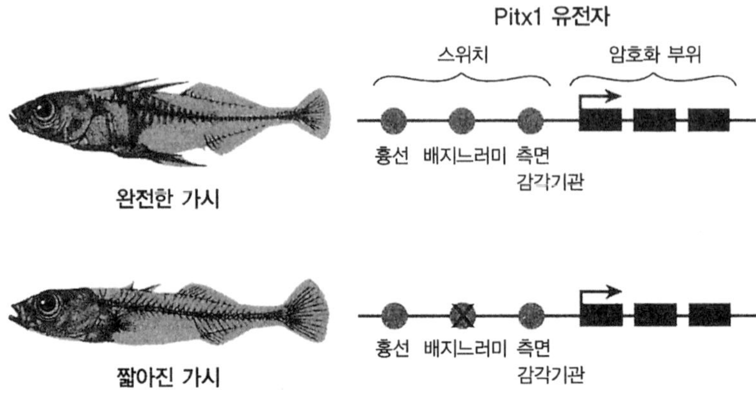

그림 8.6. 큰가시고기 배지느러미 골격의 진화 호수에서 큰가시고기는 두 형태로 나타난다. 바닥에 사는 형태는 배지느러미 골격이 짧다. 배지느러미 골격의 축소는 배지느러미 발생 과정에서 Pitx1 유전자의 사용방식을 제어하는 유전자 스위치의 기능에 일어난 변화 때문이다(X).　　**그림: 리앤 올즈.**

호수는 약 1만 년쯤 전 마지막 빙하기에 빙하가 물러나면서 형성되었다. 호수마다 바다에 살던 큰가시고기 개체군이 들어와 살면서 짧은 가시 개체군과 긴 가시 개체군으로 빠르게 갈라졌으며, 이런 분화는 여러 번 반복해서 일어났다. 큰가시고기의 빠른 진화를 입증해주는 아주 특별한 화석 기록들이 발견되고 있다.

두 개체군은 아주 최근에 진화했기 때문에 여전히 함께 짝짓기를 하고 자손을 낳을 수 있다. 덕분에 유전학자들은 몸 형태를 서로 달라지게 하는 유전자 변화를 추적할 수 있다. 최근에 스탠포드 대학과 브리티시 콜롬비아 대학의 데이비드 킹슬리와 돌프 슐터, 그리고 동료들은 큰가시고기에서 서로 다른 형질의 진화에 관여한 유전자들을 찾아낼 수 있었다. 배지느러미 가시라는 한 형질의 진화에서 우리는 도구상자 유전자의 사용 방식이 변화함으로써 어떻게 반복 구조 형태가 진화하는지를 배울 수 있다.

바닥에 사는 개체군에서 가시가 짧아진 것은 배지느러미가 발생할 때 골격에 축소가 일어나기 때문이다. 배지느러미 골격의 축소에 관여하는 주된 유전자는 Pitx1이라는 도구상자 유전자라는 것이 최근에 확인되었다. Pitx1은 전형적인 도구상자 유전자로 큰가시고기의 발생 과정에서 다른 유전자들을 제어함으로써 여러 가지 임무를 수행한다. 또한 쥐 같은 다른 동물들에서 이와 매우 닮은 유전자들이 발견된다. 쥐에서 Pitx1은 뒷다리를 앞다리와 달라지게 만든다(다리 역시 반복 구조의 하나다).

우리는 화석기록을 통해 배지느러미가 네 발 동물이 지닌 뒷다리의 진화적 선조였음을 알고 있다. Pitx1이 어류의 배지느러미와 포유류의 뒷다리의 발생에 관여한다는 사실은 두 형질의 진화사적 관련성을 뒷받침하는 또 하나의 좋은 증거다. 하지만 여기서 내가 짚고 넘어가고 싶은 점은 Pitx1 유전자의 변화가 어떻게 이 유전자가 관여하는 다른 몸 부위들에는 영향을 미치지 않은 채로 큰가시고기의 배지느러미 골격만을 축소시키는가이다.

단서는 짧은 가시 형태와 완전한 가시 형태의 Pitx1 단백질들의 비교에서 나온다. 단백질의 아미노산 서열에는 단 하나의 차이도 없다.

잠깐, 조금 전에 Pitx1의 변화가 배지느러미 골격을 달라지게 만든다고 말하지 않았던가? 맞다. 그랬다. 이런 역설이 발생하는 이유는 모든 유전자에 암호화 부위뿐 아니라 **조절기능**을 하는 비암호화 서열이 포함되어 있기 때문이다. 조절 DNA에는 각각의 유전자를 언제 어디서 사용하고 사용하지 않는지를 결정하는 스위치 같은 장치가 들어 있다. 도구상자 유전자들은 개별 스위치들을 여러 개 지닐 수 있으며, 각각의 스위치는 저마다 서로 다른 몸 부위에서 유전자가 사용되는 방식을 제어한다. 스위치들의 기능은 DNA 염기서열에 따라 다르며, 염기서열의 변화는 스위치의 작동방식을 바꿀 수 있다. 스위치들의 한 가지 중요한 성질은 한 스위치에 변화가 일어나도 다른 스위치들의 기능에는 영향을 주지 않는다는 것이다. 형태가 어떻게 진화했는지에 대한 열쇠가 여기에 있다. 곧 도구상자 유전자는 다른 구조에 영향을 미치지 않는 방식으로 한 구조에 맞게 사용방식을 조정할 수 있는 것이다.

가시가 짧은 큰가시고기에서 Pitx1 유전자는 실제로 배지느러미 발생에는 관여하지 않는다. 뒤쪽 부속지 발생에 관여하는 스위치의 변화는 큰가시고기 골격에서 배지느러미 부위만을 선택적으로 줄일 수 있었다^{그림 8.6}. 큰가시고기의 예는 어떻게 몸 구조의 굵직굵직한 변화가 신속하게 진화할 수 있는지를 DNA라는 근본적인 차원에서 보여준다.

뒤쪽 부속지의 축소는 척추동물의 진화에서 여러 차례 일어났다. 고래목과 매너티는 땅에 사는 조상들에서 수중 형태로 진화함에 따라 뒷다리가 줄었고, 뱀과 다리 없는 도마뱀들도 뒷다리가 줄었다. 큰가시고기는 물론 내가 이 책에서 설명하지 않은 다른 동물들에 대한 연구들은 몸 형태의 그러한 변화와 복잡한 구조가 어떻게 만들어질 수 있는지를 잘 보여준다.

구조의 축소와 상실은 형태 진화의 한 가지 모습일 뿐이다. 당연히 우리는 새로운 형태가 어떻게 진화하는지도 알고 싶다. 비결은 역시 스위치의 진화에 있다.

무수히 다양하고 무한히 아름다운 파리들

색깔과 아름다움으로 치면 동물계에서 열대어, 나비, 새들을 따를 자가 없지만, 생물학계에서는 초파리를 앞지를 동물이 거의 없다. 초파리의 몸 형성 유전자들의 발견은 발생생물학의 부활과 이보디보의 출현을 가져왔다. 더 최근에는, 새와 나비의 날개 무늬만큼 화려하지는 않아도 무척이나 다양한 초파리 날개 무늬를 통해 새로운 형질이 어떻게 진화하는지를 알 수 있게 되었다.

실험실 초파리인 노랑초파리 *Drosophila melanogaster*는 빛깔이 없는 날개를 가지고 있지만, 같은 과에 속하는 많은 사촌들은 엄청나게 다양한 검은 색소 무늬를 보인다. 이런 색소 무늬는 많은 종에서 수컷에만 나타나고, 수컷은 암컷 앞에서 몸을 흔들거나 우쭐대며 아름다운 구애 춤을 출 때 이 무늬를 과시한다. 가장 흔한 모양은 날개 끝 부분의 검은 점이다.

위스콘신 대학의 내 실험실 식구들은 이 검은 점들이 어떻게 만들어지고 진화하는지를 추적하고 있다. 이 점들은 '오래된' 유전자들이 새로운 꾀를 낼 때 새로운 패턴이 진화한다는 일반 현상을 멋지게 보여주는 사례이다.

검은 점을 만들기 위해서는 7장에서 설명한 검은색 색소인 멜라닌을 합성하는 효소들이 필요하다. 이 효소들을 도구상자에 든 그림붓들이라고 생각해보자. 이 그림붓들은 날개에 검은 무늬가 있는 종에서 무늬들을 그리는 데에 사용된다. 검은 무늬들의 형태는 그림붓 유전자의 암호화 부위를 둘러싼 스위치들이 조절한다. 날개에 검은 점이 진화할 때 그림붓 유전자들의 스위치에 여러 변화들이 일어났

그림 8.7. 초파리 날개 패턴의 위대한 다양성 이 작은 곤충의 날개들은 어떻게 같은 유전자 도구를 바탕으로 무한히 다양한 패턴이 진화하는지를 보여주는 대표적인 예이다. 몽타주 사진: 니콜라스 곰펠과 벵자멩 프뤼동.

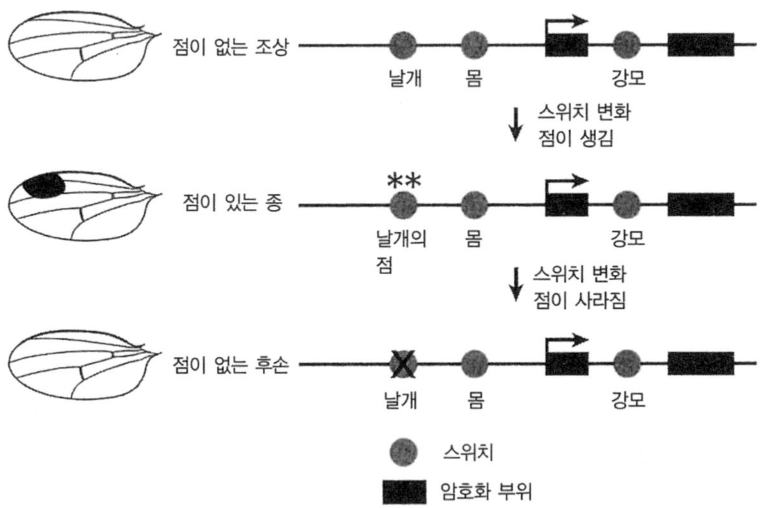

그림 8.8. 날개의 점은 그림붓 유전자의 특정 스위치를 통해 생기고 없어진다 날개에 점이 없는 조상에서 점이 진화하기 위해서는, 날개의 발생과정에서 검은 '그림붓' 유전자의 사용방식을 제어하는 유전자 스위치의 변형이 필요했다(별표). 날개의 점만 선택적으로 없어지는 것은(다른 몸 부위에 영향을 주지 않고), 날개의 점을 제어하는 유전자 스위치에 돌연변이가 발생함으로써 일어났다. 그림: 제이미 캐럴.

다. 선명한 검은 점이 생기는 과정은 "자, 지금은 없죠? 됐어요. 이제 보이죠?" 같은 식의 한 단계 진화가 아니었다. 그보다는 여러 단계의 변화들을 거치면서 점의 농도와 모양이 서서히 진화했다. 그러니까 이 '단순한' 점이 실은 오랜 시간에 걸쳐 수많은 변이들을 '덧칠'해서 만든 매우 복잡한 형질이라는 것이다. 우리가 다른 몸 형질들의 진화에 대해 알고 있는 것과 마찬가지로 말이다.

우리 연구실은 한 그림붓 유전자에서 날개 무늬에 관여하는 스위치에 일어난 변화들을 찾아냈다^{그림 8.8}. 이 그림붓 유전자에는 다른 별도의 스위치들도 있으며 이들은 다른 몸 부위들(예를 들어 가슴과

배)이나 발생의 다른 단계(예를 들어 초파리 유생)에 관여한다. 따라서 거듭 말하지만, 도구상자 유전자는 개별 스위치들이 독립적으로 작용하는 덕분에 몸의 다른 부위에서 하는 일은 그대로 수행하면서 몸의 특정 부위에만 변화를 일으킬 수 있다. 다른 종에서는 다른 스위치들이 다른 무늬를 만들기 위해 변형되었다.

검은 점은 진화한 이후 많은 후손 종들에게 유전되었다. 그런데 신기하게도 몇몇 종에서는 사라지기도 했다. 형질의 소멸은 우리가 생각하는 것보다 진화에서 훨씬 더 자주 일어난다. 날개의 점의 경우, 암컷이 그 형질을 더 이상 선택하지 않게 되어 그 형질을 유리하게 하는 선택압이 사라지고, 그 결과 수컷에서 점이 사라졌을 것이다. 우리 실험실에서 점이 어째서 사라졌는지 조사한 결과, 조상에서 점을 만들었던 스위치에 돌연변이가 누적되어 스위치가 망가져 있었다. 5장에서 설명한 화석 유전자들처럼 말이다. 단백질이 돌연변이로 인해 사라질 수 있는 것처럼 스위치들도 돌연변이로 인해 고장 날 수 있다. 멋진 차이점은, 스위치 하나가 고장 나도 그림붓 유전자가 다른 몸 부위들에서는 하던 일을 계속한다는 것이다.

초파리들은 성선택과 자연선택의 영향 아래 몸 색깔 유전자의 스위치들을 조작함으로써 엄청나게 다양한 날개 무늬를 진화시켰다. 이 작은 곤충의 날개가 갖는 중요성은, 겉으로 보이는 다양한 무늬가 실은 몸을 만들고 색칠하는 똑같은 도구상자 유전자들을 바탕으로 만들어질 수 있음을 보여준다는 데 있다. 비결은 유전자 스위치의 조작이다.

복잡성 만들기

나는 다음과 같은 다윈의 확신을 인용하면서 이 책의 1장을 열었다. "우리가 자연계의 모든 생성물을 오랜 역사를 갖고 있는 것으로 간주하고, 모든 복잡한 구조와 본능을, 제각기 그 소유주에게 유용한 수많은 고안물들을 모아놓은 것이라고 생각할 때…… 나의 경험으로부터 말하건대, 자연사 연구는 얼마나 더 흥미로워질 것인가!"

우리에게는 생소한 '고안물'라는 용어는 다윈이 수사적 효과를 위해 의도적으로 택한 것이다. 다윈은 목사였던 윌리엄 페일리가 그의 유명한 저서 『자연신학』(1802)에서 사용한 용어를 상기시킨 것이다. 페일리는 특정한 목적에 맞게 만들어진 자연의 고안물들은 신의 설계를 암시한다고 생각했다. "고안물에는 반드시 고안자가 있다. 설계에 설계자가 있듯이." 다윈은 페일리의 책에 깊이 빠졌으며 너무 많이 읽어서 외울 정도라고까지 말했지만, 『종의 기원』에 나오는 논증들의 대부분은 페일리의 설계론에 대한 직접적인 반박이었다.

다윈은 시간의 광대함을 이해하고 있었기 때문에 페일리나 같은 세대의 다른 사상가들보다 앞서 나갈 수 있었다. 지질학 소양이 풍부했던 다윈은 점진적 변화와 막대한 시간의 누적된 힘을 잘 알고 있었다. 그의 상상력, 아니 그의 이해력은 지구의 나이를 성경에 나오는 대로 해석하기에 급급했던 사람들을 훌쩍 넘어서 있었다. 다윈은 자신의 책을 읽을 잠재적 독자들의 뿌리 깊은 저항과 의심을 극복하려면, 엄청난 분량의 '사실들'을 결합하고, 가장 적절한 유비와 은유를 고르고, 가장 설득력 있는 문장을 써야 한다는 사실을 알았다. 그는 복잡한 구조, 혹은 고안물이 어떻게 생기는지를 밝히는 과정에서 사람들이 어떤 어려움을 겪을지 예상했다. 하지만 그는 그 일의 중요성과 그 일이 가져올 크나큰 효과 또한 잘 알고 있었다.

오늘날 진화와 관련한 사실들은 모든 분야에서 계속 늘어나고 있다. 발생생물학의 엄청난 발전인 이보디보와 DNA 암호의 해독은 진화의 과정과 역사 모두에 완전히 새로운 전망을 열어주고 있다. 발생생물학은 쉽게 관찰할 수 있는 시간 척도에서 복잡성이 어떻게 만들어지는지를 보여준다. 대보초에서 보았던 고래, 거북, 물고기, 게, 산호들은 복잡하다. 하지만 그들 모두는 한 개의 수정란으로 인생을 시작해, 며칠, 몇 주, 몇 달 동안 이제 우리가 자세히 알고 있는 과정을 거치며 복잡한 부위들을 갖는 완전한 개체가 된다. 이보디보는 일상적인 발생 과정에서 나타나는 종들의 차이를, 형태의 진화적 변화라는 긴 과정과 연결시킨다. 형태의 진화적 변화는 수천 세대 혹은 수백만 세대에 걸쳐 발생 과정에서 누적된 모든 변화들의 '총계'이다. 또한 우리는 DNA 기록을 통해 진화의 개별 단계들을 재구성해볼 수 있다.

외부의 지적 존재가 있다는 설계 논증은 의논할 가치도, 필요도 없다.

엄연히 존재하는 사실들을 놓고 어떻게 의심을 할 수 있는지 나는 도저히 상상이 가지 않는다. 수백 가지 질병들의 유전적 원인을 찾아내고, 유전자에서 수십 가지 신약들을 발명하고, 범죄수사학과 농업에 혁명을 가져온 바로 그 과학과 기술에서 얻어낸 사실들을 말이다. 그러나 이 모든 증거 앞에서도 생물의 진화를 의심하고 부인하는 사람들이 아직도 있다. 그들의 의심과 부인을 좀더 이해하기 위해 우리는 이제 과학적 증거의 영역을 떠날 것이다. 그러한 의심을 품는 이유는 과학적일 수도 없고 과학적이지도 않기 때문이다. 그것은 문화적인 이유이다. 특정 집단들이 자신들의 이기심과 이데올로기 때문에 새로운 과학지식을 부인했던 역사 속의 수많은 사례들에 비추어 이해하면 그런 일들을 잘 이해할 수 있다

이제 디저트를 먹으며 이야기를 나눌 시간이다.

프랑스 파리 브르퇴이 광장에 있는 루이 파스퇴르 상　　사진: 벵자멩 프뤼동의 허락을 받아 실음.

보는 것과 믿는 것

• • • • • • • • • • •

> 생각하는 것은 보는 것이다……. 모든 인간의 학문은 연역을 바탕으로 하는데, 이것
> 은 결과를 보고 원인을 이끌어내는, 일종의 느리게 보는 과정이다.
>
> **오노레 드 발자크, 「인간 희극」(1845)**

그곳은 범죄의 전당이라 불렸다.

프랑스 시골에 있는 그 병원에서는 수많은 여성 환자들이 감염으로 죽었다. 열여섯 명의 환자 중 열여섯 명이 모두 한꺼번에 죽자, 병원장은 이 문제를 해결하는 사람은 누구든 황금 동상을 지어주겠노라고 선포했다. 그러나 이 선언은 파리 의학아카데미에서 수렁에 처박혔다. 의사 한 사람이 질병이 의사의 손에 의해 퍼지고 있다는 의견을 조롱하고 있는데 분노에 가득 찬 한 청중이 벌떡 일어났다. "여자들을 죽이고 있는 것은…… 아픈 여성들의 치명적인 병균을 건강한 사람들에게로 옮기는 자들은 바로 당신네 의사들이오."

이 남자가 루이 파스퇴르였다.

때는 1879년이었다. 올리버 웬델 홈스와 이그나츠 제멜바이스라

는 두 의사가 '산욕열'을 예방하기 위해 손을 씻을 것을 제안한 이후로부터 30년이 지난 때였고, 파스퇴르가 공기가 미생물로 가득 차 있으며 미생물은 조건만 맞으면 자란다는 사실을 입증해보임으로써 당시 널리 받아들여지고 있던 자연발생설이 허구임을 폭로하고도 20년이 더 지난 때였다.

유럽의 일부 의사들과 성직자들은 산욕열이 여성의 출산행위에 대한 신의 처벌이라고 생각했다. 이 관점을 바꾼다는 것은 곧 치명적인 감염이 보이지 않는 뭔가 때문에 생긴다는 사실을 받아들여야 하는 일일 뿐더러 의사들이 자신들의 손으로 환자들에게 병균을 옮기고 있음을 인정해야 하는 일이었다.

고집스럽게 부인하는 사람들을 꺾을 유일한 방법은 확실한 증거였고, 파스퇴르와 여러 동시대 과학자들이 그 증거를 제공했다. 독일의 로베르트 코흐는 새로 나온 성능이 우수한 현미경을 이용해 탄저, 콜레라, 결핵을 일으키는 미생물들을 눈으로 확인했다. 스코틀랜드의 외과의사인 조지프 리스터는 파스퇴르의 세균설과 발효 연구를 바탕으로 상처와 수술도구를 멸균하는 방법들을 고안해내 수술로 인한 사망을 70퍼센트 넘게 줄였다.

가장 큰 파급효과를 끼친 것은 파스퇴르가 내놓은 증거들이었다. 1870년대에 프랑스에서 기르는 양과 소의 절반이 탄저로 죽어가고 있었다. 원인균을 배양하는 과정에서 엄청난 어려움을 겪었지만, 결국 파스퇴르는 백신 만들기에 성공했고, 1881년 임상실험에서 백신의 효과를 입증했다.

세균설(미생물병원설)은 전염병의 예방과 통제에서뿐 아니라 저온살균과 같은 보건 분야에서 이루어진 수많은 발전들의 밑거름이 되었다. 파스퇴르는 과학발전에 기여했을 뿐 아니라 과학적 방법을 직접 실천한 공도 크다. 그는 구할 수 있는 모든 자료들을 조사하고 그것을 토대로 가설을 세울 줄 알았고, 가설을 검증하는 엄밀한 실험을 설계했으며, 이론과 실험을 종합해 새로운 지식을 이끌어내는 창의력을 지니고 있었다.

파스퇴르는 실험 증거의 중요성을 분명하게 말했다.

상상은 우리의 생각에 날개를 달아주지만 우리에게는 언제나 확고한 실험 증거가 필요하며, 결론을 내리고 수집한 관찰들을 해석할 순간이 오면, 상상은 자제하고 실험에서 얻은 사실적 결과들로 상상을 입증해야 한다.

이제와 생각하면 의료계가 그토록 오랫동안 무지했다는 사실이 믿어지지 않는다. 하지만 당시는 의사들이 눈으로 볼 수 없는 것을 믿어야 했던 때였음을 염두에 두라. 그들, 아니 우리들 대부분에게는 보는 것이 곧 믿는 것이다. 우리는 우리 눈으로 본 것을 믿는다. 새로운 방식으로 보는 것은 과학사에서 새로운 개념을 발견하고 인정할 때마다 중요한 역할을 했다. 세균설의 가시적인 증거 ― 현미경으로든, 농장에서든, 병원에서든 ― 는 모든 의심을 날려버렸다.

찰스 다윈도 분명 파스퇴르 같은 연구방식을 추구했겠지만, 다윈은 불리했다. 그의 위대한 가설은 그의 살아생전에 검증되지도 입증되지도 않을 성질의 것이었기 때문이다. 파스퇴르처럼 다윈도 자연의 보이지 않는 힘을 전제로 했지만, 그는 뭔가를 동물의 몸에 주사하여 그 동물이 다른 형태로 진화하게 만들 수도 없었고, 현미경을 들여다보며 진화가 일어나는 모습을 볼 수도 없었다. 다윈은 자신의 이론을 세우고 뒷받침하기 위해 지질학 증거에서부터 화석 증거, 가축동물의 육종, 동식물에 대한 자연학자들의 풍성한 연구에 이르기까지 끌어모을 수 있는 모든 증거를 다 가져왔다. 그런데 진화의 시간 단위는 종의 변화를 직접 관찰하기에는 너무나 길다. 따라서 세균설의 경우처럼 사람들은 진화를 고집스럽게 부인했다.

어언 150년이 흐른 지금, 우리는 드디어 볼 수 있다. 우리는 더 이상 자연의 다양성을 '야만인이 기선을 쳐다보듯' 대하지 않는다. 새로운 DNA 기록에는 진화가 이루어지는 과정과 방식을 보여주는 증거가 무궁무진하다. 하지만 많은 사람들—정말 엄청 많은 사람들—이 과학자들이 보는 것을 보려 하지 않거나, 과학자들이 내린 결론을 믿지 않는다.

나는 리처드 파넥이 쓴 멋진 책 『보는 것과 믿는 것』에서 이 장의 제목을 빌려왔다. 이 책은 망원경의 발명을 다루면서, 망원경이 하늘과 우주 속의 인간의 위치에 관한 인식을 어떻게 바꾸었는지 보여주고 있다. 다윈처럼 갈릴레오의 관찰들과 개념들은 새로운 증거와 개념이 필요 없었던 권력자들에게 거부당했다. 그러나 결국 관찰할 수 있는 증거가 이데올로기의 저항을 압도했다. 자연선택, 모든 생물이 공통조상으로부터 유래한다는 것, 진화가 막대한 시간에 걸쳐 일어난다는 것을 입증하는 무수한 증거들을 목격하고 있는 사람으로서는, 수많은 사람들이 여전히 그 증거를 보지 않는다는 사실을 도저히 이해할 수 없다. 심지어 이 증거들을 지지하는 확고한 과학적 기반을 부인하고, 그 기반에 스며 있는 인간의 모든 성취를 싸잡아 비방하는 사람들이 있다는 데에 놀라움을 넘어 분노까지 느낀다.

　　진화를 뒷받침하는 사실들이 눈앞에 뻔히 놓여 있는데, 의심과 부인이 계속되고 있으며 심지어 증가하고 있다는 게 말이 되는가. 그 것도 21세기에?

　　나는 이 장의 후반부에서 진화를 부인하는 논증에 정면으로 맞설 것이다. 그러기 전에, 나는 과학적 사실과 증거가 무참히 짓밟힌 역사 속의 다른 사례들을 검토하면서 여러분에게 진화를 부인하는 사람들의 전략과 동기를 알려주려 한다. 갈릴레오 일화는 과학과 종교의 갈등을 말할 때마다 늘 증거물 제1호로 불려나오는 것이다. 이 이야기는 충분히 반복되었고, 지금 우리가 이야기하기에는 너무 먼 사건이다. 또한, 진화를 부인하는 동기가 종교적이긴 하지만 과학지식을 거부하는 밑바탕에 언제나 종교적 동기가 깔려 있는 것은 아니다. 그리고 모든 종교 정파가 진화과학과 사이가 나쁜 것도 아니다. 사실 그 반대다. 나는 케케묵은 역사를 재탕하는 대신, 흥미로우며 많은 생각할 거리를 주는 최근의 사례 두 가지를 소개하려 한다. 비교적 잘 알려져 있지 않은 이 이야기들은, 20세기 생물학을 완강히 거부한 사례들이다. 첫 번째 이야기는 유전학을 부인하고 더 나아가 DNA가 유전물질이라는 것을 부인한, 1920년대에서 1950년대 이후까지 소련에서 권력을 행사했던 생물학자들에 대한 것이다. 이들의 광기는 사실상 소련의 생물학을 망쳐놓다시피 하여 과학, 과학자, 대중 모두에게 비극적인 결과를 불러왔다. 두 번째 이야기는 세균설을 부인하고 나아가 예방접종의 과학과 그 의료적 가치를 아직까지도 적극적으로 반대하고 있는 카이로프랙틱(척추교정요법) 치료사들에 대한 것이다.

　　내가 여기서 고발하는 프랑스 의사들, 소련 생물학자들, 카이로프랙틱 치료사들은 진정으로 과학지식을 추구하고 적용하기보다 이데올로기와 이기심이 먼저였다. 오늘날 진화를 부인하는 사람들도 마찬가지다. 루이 파스퇴르는 이렇게 말했다. "지식은 인류의 유산이다." 이 유산을 보호하고 발전시키기 위해서 우리는 이 귀중한 유산을 위협하는 자들의 동기와 전략을 알 필요가 있다. 또한 필요하다면 그들의 잘못된 목표를 폭로하고 적극적으로 반대해야 한다.

소련 생물학의 독재자

트로핌 데니소비치 리센코(1898~1976)는 교육도 제대로 받지 못한 농부였지만 소련 최고인민회의의 대의원, 과학아카데미 세 곳의 정회원, 그리고 소련 과학아카데미 유전학 연구소 소장의 자리에 올랐다. 스탈린 상을 세 번이나 받았으며, '사회주의의 영웅'이라는 칭호를 받았고, 소련의 최고 훈장인 레닌 훈장을 **여덟 번**이나 받았다. 리센코는 25년이 넘게 소련의 생물학, 농업, 의학을 지배했다.

그리고 그것을 파괴했다.

리센코 이야기는 책 한 권으로 써도 모자란다. 그의 출세와 권력, 정치적 음모, 스탈린의 숙청에의 기여, 엄청난 무지와 터무니없는 과학기술에도 불구하고 오랫동안 소련 생물학을 좌지우지한 것 등을 다룬 책들이 여러 권 있다. 가장 심금을 울리는 두 권의 책은 리센코와 소련 정치제도의 희생양이었던 과학자들이 쓴 것이다. 조레스 메드베데프의 『T. D. 리센코의 등장과 몰락』과 발레리 소이페르의 『리센코와 소련 과학의 비극』은 진실을 위해 엄청난 희생을 감수한 진정

그림 9.1. 트로핌 데니소비치 리센코

으로 용기 있는 사람들의 폭로다.

　이러한 참극, 또는 리센코에 반기를 들었던 수많은 과학자들의 고통을 이 짧은 지면에서 다 다룰 순 없다. 나는 참된 과학이 이데올로기 또는 정치적 이유로 무시되었던 몇 가지 중요한 사건들에 초점을 맞출 것이며, 정치적 동기가 소련 생물학의 살과 피를 어떻게 갉아먹었는지를 살펴볼 것이다. 서방 사람의 관점으로 보기에 리센코 시대에 일어난 과학에 대한 대대적인 부인은 도저히 이해하기 어려우며, 그 부인을 지지하지 않은 사람들은 믿기지 않을 만큼 지독한 꼴을 당했다. 하지만 문화적 영향과 개인적 이해관계가 이러한 부인을 부추기는 경우는 이례적이지 않으며 과거에만 국한된 것도 아니다.

유전학은 부르주아 과학이다

멘델의 연구가 재발견된 후인 20세기 초, 유전자와 유전의 본질에 대한 연구를 이끈 사람은 T. H. 모건이었다. 초파리 연구를 통한 중요한 발견들로, 모건은 1933년에 노벨상을 받았다. 유전자는 세포 안의 기본입자이며 돌연변이를 겪는다는 사실은 종의 항상성과 변이 모두를 설명해주었다. 유전학은 소련을 포함한 전 세계에서 중요한 과학으로 인정받았다.

그때 리센코가 등장했다.

리센코의 출셋길은 아제르바이잔에 있는 간자 식물육종연구소에서 조수로 일하는 동안 맡았던 비교적 단순한 임무가 성공을 거두면서 열리기 시작했다. 소장은 당시 소련에서 가장 유명하고 성공한 생물학자들 가운데 하나였던 니콜라이 바빌로프였다. 바빌로프는 영국 과학자 윌리엄 베이트슨 밑에서 수학했었다. 베이트슨은 멘델의 연구에 대한 폭넓은 관심을 불러일으켰으며, '유전학'이라는 말을 만든 장본인이다. 바빌로프는 전 세계를 여행하면서 특이한 식물 표본들을 수집했고, 국제적인 명성을 얻었다. 혁명 이후 소련의 농학자들이 맞닥뜨린 가장 다급한 당면과제 가운데 하나는 수확량을 높이는 것이었다. 농업 집단화 기간(1928~1932) 동안 곡식 수확량과 가축의 수가 위기 수준으로 줄었기 때문이었다.

리센코는 북부에서 자라는 완두콩 같은 식물을 심으면 겨울에도 잘 자랄 것이고, 봄작물인 면화를 심을 때까지 노는 땅을 이용할 수 있으리라는 생각을 하고 그것을 시험해보았다. 리센코에게는 천만다행으로 첫해는 겨울이 따뜻했던 덕분에 풍작을 거두었다. 소련 공산당 신문 〈프라우다〉지의 한 기자는 이 결과를 선동적으로 보도하며 리센코를 추켜세웠다. "맨발의 농부에서 지금은 추종자들과 학생들을 거느리고, 실험을 위한 들판을 보유한 교수가 된 리센코. 그 겨울에 작물학의 명사들이 줄지어 그를 방문하여 간자 연구소의 초록 들판 앞에서 그에게 감사의 악수를 건넸다." 단순한 농부 리센코는 이 선동에서 값진 교훈을 얻었다. 그러나 실험은 성공을 거듭하지 않았다. 이듬해 겨울 완두콩 농사는 실패로 끝났다.

리센코는 '춘화처리'로 관심을 돌렸다. 이는 본래 겨울에 심는 작물을 봄에도 파종하기 위해 씨앗을 낮은 온도에 두는 방법이다. 그의 아버지가 고향 마을의 땅에 춘화처리를 한 밀을 심었을 때 〈프라우다〉지는 리센코를 더더욱 집중 조명했다. 〈프라우다〉지는 "실험"이 성공을 거두었다고 떠들어대면서, "확고한 실험결과들에 의해 입증된…… 놀라운 발견"이라며 환영했고, "앞으로의 전망은…… 너무나 엄청나서 당장은 계산이 불가능할 정도"라고 말했다. 발레리 소이페르는 자신이 입수한 증거를 통해 풍작은 거짓이었다고 결론 내렸다. 그는 거짓 주장을 부추긴 원인을 이렇게 분석한다.

그들은 마치 갑자기 기적의 힘을 믿는 듯했으며 손에 불새를 쥐고 있다고 생각하는 것 같았다. 사실 그들이 농업을 굳건한 토대 위에 올려놓기 위한 실제적이고 진지한 일을 고민하기보다는 모든 문제를 눈 깜박할 새에 해결해준다고 약속하는 신화에 현혹되었던 것은 우연이 아니다. 소련은 신화, 다시 말해 공산주의의 도래가 임박했으며 밝은 미래가 목

전에 있다는 기대에 푹 빠져 있었다. 평범한 노동자가 기적을 이룬다는 생각은…… 그 시대 분위기와 완벽하게 맞아 떨어졌다.

리센코는 춘화처리를 장려했고, 이어 오데사의 한 연구소에서 춘화처리를 위해 새로 만든 부서로 승진되어 갔다. 거기서 그는 춘화처리의 원리를 설명하는 이론을 세우기 시작했다. 리센코는 환경의 영향에 반응하여 식물이 유전적 변화를 일으켰다고 생각했다. 이것은 완전히 라마르크식 이론이었다. 생물이 사는 동안 획득한 형질을 자식에게 물려줄 수 있다는 개념 말이다. 이 이론은 당시 소련의 정치 이념에 부합했다. 자연과 인간이 역사나 유전의 제약을 받지 않으며, 바라는 방식으로 교정될 수 있다고 말해주었으니까.

하지만 리센코의 개념은 최신 유전학 지식을 무시한 것이었다. 이리하여 주사위는 던져졌고 리센코와 유전학자들 사이의 갈등이 시작되었다. 그러한 유전학자들 가운데는 그의 스승이었던 바빌로프도 있었다. 이 갈등은 이후 20년간의 소련 생물학을 특징짓게 된다.

리센코의 명성은 계속 퍼져나갔다. 농업 인민위원들과 공산당 고관들은 자신들이 듣고 싶은 것만 들었다. 리센코의 부하들도 리센코가 듣고 싶어 하는 결과만을 말해야 한다는 것을 재빨리 눈치챘다. 그의 지시 아래, 사전 연구 하나 없이 수많은 작물의 대규모 춘화처리가 계획되었다. 한 작물의 실패가 채 드러나기도 전에 다른 작물로 실험이 시작되었다. 그가 보고했던 긍정적인 결과들은 대개 작은 표본과 부정확하거나 잘못된 데이터를 바탕으로 한 것이었으며, 대조군은 없는 경우가 대부분이었다.

그의 '성공'은 유전학적 방법으로 수확량 향상을 꾀했던 육종가들을 유독 곤란한 처지로 몰아넣었다. 육종을 통한 작지만 꾸준한 발전은 당 지도부를 만족시키지 못했다. 그들은 즉각적이고 극적인 결과를 요구하고 있었다.

즉각적이고 '실용적인' 결과를 요구했던 리센코 일파와, 초파리 같은 종으로 '순수한 연구'를 하고 있던 사람들 사이에는 긴장이 높아져갔다. 유전학은 소련 농업의 당면과제를 외면하고 있을 뿐 아니라, 타당성이 없고 심지어는 반동적이기까지 한 부르주아 과학이라고 매도당했다. 실제로 유전학은 자연과 인간에게 유전적 제약이 가해져 있음을 암시하고 있었으며, 이것은 소련의 정치철학과 정면으로 배치되는 관점이었다.

리센코는 공산당이 아끼는 인사가 되었고, 당 지도자들과 자주 만났다. 1935년 크렘린에서 농부들에게 했던 한 연설에서 리센코는 이렇게 선언했다.

"과학계 안에서나 밖에서나 계급의 적은 영원한 적이다. 과학자라 하더라도 예외가 아니다."

스탈린은 벌떡 일어나 박수를 치며 이렇게 소리쳤다.

"만세! 리센코 동지 만세!"

스탈린의 칭찬에 리센코는 기가 살아 더 과감해졌고, 유전학에 대한 그의 공격과 거부는 점점 더 심해졌다. 유전에 대한 리센코의 '새로운 이론'은 유전자와 자가복제물질의 존재 자체를 부인했다.

유전학자들과의 대립은 갈수록 노골적이고 빈번해지고 적대적으로 변했다. 공산당 지도자들도 추임새를 넣었다. 그들은 유전학을 파시즘과 나치즘의 망령과 결부시켰다. 한 유명한 인민위원은

히틀러의 선전부서에 빗대 유전학을 '괴벨스 선전부의 하녀'라고
불렀다.

　그러는 동안 리센코의 농업 계획들은 재앙에 가까운 결과를
냈다. 춘화처리한 밀의 수확량은 형편없었고, 채소 공급량이 대폭
줄었으며, 감자 프로그램은 실패였다. 작황 실패는 계속되던 식량
부족을 악화시켰다. 유전학자들이 반격에 나섰다. "만일 최고연
구원 리센코가 현대 유전학 원리에 좀더 관심을 쏟는다면 큰 도움
이 될 것이다……. 리센코가 유전학과 유전학 원리인 선택을 계
속 무시하는 바람에, 유전학은 새로운 이론을 전혀 수혈받지 못하
고 있다."

　공산당 중앙위원회는 1933년에 양 진영의 '공개' 토론을 인가했
다. 리센코의 옛 스승이자 지지자였던 바빌로프도 역시 몸을 사리지
않았다.

　"리센코의 입장은 소련 유전학자들뿐 아니라 모든 현대 생물학
에 정면으로 배치된다……. 발전된 과학이라는 미명 아래, 우리는 19
세기 초반과 중반에 나왔던 낡은 견해들로 돌아가라는 요구를 받고
있다……. 우리 유전학자들이 지지하고 있는 것은 놀랄 만큼 창의적
인 작업, 정확한 실험, 소련과 외국 과학자들의 연구에서 나온 결과
들이다."

　리센코는 대답했다.

　"나는 멘델주의를 인정하지 않는다……. 나는 멘델-모건주의자
들의 유전학을 과학으로 생각하지 않는다……."

　철학자 파벨 유딘은 이렇게 거들었다.

　"중등학교에서 유전학을 가르치는 것을 그만두어야 한다."

이 만남이 있는 지 한 달 뒤 스탈린은 바빌로프를 불러들였다. 바빌로프는 자기 연구의 과학적 바탕을 설명하려고 애썼지만, 스탈린은 귓등으로도 듣지 않고 그를 해임했다.

체포와 처형

1940년 봄 제2차 세계대전이 격화되던 무렵, 소련의 농업은 새로운 중대한 고비를 맞았다. 그런데 뜻밖에도 농업을 평가하고 대안을 찾도록 뽑힌 사람은 당시 영향력이 줄어들고 있던 바빌로프였다. 이는 그를 제거하려는 계략이었다.

바빌로프가 우크라이나에 있을 때 검은 차 한 대가 바빌로프의 숙소에 도착하더니, 남자 네 명이 모스크바에 긴급한 일이 생겼다며 그를 차에 태웠다. 비밀경찰 NKVD였다. 바빌로프는 "소련의 농업을 위해 대단히 중요한…… 리센코의 이론과 연구에 반대하는 투쟁을 벌인다는 이유로 체포되었다.

리센코는 곧이어 바빌로프 편이거나 바빌로프 수하에 있는 모든 유전학자들을 몰아냈다. 또한 레닌그라드 대학 생물학과를 숙청했다. 많은 과학자들이 죄 없이 기소당하고 체포당하고 총살당했으며, 그 밖의 수많은 사람들이 직장을 잃고 다른 분야의 연구로 쫓겨났다. 연구소들은 폐쇄되었고, 교과서가 수정되었다. 소련의 과학자들은 에든버러에서 열린 1939년의 국제 유전학 학회에 아무도 참석하지 못했다. 바빌로프가 의장이었는데도 말이다.

재판을 기다리던 바빌로프는 감옥에서 날로 수척해져갔다. 그는 재판 하루 전에야 기소장을 볼 수 있었다. 죄목에는 반역, 업무방해, 간첩행위, 반혁명행위가 포함되어 있었다. 재판은 5분 만에 끝났고,

그림 9.2. 니콜라이 바빌로프 국제적으로 유명한 식물학자(왼쪽)였으며, 1943년에 옥사했다(오른쪽).

그는 총살형을 선고받았다.

바빌로프는 자비를 간청하며 많은 탄원서를 썼고, 감형되었다. 하지만 독일군이 모스코바로 진격해 올 때 그는 새로운 감옥으로 이송되었다. 그는 점점 더 쇠약해져갔다. 1943년 1월, 소련에서 가장 인정받고 존경받는 생물학자였고 최연소 나이로 소련 과학아카데미의 정식 회원으로 선출되었으며, 소련 지리학회 회장을 지냈고 레닌 훈장을 받았던 바빌로프는 55세의 나이로 감옥에서 죽었다.

'리센코주의'의 장막은 이후로도 계속 소련 생물학을 뒤덮었다. 1953년에 스탈린이 죽고 니키타 흐루시초프가 권력을 잡았다. 물론 1953년은 왓슨과 크릭이 DNA의 구조를 밝혀낸 해이기도 했다. 유전의 실체를 보여주는 이 결정적 증거가 리센코와 그 추종자들을 몰아내지 않았을까?

DNA를 부인하다

소련 언론이 분자유전학의 주요 발견들을 인정하기까지는 3년이 걸렸다. DNA 관련 논문들이 번역되어 학술지와 과학 잡지에 실렸으나, 리센코는 끄떡도 하지 않았다.

"디옥시리보핵산 같은 무생물 물질이 생명을 부여하는 유전을 담당한다는 것은 있을 수 없는 일이다."

1961년 8월에 모스코바에서 국제 생화학 학회가 열렸다. 서방 생물학계의 최고 중의 최고들이 그곳으로 향했다. 소련 생물학자들이 세계무대로 복귀할 좋은 기회였다. 서방의 과학자들은 리센코 시대가 이제 끝났다고 생각했다. 그러나 착각이었다. 소련의 학회 조직위원들 대부분이 리센코주의자들이었다.

조레스 메드베데프는 이렇게 설명한다. "리센코주의자들은 DNA가 유전을 담당한다는 생각에 맞서 싸웠다! DNA의 역할을 인정하는 것은 곧 획득형질의 유전을 부정하는 것이기 때문이다."

H. F. 주드슨의 『창조의 제8일』에 실린 한 일화에서, 화학자 블라디미르 엥겔하르트는 리센코가 자신의 연구소에 방문했던 일을 회고했다.

리센코가 말했다.

"여기도 저기도 온통 DNA, DNA! 모두들 DNA를 떠들지만, 누가 본 사람이라도 있답니까!"

내가 말했다.

"트로핌 데니소비치 씨, 저는 DNA 표본을 보여줄 수 있습니다. 화학자들은 잘 알고 있는 것이지요."

"보여주시겠소?"

"보세요. 저게 DNA입니다."

내가 말했다.

리센코가 그것을 본다.

"하! 무슨 말도 안 되는 소리를! DNA는 산입니다. 산은 액체라고요. 그런데 저것은 가루입니다. 저게 DNA일 리 없잖습니까!"

학회의 타이밍은 세계정세에 비추어볼 때 여러 가지로 절묘했다. 소련은 생물학에서는 뒤처져 있었던 반면, 그 시대의 우주 경쟁을 선도했다. 최초로 우주에서 만 하루 동안의 비행을 마친 우주인 게르만 티토프는 학회를 위해 마련된 가장 큰 강의실에서 기자회견을 했다. 학회 4일째에는 동서를 가르는 가장 불길한 상징이 출현했다. 흐루시초프가 베를린 장벽을 건설하기 시작했던 것이다.

그곳에 모인 생물학자들은 그리 잘 알려져 있지 않았던 미국 생화학자 마셜 니렌버그가 유전암호의 일부를 최초로 해독하고, RNA 염기서열이 어떻게 단백질을 지정하는지를 밝혀냈다고 발표했을 때 저마다 큰 충격을 받았을 것이다(3장 참조). 그 발표는 학회의 하이라이트였다.

니렌버그의 발견은 리센코의 지배를 뒤엎으려는 사람들에게 희망을 주었다. 메드베데프는 1962년 초 니렌버그에게 축하카드를 보냈다.

당신은 아마도 리센코가 시작한 유전에 대한 길고 거대한 논쟁을 알고 있을 것입니다. 이 논쟁은 영원히 계속될 것처럼 보였습니다. 유전암호를 직접 풀어낸 당신의 새로운 실험은 이 지루한 논쟁을 해결해줄 좋은 근거입니다. 그래서 나는 당신의 성취가 자연과학의 위대한 발견일 뿐 아니라 이곳의 유전학 상황에 영향을 미칠 수 있는 중요한 성과라고 생각합니다.

리센코주의자들은 이 발견에 전혀 아랑곳하지 않았다.

학회 이후 정치 투쟁은 계속되었다. 메드베데프는 1962년에 리센코의 급부상과 그의 수많은 실패를 둘러싼 속사정을 자세히 기록한 사미즈다트(소련 지하출판물)를 썼다. 당국은 처음에 출판을 불허했지만, 이 책은 과학자들 사이에 널리 회람되었다.

메드베데프의 책은 1967년에 마침내 소련에서 정식 출간되었다. 하지만 1969년에 미국에서 그 책이 출간되었을 때 그는 직업을 잃었다. 그는 정신병원에 강제 수용된 최초의 반체제인사들 가운데 한 사람이었다. '정신분열증 초기' 징후를 보인다는 것이 이유였다. 서방의 강도 높은 압력에 시달리던 소련 당국은 결국 4년 후 메드베데프가 소련을 떠나도록 허락했다.

리센코의 독선과 소련 생물학에 대한 악영향이 생물학의 거대한 분자혁명기 내내 지속되었다. 유전학과 DNA의 존재가 이토록 노골적으로 부인될 수 있었다는 것, 소위 과학자라는 사람들이 리센코의 이상한 생각들을 그토록 오랫동안 무시할 수 있었다는 사실은 참으로 이해하기 어려운 일이다. 이데올로기에 사로잡힌 사람들이 한 번 입장을 정하면 아무리 많은 증거를 들이대도 그들을 흔들 수 없다. 물론 불응에 대한 보복이 명백할 때 현 체제에 도전하기란 쉽지 않다. 그래도 자신의 목소리를 내고 그 때문에 톡톡한 대가를 치른 용기 있는 소련 과학자들이 많이 있었다.

리센코의 영향은 소련 국경 밖에까지 미쳤다. 중국의 공산당 지도자 마오쩌둥은 중국의 농부들에게 비슷한 농업 집단화 계획을 지시했다. 수확량이 급격하게 떨어졌다. 마오쩌둥은 리센코와 그 일파가 옹호했던 기술들을 도입하라고 명령했다. 예컨대 빈틈없이 빽빽하게 심기, 깊게 갈아서 경작하기, 비료를 삼가기, 극단적인 해충박멸 등이 있었다. 이 모든 조치들은 역효과를 불렀고 중국 농업을 파괴했다. 제스퍼 베커는 저서 『굶주린 혼령들: 알려지지 않은 마오의 대기근』에서, 1958년에서 1961년까지의 중국 대기근 때 3천만에서 4천만 명이 죽었다고 추산했다.

하지만 이 비극을 전적으로 중국과 소련의 문화 탓으로, 개인의 자유가 없었던 탓으로 돌리는 것은 지나치게 단순화하는 것이다. 현재 미국 사람들은 자유롭게 사고하지만, 이곳의 좋은 의도를 품은 '교육받은' 사람들도 결코 거짓 논리에 덜 빠지는 것 같지는 않다.

척추교정자들의 과대망상

카이로프랙틱chiropractic은 그리스어 케이로(cheiro: '손')과 프락티카(praktika: '실용적인' 또는 '시술하는')에서 유래한 말이며, 19세기 말에 대니얼 데이비드 파머가 이 치료법을 창시했다. 파머는 미국 중서부에서 식료품 상인이자 '최면술치료사'로 일했는데, 어느 날 사고로 청력을 잃어 최면술에 반응을 할 수 없는 환자를 만났다. 그는 환자 목 뒤의 제4경추 근처에 매우 큰 혹이 나 있는 것을 보았다. 파머는 그 경추를 바로잡으면 청력이 돌아올 것이라고 생각했다. 파머는 그 경추를 '억지로' 바로잡았고, 그랬더니 환자가 곧 들을 수 있었다고 보고했다. 귀의 달팽이신경은 목을 통과하지 않기 때문에 정말 믿기 어려운 주장이지만, 어쨌든 파머에게는 '유레카'의 순간이었으며, 카이로프랙틱이 탄생하는 순간이었다.

파머는 거의 모든 질병이 신경에서 기인하며, 잘못 놓인 척추 때문에 신경이 눌려서 병이 생긴다는 이론을 세웠다. 그는 자신의 척추교정기법을 가르치기 위해 아이오와에 학교를 세우고(이 학교는 오늘날에도 계속 운영되고 있다), 아들인 바틀릿 조슈아에게 운영하도록 했다. 파머의 아들은 아버지가 구상한 카이로프랙틱 치료의 원리인, 몸속에 있는 '내재된 지적 존재'의 생명력을 방해하는 것을 제거하면 몸이 병을 스스로 치유할 수 있다는 생각을 적극적으로 설파했다.

이러한 카이로프랙틱의 원리는 감염성 질환이 병균 때문에 생긴다는 의료계의 관점과 충돌했다. 파머의 아들은 감염질환에 대한 당시의 일반적인 견해를 부인했다. "카이로프랙틱 치료사들은 전염되는 모든 질병의 원인이 척추에 있다는 사실을 발견했다." 카이로프랙틱 치료사들의 세균설에 대한 반대는 백신에 대한 고집스러운 반대로 이어졌다. 오늘날까지도 카이로프래틱 치료사들의 상당수가 백신을 계속 반대한다. 특히 소아마비 백신의 도입을 둘러싸고 벌어진 일들은 상황의 심각함을 잘 보여준다.

솔크가 개발한 소아마비 백신이 세상에 나오기 일 년 전인 1954년에, 미국에는 38,476명의 소아마비 환자가 있었다. 1955년에는 28,985명이었고, 1956년에는 15,140명으로 떨어졌다. 1961년에는

1,312건만 보고되었다.

공공보건 당국이 백신을 장려하는 노력을 펼치는 동안, 카이로프랙틱 치료사들은 자신들의 캠페인으로 맞섰다. 다양한 출처의 몇몇 소식지들을 보면, 놀랍도록 무지하고 위험한 말과 주장들을 발견할 수 있다. 백신의 효능에 문제를 제기하는 것도 있었다. 「국립 카이로프랙틱협회 저널」에 실린 한 논문은 이렇게 반문했다. "시험관으로 소아마비와 싸우는 것은 실패하지 않았던가?" 그 논문은 백신을 접종하는 대신 급성 소아마비가 일어나면 첫 3일 동안 모든 척추에 카이로프랙틱 치료를 해야 한다"고 촉구했다.

미국 공중위생국장에 따르면, 새로운 소아마비 발병 사례 10건 가운데 9건이 백신을 접종하지 않은 사람들에게서 일어났다(솔크 백신은 여러 차례에 걸쳐 투여해야 한다).

카이로프랙틱 치료사들은 카이로프랙틱 치료가 급성과 만성 소아마비 모두에 성공적이라고 주장하면서, 급성 소아마비 사례의 71퍼센트가 완치를 보였다고 보고했다. 이 수치는 소아마비에 감염된 환자들의 60퍼센트는 근육의 약화나 마비를 보이지 않고 회복한다는 사실을 고려하지 않은 것이었다. 일반 의사들은 증상이 심각한 소아마비 환자들에게 기관절개관, 음식물 관, 혹은 철제 호흡보조 장치를 포함한 광범위한 치료를 실시했다. 하지만 카이로프랙틱 치료사들은 이 조치들 가운데 아무것도 하지 않고 오직 척추교정만을 했다.

카이로프랙틱 치료사들은 질병의 원인이나 진단에 대한 아무런 지식 없이 무턱대고 백신접종을 반대했다. 콜로라도에 돌던 한 팸플릿에는 이렇게 쓰여 있었다. "잘 생각해보십시오. 죽은 동물의 세포를 주입해 인간의 몸을 오염시키는 행위를 신은 분명 싫어하실 것입니다. 신은 우리만의 세포로 우리를 채웠고, 우리의 세포는 동물의 세포와 혼합되지 않습니다."

여러분은 소아마비 캠페인이 성공한 지 50년이 지난 오늘날은 이 난센스가 자취를 감추었으리라 생각할 것이다. 안타깝게도 그렇지 않다.

1994년에 171명의 카이로프랙틱 치료사들을 조사한 결과, 3분의 1이 예방접종이 질병을 예방해준다는 과학적 증거가 없다고 생각한다고 답했다. 1998년에 보스턴 지역의 카이로프랙틱 치료사들을 조사한 결과, 30퍼센트만이 적극적으로 예방접종을 권고했고, 7퍼센트는 예방접종을 하지 말 것을 권고했으며, 63퍼센트는 아무런 권고도 하지 않았다. 또 2002년 캐나다의 카이로프랙틱 학생들을 조사한 결과, 학년이 올라갈수록 예방접종에 대한 지지가 점점 감소했으며, 4학년 학생들의 4분의 1이 "예방접종이 감염성 질환을 예방한다는 과학적 증거가 없다"는 진술에 동의했다.

카이로프랙틱 치료사들은 자신들이 설파한 것을 몸소 실천한다. 1999년의 한 조사에서, 카이로프랙틱 치료사들의 42퍼센트가 자녀를 예방접종시키지 않았다고 대답했다. 예방접종이 천연두(오늘날 사실상 지구상에서 박멸되었다), 소아마비, 디프테리아, 파상풍, 유행성 이하선염, 홍역, 풍진, 간염 등을 예방한다는 게 명백한데, 교육을 받았다는 사람들이 어떻게 그렇게 비합리적이고 자신들의 환자와 가족에게 심각한 위험을 끼칠 수 있는 견해를 취할 수 있을까? (미국에서 최초의 어린이 디프테리아 사망 사례는 1998년에 예방접종을 믿지 않았던 한 카이로프랙틱 치료사의 아들이었다).

이들의 증거를 무시하는 논리를 좀더 자세하게 폭로한 사람들은 예방접종반대 철학을 거부한 카이로프랙틱 치료사들이었다. 캐나다의 카이로프랙틱 치료사인 제이슨 부세와 스티븐 이녜얀은 미생물학자 친구 제임스 캠벨과 함께 권위 있는 의학전문지 「소아과학」에 기고하여, 카이로프랙틱 치료사들과 교수들이 예방접종을 반대할 때 사용하는 몇 가지 논증과 전술들을 밝혔다. 우리는 이것을 알아둘 필요가 있는데, 진화 반대론자들이 취하는 논증과 매우 닮았기 때문이다. 두 경우 모두, 자신들이 반대하는 과학을 깎아내리려고 하는 비슷한 동기가 있다.

예방접종을 반대하기 위해 사용하는 여섯 가지 논증과 전술은 다음과 같다.

1. 과학을 의심하라. 카이로프랙틱 치료사들은 특정 질병이 점점 줄고 있는 추세를 백신의 효능이 아닌 다른 것으로 설명하려 한다. 백신 회의론자들은 질병 발생의 주기적 패턴을 지적하면서, 소아마비의 감소도 자연스러운 주기에 따른 것이라고 주장한다. 또한 위생과 같은 부차적인 조치들만으로 특정 질병의 감소를 설명하기도 한다. 그들은 대규모 대조군을 설정한 임상시험을 완전히 무시하거나, 그 자료들이 조작되었다는 식으로 설명을 회피한다. 이것은 두 번째 공격 포인트와 직결된다.

2. 과학자들의 동기와 진의를 의심하라. 자료가 조작되었다는 주장에 더하여, 백신 회의론자들의 일부는 과학자들과 제약회사가 공모

를 하고 있다고 생각하며, 의사들의 예방접종 지지는 공공보건 때문이 아니라 탐욕 때문이라는 암시를 준다.

3. 과학자들 간의 의견 차이를 부풀리고, '성가신 쇠파리' 들의 말을 인용하라. 모든 과학은 정직한 의견 차이를 허용한다. 예방접종의학의 경우, 백신의 접종 시기와 용량, 나이 들어 접종할 필요가 있는지, 면역체계가 손상된 사람들에게 백신을 접종하는 것이 이로운지 해로운지(예를 들어 HIV 환자, 화학치료를 받는 환자들, 노인)와 같은 논의들이 공개적으로 이루어지고 있다. 카이로프랙틱 치료사들은 이러한 기술적 차이를 부풀려 마치 백신의 가치를 두고 근본적인 의견 차이가 있는 것처럼 말한다. 또 한 가지 전술은, 의사면허를 보유한 열성 비판가들의 말을 인용하는 것이다. 그들의 견해가 아무리 일반적인 의견과 동떨어져 있고 근거가 없더라도.

4. 잠재적 위험을 과장하라. 예방접종도 다른 의료시술처럼 백신과 환자 집단에 따라 다양한 위험을 수반한다. 부작용 발생률은 잘 밝혀져 있으며, 위험과 관련한 정보는 항상 동의서 절차를 밟는 과정에서 환자에게 제공된다. 예방접종을 반대하는 사람들은 예방접종의 위험은 강조하고 과장하면서, 정작 예방접종을 받지 않아서 감염이 일어날 때 생길 위험과 영향은 인정하지 않는다.

5. 개인의 자유에 호소하라. 취학 아동의 예방접종 의무화를 개인과 부모의 권리를 침해하는 것으로 보는 사람들이 있다. "그것은 미국인의 기본적인 자유를 파괴하려는 음모다." 덴버의 한 카이로프랙

틱 클리닉의 말이다. 대법원은 개인의 신념이 전체 사회의 안전보다
우선할 수 없다는 이유로 이 주장을 기각했다.

6. 인정하는 것은 우리의 철학을 버리는 것이다. 마침내 정보 부족
의 안개가 걷히고 백신의 효능이 입증되면, 위 논증들의 대부분은
설 자리를 잃는다. 마지막 카드는, 예방접종이 카이로프랙틱의 대전
제와 일치하지 않는다는 것이다. 캠벨, 부세, 이녜얀에 따르면, 모든
질병이 척추의 변형에서 비롯된다는 개념은 "과학적 검증의 대상이
아닌 신념의 문제로 여겨진다." R. B. 필립스는 「카이로프랙틱 인문
과학 저널」에서 이렇게 쓰고 있다. "신념에 기반을 둔 접근법에서는
확률에 기초한 귀납적 추론이 필요 없다. 절대적 진리가 이미 있는
상태에서 필요한 것은 개인적 관찰을 통해 재확인하는 것일 뿐이다."

무엇보다 인상적인 아이러니는 예방접종을 부인하는 카이로프랙
틱 치료사들은 자신들의 신념을 이중맹검 대조군 실험으로 검증한
적이 없다는 사실이다. 의사이자 카이로프랙틱 박사인 로버트 앤더
슨은 카이로프랙틱 치료사들은 "의학적인 모든 것들을 덮어놓고 악
의적이고 해롭다고 평가하는 경향이 있다"고 지적한다. 또한 그는 카
이로프랙틱 치료사들의 "신념은 임상실험이나 실험실 연구로 검증할
수 있는 성질의 것이 아니며, 따라서 과학적 진리이기보다는 믿음의
문제이다. 백신을 옹호하거나 백신을 받아들이기를 거부하는 행위는
보수적인 카이로프랙틱 치료사들에게는 이해할 수 있는 **문화적** 상징
의 구실을 한다(강조는 첨가)."

앤더슨은 부인의 근거를 제대로 포착했다. 이들의 부인은 입증가

능한 과학적 결론이 아니라 문화적인 신념에 기초하고 있다.

부세, 이네얀, 앤더슨이 입증하듯 모든 카이로프랙틱 치료사들이 그러한 신념을 신봉하는 것은 아니다. 하지만 상당수가 그렇게 한다는 것은 문화적 이데올로기가 입증된 과학보다 더욱 힘이 세다는 뜻이다.

그러면 이제 진화론의 차례다.

진화를 부인하다

진화를 부인하기 위해서는 1930년대 소련 생물학자들이 부인한 보잘것없는 유전학 지식보다, 1950년대 카이로프랙틱 치료사들이 부인한 면역학과 바이러스학 지식보다 훨씬 많은 것을 부인해야 한다. 진화를 부인하기 위해서는 200년에 걸친 생물학과 지질학의 근본원리를 전부 부인해야 한다. 이것은 너무나 굉장한 묘기라서 설명이 필요하다.

진화과학에 대한 부인에는 물론 오랜 역사가 있다. 여기서 내가 할 일은 그 역사를 자세히 설명하는 것이 아니라(역사 부분에 대해서는 이 책 끝에 있는 참고문헌에 추천서들이 여러 권 소개되어 있다), 그들의 기본 생각을 단 몇 페이지로 요약하는 것이다. 여러분이 앞으로 저녁을 먹는 자리에서나 사무실에서, 또는 여러분의 학교나 자녀의 학교에서 토론을 하게 될 때를 위해 여러분에게 사실적인 근거자료들을 제공하는 것이 내 목표다.

나의 기본 전제는 진화에 대한 부인은 다른 부인과 마찬가지로 과학과는 아무 상관이 없다는 것이다. 그럴 수가 없다. 그것은 이데올로기와 관계된 일이다. 이 경우에는 종교 이데올로기다. 진화를 부인하는 사람들은 진화의 증거들을 트집 잡으며, 이에 대한 과학적 반론이라는 것을 책으로 펴내지만, 이는 예방접종을 반대하는 카이로프랙틱 치료사들이 쳐놓았던 것과 똑같은 연막일 뿐이다. 우리는 이 연막을 뚫고 이면의 동기를 알아야 한다. 나는 그들의 전술들을 명확히 보여주기 위해 진화 반대론자들이 한 말들을 직접 인용할 것이다. 한편으로는 정확성을 확보하기 위해서이며, 또 한편으로는 진화의 가장 열렬한 비판자들의 진면모를 알려주기 위해서이다. 그들의 논증과 전술을 카이로프랙틱 치료사들이 사용한 것과 똑같은 여섯 개의 범주로 정리해보겠다.

1. **과학을 의심하라.** 우리는 다음과 같은 막무가내식 진술들을 종종 듣는다. "진화에 대한 과학적 증거는 사실상 없다."(T. 베셀, 2001년 9월 3일자 「크리스채너티 투데이」) "진화가 현재 일어나고 있거나 과거에 일어났다는 실제 과학적 증거가 없다……. 진화는 많은 사람들이 주장하듯이 과학적 사실이 아니다. 실은 전혀 과학이 아니다."(H. 모리스, 「임팩트」 330호(2000년 11월), "진화에 대한 과학적 반론") "진화는 과학적 증거가 빠진 신화다." (P. 페르난데스, 박사논문, 성경변론 연구회, 1997).

이 결론들은 흔히 진화과학의 구성요소들을 반박하는 다양한 논증들의 논리적 결론으로 제시된다. 가장 유명한 두 가지 논증은 화석 기록에 '점진적 형태'가 존재하지 않는다는 것과 무작위 돌연변이의 역할이다. 두 논증은 진화 과정과 그 구성요소들을 근본적으로(그리고 아마도 고의적으로) 잘못 이해한 데서 비롯된 것이다.

　사실 고생물학자들은 상이한 집단들의 중간 특징을 지닌 화석 표본들을 많이 찾아냈다. 말의 진화를 보여주는 폭넓은 화석기록, 새와 파충류를 반반씩 닮은 깃털 달린 공룡인 유명한 시조새 화석, 네 다리 척추동물의 초기 종들은 가장 좋은 사례들이다. 과거에 존재한 다양한 종들이 더 많이 알려짐에 따라, 고생물학자들은 핵심 특징들이 진화하는 과정에 있는 수많은 중간 형태들을 찾아냈다. '지적 설계' 개념(잠시 후 간략하게 소개할 것이다)을 옹호하는 마이클 비히 박사가 1994년에 한 비판은, '중간 형태의 화석이 없다'는 논증의 허상을 통렬하게 보여준다. 그는 최초의 화석 고래들과 그들의 조상인 육지에 살던 멸종한 메소니키아목의 생물들을 이어주는 중간 화석이 존재하지 않는다고 주장했지만, 그가 이 비판을 한 지 일 년도 못 되어 세 종류의 중간 형태 종이 확인되었다. 이를 포함한 많은 사례들이 지겨운 '중간 화석' 논증을 쫓아버리고 있지만, 이 논증은 지금도 잊을 만하면 마치 사실인 것처럼 반복된다.

　돌연변이와 유전학에 관한 논증도 진화 반대 논증의 대표적인 레퍼토리다.

- "진화론자들은 진화가 어떻게 일어나고 있는지를 설명할 메커니즘을 필요로 한다. 많은 진화론자들은 돌연변이가 이 메커니즘이라고 생각한다." (H. M. 모리스, 『과학과 성경』)
- "하지만…… 돌연변이는 이미 존재하는 유전암호를 뒤섞는 것일 뿐이다. 어떤 새로운 유전정보도 더해지지 않는다." (같은 책)
- "그러나 진화가 일어나기 위해서는 새로운 유전자를 만드는 메커니

즘이 필요하다. 그러므로 돌연변이로는 진화를 설명할 수 없다. 진화론자들은 현재가 과거를 말해주고 있지 않느냐고 주장한다. 하지만 새로운 유전정보를 저절로 만드는 메커니즘은 없다. 그러한 메커니즘이 발견될 때까지 진화는 오직 '맹목적인 신념'이 있어야만 받아들일 수 있다." (P. 페르난데스, 박사논문, 성경변론연구회).

페르난데스 박사는 아무래도 헨리 모리스의 『과학과 성경』으로 유전학을 공부한 것 같다. 아무 유전학 교과서를 펼쳐 대충만 훑어보더라도 유전자 중복과 재조합, 삽입 돌연변이, 전좌 돌연변이를 알려주는 친절한 설명을 발견할 수 있다. 이 모두는 새로운 유전정보를 만들 수 있고 실제로 만들고 있다. 물론 이 책에서 풍부한 사례들이 소개된 염기 하나의 돌연변이도 새로운 기능을 부여할 수 있다.

돌연변이는 언제나 해롭다는 오해는 진화를 부인하는 논문에서 너무나 자주 반복되어서 마치 사실처럼 받아들여지고 있다. 하지만 유전학의 도래로 그렇지 않다는 것이 분명히 밝혀졌다.

기술적인 문제 외에도 진화 반대 진영이 자주 써먹는 전술은 생물학의 '가설', '사실', '이론'의 구분을 뭉개는 것이다. 평상시에는 '가설'과 '이론'이 추측에 불과한 것을 이르는 엇비슷한 말로 쓰이며, '사실'은 더 확실한 것을 이를 때 쓰인다. 그러나 과학에서 '이론'은 훨씬 더 많은 것을 함축한다. 국립 과학아카데미는 과학이론을 다음과 같이 정의한다. "자연세계의 어떤 측면에 대한 잘 입증된 설명으로, 사실, 법칙, 추론, 검증된 가설을 포함한다." 진화 '이론'이라고 할 때, 과학자들은 진화 반대론자들이 말하기 좋아하듯 지지나 확신을 회피하는 것이 아니다. 단지 공식적인 정의를 따르는 것일 뿐이다.

1996년에 교황청 기관지 〈로세르바토레 로마노〉에 실린 교황 요한 바오로 2세의 말은 진화이론과 관련하여 이 말들이 어떻게 구분되는지를 명확히 보여준다.

새로운 지식들은 진화를 가설 이상으로 인정하도록 만들고 있다. 다양한 분야에서 여러 발견들이 이루어짐에 따라 이 이론이 연구자들에게 서서히 받아들여지고 있다는 사실은 실로 놀랍다. 의도한 것도 조작된 것도 아닌데, 제각기 독립적으로 실시된 연구의 결과들이 하나로 모이는 것은 그 자체로 이 이론이 옳다는 중요한 논증이다.

교황의 언어 선택은 교황이 증거의 중요성과 과학에서 합의가 이루어지는 과정을 명확하게 이해하고 있음을 보여준다.

2. **과학자들의 불순한 동기와 진의를 의심하라.** 수많은 진화 반대 논증의 중심에는 진화과학이 무신론 철학의 사주를 받고 있다는 주장이 자리 잡고 있다. 내가 최근 몇 년간 들어본 것 가운데 악의적인 진술은 창조연구소의 켄 커밍 박사가 2001년 9월 방영된 PBS 방송국의 텔레비전 프로그램 〈진화〉에 대해 쓴 글이다.

뉴욕에 테러가 일어난 지 겨우 13일 후 이와는 또 다른 중대 사건이 수백만 명의 미국인들이 지켜보는 가운데 일어났다. 그것은 7부작 8시간짜리 특별 프로그램 〈진화〉였다. 공영 PBS 방송국은 수백만 명의 순진무구한 어린이들이 다니는 공립학교와, 이 나라가 바탕으로 삼고 있는 근본적인 세계관에 대담한 공격을 감행했다. 이 두 공격은 비슷한 역사와 목표를 가지고 있다. 두 경우 모두 대중은 지난 몇 년간 공격이 의도적으로 철저히 준비되고 있었음을 알지 못했다……. 미국은 세속적인 다윈주의라는 허울을 쓴 자연철학자들(예를 들어 무신론자들)의 강경한 종교운동에 의해, 공립학교를 통해 내부로부터 공격을 당하고 있다. 두 세력 모두 이 나라의 삶과 사고를 바꾸려는 욕망을 품고 있다.

여섯 번째 범주에서, 옥스퍼드 주교의 도움을 받아 이 주장을 다시 다루겠다.

3. 과학자들 사이의 의견 차이를 부풀리고, '성가신 쇠파리들'의 주장을 그 근거로 인용하라. 다윈 이래로 생물학자들은 생물 진화의 메커니즘을 이해하고 생명의 역사를 밝히려 노력해왔다. 따지고 보면 이 노력들은 이런저런 가설들을 검증하는 문제였다. 진화에 기여한 유전 메커니즘들을 밝히는 것부터 종들 간의 유연관계를 따지는 것에 이르기까지. 건강한 과학이라면 이 과정에서 기술적인 의견 차이가 있게 마련이다. 이것을 진화가 일어났다는 사실 자체—모든 생명 형태는 조상으로부터 유래하며 자연선택 과정을 통해 오랜 시간에 걸쳐 변형을 겪는다는 사실—에 대한 의견 차이로 오도해서는 안 된다.

과학자의 직함을 가지고 있는 사람들 가운데는 과학계가 인정하는 진화과학의 특정 요소들을 의심하거나 부인하는 사람들도 있다. 몇몇은 심지어 진화론을 통째로 의심하기도 한다. 학위를 얻고 부정적인 논증을 만들어내는 것은 비교적 쉽다. 입증 가능한 발견을 이루어내는 것은 이와 차원이 다른 문제다. 진화를 부인하는 사람들은 실험실 연구가 아니라 수사와 인용문 찾기에 전념한다.

4. 잠재적 해로움을 과장하라. 진화 반대론자들은 진화의 원리가 대단히 위험하다고 생각하고, 많은 사회문제들이 '다윈주의'가 현대 문화에 끼친 해악 때문에 일어난다고 생각한다. 창조주의자들의 조직인 '창세기의 대답'의 창립자이자 회장인 켄 햄은 학교 폭력이 진화교육과 관계가 있다고 생각한다.

> 진화론은 우리가 고작 생존을 위해 투쟁하는 동물에 불과하다고 선언한다. 따라서 수많은 젊은이들의 머릿속에 삶에는 목적이 없다는 생각을 심어놓고 있다……. 어떤 학생들 —진화론으로 무장한 학생들 —은 삶이 온통 죽음, 폭력, 살육이라고 생각한다. 진화는 결국 이 과정들을 통해 일어나기 때문이다.

진화 반대론자들은 소련식 공산주의도 다윈 탓이라고 말한다. 신디케이트(필자·작가들이 함께 모여 칼럼이나 기사, 사진 등을 언론사에 공급하는 조합/옮긴이) 칼럼니스트 칼 토머스는 진화에 대한 교황의 1996년 발언을 다음과 같이 받아쳤다. "교황이 공산주의의 핵심에 있는 철학을 인정했다. 왜 교황은 평생토록 반대한 세계관의 핵심을 인정하고 싶어졌을까?" 이것은 유전학을 반대하고 다윈주의 진화를 거부한 리센코의 태도를 생각해보면 대단히 흥미로운 발언이다.

홀로코스트와 다윈이 말한 생존을 위한 투쟁의 관계도 자주 불려 나오는 단골 혐의다. 제리 버그먼은 이렇게 쓰고 있다. "나치의 홀로코스트와 제2차 세계대전을 낳은 수많은 요인들 가운데 가장 중요한

한 가지는 진화가 생존투쟁에서 약자를 제거한 결과로 일어난다는 다윈의 개념이었다." 그는 다음과 같은 결론을 내린다. "만일 다윈주의가 진실이라면, 히틀러는 구세주였으며 우리가 그를 십자가에 매단 것이다……. 만일 다윈주의가 진실이 아니라면, 히틀러가 시도한 일은 역사상 가장 극악무도한 일이었음에 틀림없으며, 다윈은 역사상 가장 파괴적인 철학의 아버지다."

버그먼 같은 사람들은 진화과학을 정치철학으로 부풀림으로써 과학에 대한 신뢰를 떨어뜨린다. 유전학자이자 작가인 스티브 존스는 정치적 명분에 납치당한 다윈의 이론을 '저속한 다윈주의'라 칭했으며, "진화는 주인의 엉덩이에 맞추어 변형되는 정치적 소파다"라고 지적한다.

5. 개인의 자유에 호소하라. 진화 반대론자에게는 공립학교에서 진화를 가르치는 것이 종교적 자유에 대한 공격으로 비춰진다. 이런 입장을 지닌 사람들은 교과서에 진화과학을 부인하는 사람들도 있다는 내용을 집어넣어야 한다고 주장하고, 생명의 역사에 대한 '대안적인' 견해도 가르쳐야 한다고 호소한다. 대안적인 견해란 일반적으로 창조론을 포용하는 견해들을 뜻하며, 이것은 '공정' 또는 '균형' 감각이라는 명분으로 정당화된다. 두 가지 전술은 연방법원에서 거듭 위헌 판결을 받았다.

예를 들면, 조지아 주 애틀랜타의 한 연방판사는 최근에, 콥 카운티 학군에서 생물학 교과서에 붙인 스티커^{그림 9.3}는 미국 수정헌법 제1조의 '국교금지조항'에 위반된다고 판결했다. 그 조항에 따르면 "연방의회는 특정 종교를 국교로 정하거나 이로 인해 개인의 자유 행사

> This textbook contains material on evolution. Evolution
> is a theory, not a fact, regarding the origin of living things.
> This material should be approached with an open mind,
> studied carefully, and critically considered
>
> *Approved by*
> *Cobb County Board of Education*
> *Thursday, March 28, 2002*

그림 9.3. 조지아 주 콥 카운티 과학교과서에 진화를 부인하는 스티커가 붙어 있다 연방판사 클러런스 쿠퍼는 2005년 1월 13일에 이 스티커를 제거하라고 명령했다. 내용: 이 책에는 진화에 대한 자료가 포함되어 있다. 진화는 생명의 기원에 대한 이론이지 사실이 아니다. 따라서 열린 마음을 가지고 조심스럽게 연구하고 비판적으로 검토해야 한다.

를 막는 법을 만들 수 없다." 이 조항은 수정헌법 제14조를 통해 주정부에도 적용되었다. 이 판결은 진화론을 반대하는 법령, 정책, 진화론 경고 스티커, 그리고 균등취급법(창조과학도 하나의 과학으로 진화과학과 동등한 비중으로 다뤄야 한다는 것/옮긴이)에 대한 대법원과 연방법원의 수많은 판례들을 토대로 한 것이었다.

판사는 특히 "진화는 생명의 기원에 대한 이론이지 사실이 아니다"라는 진술이 국교금지조항에 위반된다고 생각했다. 게다가 그는 판결문에서, 진화론 경고 스티커는 "학생들에게 종교적 견해가 옳고 과학이 생각하는 진화의 의미와 가치는 틀렸다는 오해를 줄 우려가 있고", "진화론만이 선입견 없이 조심스럽게 연구하고 비판적으로 검토해야 할 이론인 것처럼 말하면서 **왜 진화론만 별도로 취급해야 하는지**에 대해서는 아무런 설명도 하지 않는다"고 지적했다(강조는 첨가).

갈수록 늘어나는 연방법원의 판례에도 불구하고, 많은 주의 학군들은 '균등취급법'을 비롯하여 위헌의 소지가 있는 정책들을 적극적으로 고려하고 있다.

6. 인정하는 것은 곧 우리의 철학을 버리는 것이다. 진화과학을 둘러싼 갈등의 궁극적 원천은 소련의 유전학을 둘러싼 갈등과 보수적인 카이로프랙틱계의 예방접종을 둘러싼 갈등과 기본적으로 같다. 진화를 과학적 검증의 대상이 아닌 신념의 문제로 보는 것이다. 창조과학 단체인 '창세기의 해답'이 말했듯이, 그들에게 "중요한 것은, 성경은 신뢰할 수 있는 신의 계시이며 완전무결한 복음이라는 사실이다".

'생명의 길 근본주의 침례교 정보서비스'의 데이비드 클라우드는 진화를 거부해야 하는 세 가지 이유가 있다고 주장한다.

1. "첫째, 우리가 진화를 반대해야 하는 이유는 진화가 성경을 부인하기 때문이다." 진화는 특히 창세기의 내용을 부인한다. 클라우드는 "만일 성경이 실제 적혀 있는 것을 의미하지 않는다면, 성경의 의미는 도저히 알 수 없게 돼버린다"라고 주장한다.

2. "우리가 진화를 거부해야 하는 이유는 진화가 신을 부인하기 때문이다." 클라우드는 "성경의 신은 창조의 모든 부분에 관여했으며, 진화의 신은 성경의 위대한 신이 아니다"라고 주장한다.

3. "우리가 진화를 거부해야 하는 이유는 진화가 구원을 부인하기 때문이다." 클라우드는 "만일 창세기의 1절에서 3절까지가 실제 역사가 아니라면, 성경의 나머지 부분과, 예수의 가르침, 구원은 모

두 동화라는 얘기다. 하지만 성경은 이 모두가 실제로 일어난 역사적 사건이었음을 전제로 한다."

나는 위 내용이 진화를 반대하고 부인하는 사람들 대다수의 이해관계와 신념을 잘 대변하고 있다고 생각한다. 이 진영의 수많은 유명 인사들이 이와 비슷한 입장을 견지하고 있다. 켄 햄은 "이 나라가 신을 절대적 권위로 받아들이고 성경을 진실로 인정할 때까지" 온갖 난관이 계속될 것이라고 믿는다.

그런데 강경하고 정치적으로 적극적인 진화 반대론자들이 아무리 기독교와 진화의 입장을 모 아니면 도의 문제로 정의하고, 대중매체가 아무리 이 견해를 열심히 퍼 나르더라도, 이것은 분명 사실과 어긋나 있다. 기독교와 진화과학이 타협 불가능하다는 결론은 수많은 과학자, 신학자, 성직자들의 생각과 다르며, 심지어는 기독교 전체 종파의 생각과도 다르다.

한 예로, 옥스퍼드 주교인 리처드 해리스 신부가 최근에 한 말을 살펴보자. BBC 라디오방송의 '오늘의 생각'이라는 코너에서 해리스 신부는 진화를 다루는 태도에 대해 슬픔과 우려를 표했다.

어떤 사람들은 정말, 전 세계의 과학계가 나머지 우리들을 속이기 위해 거대한 공모를 하고 있다고 생각할까요? ……진화론은 우리의 믿음을 훼손하기는커녕 더 깊게 만들어줍니다. 훗날 캔터베리 대주교가 된 프레더릭 템플은 이 점을 빨리 알아보고 이렇게 말했습니다. "신은 세상을 그냥 만들기만 하시는 것이 아니라 더 멋진 일을 하신다. 신은 세상이 스스로를 만들어가도록 하신다"라고요……. 창세기를 과학적 사실의 대척점에 놓으려는 시도를 내가 유감스럽게 생각하는 두 번째 이유는 이 시도가 성경을 진지하게 다루는 것을 막기 때문입니다. 성경은 수많은 종류의 문학, 시, 역사, 윤리, 법, 신화, 신학, 명언 등을 집대성한 전집입니다……. 성경은 우리가 누구인지, 우리가 어떻게 되어야 하는지에 대한 귀하고 중요한 진실을 담고 있습니다. 그런데 성경을 문자 그대로만 해석하려고 하면 이 진실들을 볼 수 없고 이 진실들에 응답할 수 없습니다…… 성경을 문자 그대로 받아들이는 것은 성경뿐 아니라 기독교 정신 전체를 수렁에 빠뜨리는 일입니다.

이 주교의 주위에는 수많은 저명한 동료들이 있다. 장로교총회는 2002년에 다음과 같은 자신들의 입장을 재확인했다. "인간의 기원을 탐구하는 진화론과 신이 창조주라는 교리 사이에는 어떠한 모순도 존재하지 않는다." 마찬가지로, 그리스도 연합교회 국내 목회자위원회는 1992년에 이렇게 말했다. "성경에 기원에 대한 과학적 자료가 담겨 있다는 생각은 과학 이전 시대에 출판된 문헌을 오독한 것이다."

이렇듯 진화를 부인하고 과학을 포함한 모든 문제에서 성경을 글자 그대로만 해석하는 근본주의 개신교의 입장은 두 세기에 걸친 현대과학하고만 대립하는 것이 아니라 가톨릭, 유대교, 수많은 종파의 개신교 신앙의 교리와 입장에도 배치된다. 게다가 근본주의자들은 과학자들의 상당수가 주류 종교의 견해를 받아들인다는 사실을 무시한다.

진화를 부인하는 사람들은 진화과학의 거대한 진실을 회피할 때 주로 위에서 묘사한 수사와 선동들을 사용한다. 이 수법은 진화과학이 모든 종파와 대립하고 있다는 생각을 성공적으로 전파하고 있다. 두 번째 수법은 지방, 주, 국가의 정치 과정에 영향력을 행사하는 것이다. 내가 인용한 진화 반대론자와 기관들은 모두 노골적인 종교적 목표와 소속을 가지고 있기 때문에, 미국 헌법의 국교금지조항을 고려할 때 그들의 뜻이 관철되기는 어려워 보인다. 이 장애물은 그들이 새로운 전략을 꺼내들도록 만들었다. 그것은 종교적 신념을 과학으로 포장하려는 시도다.

새 병에 옛 술 담기: 지적 설계론 신화

다윈주의 진화를 대체하려는 대안의 '최신판'은 지적 설계라는 것이다. 이 운동의 대전제는 일부 생물학적 구조는 너무 복잡해서 자연선택을 거치며 서서히 진화하는 것이 불가능하며 따라서 지성이 있는 설계자가 '설계'했음이 틀림없다는 생각이다. 설계자는 누구인가? 글쎄, 지적 설계론의 주창자들은 그분의 정체를 어금니를 악물고 감추지만, 설계자란 신을 뜻하는 것임이 분명하다.

지적 설계론은 윌리엄 페일리로 거슬러 올라간다. 그는 200년 전에 『자연신학』에서 설계론의 일반 개념을 분명하게 밝혔다. 간단히 말하면, 우리가 인간이 만든 복잡한 물체를 볼 때마다 설계자가 있다고 추론하듯 자연의 고안물들의 경우도 마찬가지라는 것이다.

흥미롭게도 지적 설계론의 가장 유명한 주창자 가운데 한 사람인 마이클 비히 박사는 지구의 오랜 역사, 종들이 공통조상에서 유래했다는 사실, 다윈이 말한 자연선택으로 몇몇 형질들이 기원했음을 인

정한다. 비히의 핵심 주장은, 생물의 몇몇 구조와 체계들은 '환원불
가능하게 복잡하며', 따라서 부속물들 가운데 하나라도 없으면 제 기
능을 하지 못하리라는 것이다. 비히의 견해에 따르면, 이러한 구조와
체계들은 자연선택을 통해 생길 수 없다.

　비히는 생물학의 많은 사실들을 인정하기 때문에 지적 설계가 언
제 어떻게 일어났는지를 설명하는 문제에서 난처한 입장에 처한다.
DNA 텍스트의 진화에서 돌연변이, 선택, 시간이 어떻게 상호작용하
는지를 설명하는 이 책의 내용들은 비히의 개념이 완전히 틀렸음을
입증하는 증거들이다. 저서 『다윈의 블랙박스』에서 비히는 이렇게
가정한다. "40억 년 전에 설계자가 최초의 세포를 만들었다고 생각해
보자. 거기에는 내 책을 포함한 많은 책들에서 말하는 환원 불가능하
게 복잡한 생화학 체계들이 모두 들어 있었을 것이다(혈액응고처럼 훗
날 사용될 체계가 이미 설계되어 있었지만 아직 '켜지지 않았다'고 생각하
면 된다. 오늘날의 생물들에서도 수많은 유전자들이 한동안, 때로는 여러 세
대 동안 꺼져 있다가 나중에 켜질 것이다)."

　이것은 유전학의 근본원리를 무시하는 완전한 헛소리이다. 브라
운 대학의 켄 밀러 박사는 비히의 시나리오에 대해, "'미리 만들어
진' 유전자들이 그 유전자를 필요로 하는 생물이 서서히 나타날 때까
지 기다린다는 생각은 완전히 구제불능인 유전적 판타지"라고 말한
다. 5장에서 우리가 보았듯 DNA 유전암호의 철칙은 '쓰이지 않으면
사라진다'였다. 줄기찬 돌연변이 폭격은 쓰이지 않는 유전자를 서서
히 파괴한다. 얼음물고기, 효모, 인간 등 사실상 모든 종에서 그랬다.
필요로 할 때까지 유전자를 보존하는 메커니즘 따위는 없다. 4장에서
보았듯 생물은 현재에도 관찰가능한 과정인 유전자 중복을 통해서만

유전정보와 복잡성을 늘릴 수 있으며, 생물이 진화하는 동안 유전자 중복이 일어난 흔적이 DNA에 풍부하게 존재한다.

한 가지 예로 β-글로빈 유전자의 분포를 살펴보자. β-글로빈 유전자는 헤모글로빈 분자를 이루는 두 종류 사슬 가운데 하나를 지정하는 유전자다. 인간은 다섯 개의 β-글로빈 유전자를 가지고 있으며, 모두가 11번 염색체에 서로 이웃하여 위치한다. 각각의 유전자들은 인생의 서로 다른 시기에 사용된다. 입실론ϵ 유전자는 배아기에 활성화되고, 두 개의 감마γ 유전자는 태아기에 활성화되며, 델타δ 글로빈은 성인기에 낮은 정도로 발현되며, 베타β 글로빈은 성인기에 높은 수준으로 발현된다. 닭은 β-글로빈 유전자가 네 개 있고, 대부분의 어류는 이보다 적은 수의 β-글로빈 유전자를 가지고 있다. 어류의 유전자들은 조류와 인간의 β-글로빈 유전자와는 다르게 배열되어 있다. 다만, 얼음물고기는 제 기능을 하는 β-글로빈 유전자가 하나도 없다.

이와 같은 β-글로빈 유전자 분포를 어떻게 설명할 수 있을까? 지적 설계론의 예정된 유전자 모델에 따르면, 우리가 사용하는 모든 유전자들은 인간이나 포유류가 진화하여 그것을 사용하기 오래 전에 미리 설계되어 있어야 한다. 그렇다면 왜 척추동물의 다른 집단들에는 β-글로빈 유전자들이 더 적으며, 얼음물고기(비교적 최근에 진화한 어류 집단)에는 전혀 없는 것인가? 다른 종에도 미리 만들어진 유전자들이 발현되지 않은 채 나중에 불려나오기를 기다리고 있어야 하는 것 아닌가? 또 얼음물고기는 어떻게 제대로 된 글로빈 유전자 없이 α-글로빈 유전자의 조각만을 가지고 있을 수가 있는가? 대체 어떤 설계자가 반쪽 기능을 갖거나 아예 기능이 없는 유전자를 설계하는가?

글로빈 유전자 분포에 대한 진화적 설명은 훨씬 단순명쾌하다. 척추동물의 조상들에서는 더 적은 수의 글로빈 유전자가 어류처럼 배열되어 있었는데, 이 유전자들에 중복이 일어나고 중복된 유전자들이 돌연변이를 일으켜 갈라진 결과, 우리 인간이 일생에 걸쳐 사용하는 여러 개의 다양한 유전자 세트가 만들어졌다는 것이다. 진화가 일어나는 내내 수백 개의 유전자 군들이 이렇게 출현했다.

지적 설계의 옹호자들은 과학계가 편견에 사로잡혀 지적 설계론에 전혀 관심을 기울이지 않는다고 불평한다. 그렇지 않다. 우리는 새로운 가설을 좋아한다. 단, 이미 입증된 사실과 일치하는 가설을 지지할 뿐이다. 결과적으로 지적 설계론은 **이론**의 수준에 오르지 못한다. 지적 설계론은 어떠한 과학적 질문에도 답을 주지 못하며, 엄밀하게 검증된 지식과 전혀 일치하지 않는다. 신학적 매력과 그 옹호자들의 전술이 없었다면 지적 설계론이 우리 귀에까지 들어오는 일도 없었을 것이며, 지금쯤 폐기된 개념들의 거대한 쓰레기통에 담겨 있었을 것이다.

지적 설계론은 좋게 말해도 신화이다. 세상이 어떻게 창조되었으며 자연계가 어떻게 작동하는지를 설명하는 수많은 신화들이 있다. 나는 특히 오스트레일리아 원주민의 신화가 마음에 든다. 꿈의 시대(오스트레일리아 신화에서 나오는 천지창조 때의 낙원 상태/옮긴이) 신화와 바위 예술에 묘사된 문자들은 그들의 문화를 이루는 멋진 요소들이다. 하지만 꿈의 시대는 과학이 아니다. 그러므로 우리는 과학 수업시간에 그것을 가르치지 않는다. 창조나 자연현상에 대한 어떤 다른 신화도 과학시간에 다루지 않는다. 이들은 기존의 과학에 대한 **대안**이 아니다.

다행히 미국 연방법원도 이 같은 판단에 동의한다. 2005년 12월 20일에 펜실베이니아 주 연방법원 판사 존 E. 존스 3세는 펜실베이니아 주 도버 교육청이 지적 설계를 진화론의 대안으로 내세우는 정책을 선포한 것은 미국 헌법에 정면으로 배치된다고 판결했다. 이 판결은 지금까지 지적 설계론에 대한 가장 중요한 법적 검증으로 평가받는다. 판사는 지적 설계의 실체를 낱낱이 파헤치는 과정에서, 지적 설계가 "종교적인 견해이며 창조론의 다른 이름일 뿐 과학이론은 아니며", 따라서 "과학 커리큘럼에 들어갈 만한 것이 전혀 아니라는" 압도적인 증거들을 발견했다. 존스 판사는 또한 "〔지적 설계의〕 수많은 주창자들은 진화론이 절대자와 종교에 대한 믿음 자체를 반대한다는 완전히 그릇된 가정을 하고 있다"고 강조했다.

2004년 후반에 (내 출신 주인) 위스콘신 주의 그랜츠버그 교육청이 지적 설계 운동을 주도하는 사람들의 부추김을 받아 기원에 대한 '대안 이론'을 가르칠 것을 고려했다. 즉각 그랜츠버그 교육청은 이 행보를 중단할 것을 촉구하는 수백 명의 과학자들이 서명한 편지 한 통을 받았다. 그런 후 종교학 교수들로부터도 비슷한 편지 한 통을 받았다. 하지만 가장 설득력 있고 희망을 비춰주는 편지는 침례교, 가톨릭, 루터파, 감리교, 영국 국교회파를 비롯해 위스콘신 주 전역의 교회 목사 188명이 서명한 편지였다(그들은 그 이후로 미국 전역의 성직자 만여 명과 연합하여 활동하고 있다). 나는 그들의 말로 이 문제에 대한 내 마지막 말을 대신하려 한다. 그들의 편지 일부를 소개한다. "우리는 진화론이 근본적인 과학적 사실이라고 생각한다. 진화론은 엄밀한 검증을 받고 있으며, 수많은 인간의 지식과 성취가 진화론을 토대로 삼고 있다. 이 진실을 거부하거나 그것을 단지 '수많은 이론들 가운데 하나'로 치부하는 것은 과학적 무지를 자처하는 행위이며 이러한 무지를 우리 아이들에게 물려주는 일이다."

아멘.

왜 진화가 중요한가?

진화를 이해하고 인정하는 것은 농업, 의학, 기술에 엄청난 진보를 가져다준 과학적 과정을 충실히 따르는 문제와 다르지 않다. DNA 과학은 법의학, 친자확인, 질병진단, 예방, 치료라는 측면에서 우리 삶 깊숙이 들어와 있는 것에 못지 않게, 생명과 인류의 진정한 역사를 이해하는 일에서도 중요한 의미를 갖는다. 또, 고생물학이 어마어마한 지질학 지식을 바탕으로 하고 있듯이, 진화에 대한 새로운 DNA 기록도 세포분자생물학, 유전학, 발생학, 생리학의 어마어마한 지식을 바탕으로 삼고 있다.

천문학, 미생물학, 유전학의 사실들은 손에 잡히고 눈에 보이는 증거들이 넘쳐날 때까지 특정 집단들에게 거부당했다. DNA에 실재하는 진화의 기록은 어마어마하며, 무시해버릴 수준이 아니다. 눈앞의 증거를 보고도 진화를 계속 반대하는 사람들이 ─ 의심하는 프랑스 의사들, 소련 생물학의 독재자들, 카이로프랙틱 근본주의자들이 그랬듯이 ─ 자신들의 입장을 관철시키기 위해 과학에 재갈을 물리거나 과학을 무시하도록 내버려두어서는 안 된다.

역사는 우리에게 과학적 과정을 포기하는 것은 곧 인간 사회의 실패, 또는 완전한 재앙이라는 교훈을 일러준다. 마지막 장에서 나는

진화의 의미, 그리고 과학적 과정을 충실히 따르는 것이 우리가 지구
의 관리자로서 책임을 다하기 위해 얼마나 중요한 문제인지를 살펴
볼 것이다.

약 5천만 년 전의 에오세 야자나무와 물고기 화석 와이오밍 서부의 뷰트화석에서. 사진: 와이오밍 커머러에 소재한 울리히 화석 갤러리의 셜리 울리히 제공.

와이오밍의 야자수

．．．．．．．．．．．

| 더 멀리 뒤를 돌아볼수록 더 멀리 앞을 내다볼 수 있다.　　　　　**윈스턴 처칠** |

"19세기 최고의 경이!" 1876년에 철도여행 가이드북 『퍼시픽 투어리스트』는 이렇게 뽐냈다.

남북전쟁 직후 대륙횡단철도 공사가 대대적으로 시작되었다. 서부에서부터 시작한 센트럴 퍼시픽의 선로와, 동쪽에서부터 시작한 유니언 퍼시픽의 선로가 눈 깜박할 사이에 연장되더니 이 두 라이벌 철도 회사의 선로가 마침내 1869년 5월 10일 유타 주 프로먼토리에서 만났다. 1억 2천만 달러가 넘는, 당시로는 어마어마한 비용으로 완공된 철도였다.

이 위대한 업적의 진정한 영웅은 맨손으로 '철의 길'을 놓은 노동자들이었다. 유니언 퍼시픽의 공사에만도 30만 톤의 철로와 2,300만 개가 넘는 스파이크(철로 레일용 대못)가 필요했다. 여름의 뙤약볕

그림 10.1. 유니언 퍼시픽 철도의 '석회화된 물고기 단면' 이 바위층들에는 에오세 화석이 많이 포함되어 있다.　　　　사진: 앤드루 조지프 러셀(1869), 와이오밍의 스윗워터 카운티 박물관 제공.

아래 24시간 교대라는 경이로운 육체노동을 해야 했을 뿐 아니라, 숱한 위험을 감수해야 했다. 검은 분진과 니트로글리세린의 예기치 않은 폭발과 낙뢰뿐 아니라, 설득에 실패한 원주민들의 끊임없는 공격까지(원주민들은 철도 완공이 그들의 삶에 미칠 파장을 잘 알았다), 모두가 노동자들을 괴롭혔다.

하지만 한편으로 이 시도에는 위대함이라는 느낌이 있었고, 미국 서부의 거대하고 광활한 미지의 땅을 만나고 정복하는 모험이 있었다. 오마하에서 서부를 향해 나아가는 길에는, 블랙힐즈, 와이오밍 분지, 와사치 방목지대를 비롯한 위대한 대자연의 경이가 가로놓여 있었다.

1868년에 유니언 퍼시픽의 직원 A. W. 힐리어드와 L. E. 릭시커가 와이오밍 그린 강에서 서쪽으로 3킬로미터쯤 떨어진 곳(당시는 다코타족 영토의 일부였다)을 조사하고 있었다. 그들은 이 지역 특유의 풍경인 불모의 암석층들을 폭파해 쪼갰다. 그런데 드러난 셰일 조각들 안에, 어마어마한 양의 물고기와 식물 화석이 놀랍도록 잘 보존되어 있었다. 그들은 몰랐지만, 이 화석들은 전 지구를 통틀어 가장 크고 가장 잘 보존된 화석층 가운데 하나의 일부분이었다.

19세기의 위대한 경이가 5천만 년 전 에오세의 위대한 경이를 뚫고 지나가려 하고 있었다.

두 직원은 미국 내무부를 대표해 국토 조사를 하고 있던 퍼디넌드 V. 헤이든에게 물고기 화석을 넘겼다. 외과의사였던 헤이든은 이렇게 말한 적이 있었다. "나는 자연사에 대한 사랑이 너무도 지극하여 다른 어떤 것에도 관심을 느낄 수가 없다." 그는 수우족에게는 유명인사였는데, 그들은 헤이든을 이렇게 불렀다. "구르는 돌을 집어 드는 사람." 그들의 눈에 비친 헤이든은 분명 이상한 사람이었지만 해로운 사람은 아니었다. 철도 직원들의 화석 발견에 이어, 헤이든은 그린 강의 화석층군에 대한 최초의 보고서를 펴냈다. 헤이든의 과학에의 기여는 여기서 그치지 않았다. 그는 1869년에 최초로 미국의 공룡화석을 수집했고, 헤이든의 학술조사 보고서는 1872년 옐로스톤 국립공원의 지정에 이바지했다.

'석회화된 물고기 단면'은 먼 옛날 호수 밑바닥을 이루었던 커다란 퇴적물의 일부였다. 그 암석에서는 청어류의 몇 가지 종이 발견되었으며, 때로는 일 제곱미터도 되지 않는 면적에 화석이 수백 개씩도 있었다^{그림 10.2}. 뿐만 아니라 색가오리, 주걱철갑상어, 민물꼬치고기 화석과, 악어, 거북, 새, 박쥐, 작은 말 화석들도 있었다.

그림 10.2. 물고기의 떼죽음 뷰트화석 지역에서 나온 이 암석판에는 멸종한 수많은 물고기들이 보존되어 있다. 　　　　　　　　　사진: 제이미 캐럴; 암석판은 와이오밍, 캐머러의 울리히 화석 갤러리 제공.

무엇보다도, 거대한 야자나무가 있었다. 키가 3미터에 이르며 놀랍도록 세밀하게 보존된 표본들이었다.

헤이든은 뷰트(건조지대의 고원에서 우뚝 솟은 지형/옮긴이)와 불모지들로 가득한 지금의 반건조 사막이 옛날에는 오늘날의 미국 남동부와 기후와 식물상이 비슷했던 싱그러운 열대우림이었다고 제대로 결론 내렸다. 화석이 포함된 셰일 층들은 약 4천만에서 5천만 년 전에 형성되었으며, 지금은 와이오밍 남서부의 가파른 계곡 위에 놓여 있다. 60~90미터 두께의 그린 강 층군을 이루는 여러 지층(층준 또는 층위라고 한다)들 안에는 특이한 화석들이 가득했다. 만일 여러분이 약간 거뭇한 암석에 잘 보존된 물고기 화석을 본다면, 십중팔구는 그린 강 층군에서 캐낸 것이다. 이 거대한 호수화석층군의 일부는 1972년에 뷰트화석국립천연기념물로 지정되었다.

뷰트화석의 매력은 화석들의 아름다움과 질뿐 아니라 원래의 환경과 오늘날의 풍경 사이의 극적인 대조에서 나온다. 야자나무 화석과 악어 화석들은 한 지역의 환경조건이 시간이 흐름에 따라 얼마나 많이 바뀌는지, 그 변화와 함께 종들이 어떻게 사라지고 또 다른 종으로 교체되는지를 되새기게 한다. 이 화석들은 우리에게 현대의 적합한 개체들이 불안정까지는 아니더라도 조건부 상태임을 다시 한 번 강조한다.

이 화석으로 남은 호수는 옛날에 와이오밍, 콜로라도, 유타의 일부를 뒤덮고 있던 커다란 호수 가운데 제일 작은 것이었다. 이 호수는 길이가 80킬로미터 최대 폭이 32킬로미터였으며, 약 2백만 년 동안 존재했다. 어떤 호수보다도 오래 산 것이다. 하지만 커다란 기후변화는 이 호수를 사라지게 했다. 기후변화는 또한 선택의 조건과 동식물상을 극적으로 바꿔놓았다.

나는 지금까지는 환경에 적응한 생명체가 만들어지는 과정에 초점을 맞추었다. 이 책의 마지막 장에서는 이들이 파괴되는 과정, 즉 종의 몰락에 초점을 맞출 것이다. 생명의 역사는 한때 번영을 누렸으나 지금은 자취도 찾을 수 없게 돼버린 생물들의 이야기로 가득하다. 삼엽충, 공룡, 암모나이트 등, 셀 수 없이 많은 생물들이 자연적인 원인으로 인해 완전히 사라져버렸다. 그렇지만 여기에서는 인간의 활동이 한때 번성했던 수많은 종들에게 어떤 영향을 주었으며, 주고 있는지를 이야기하려 한다. 자연사의 그 어떤 사건도 이처럼 빠른 속도로 그렇게 하지는 못했다. 이와 같은 인간에 의한 '부자연스러운' 선택은 수많은 예기치 못한 결과를 불러왔다. 나는 전 세계의 어장에 특별히 주목할 것이다. 이 어장들은 남획, 환경오염, 기후변화가 한꺼번에 몰려옴에 따라 심각한 위협을 받고 있다.

그림 10.3. 뷰트화석 주변풍경 예전에는 싱그러운 열대우림이었으나 지금은 바람에 침식을 일으키는 반건조 사막지대이다. 사진: 미국 국립공원 서비스 제공. 알비드 아세의 허락을 받아 실음.

위대한 생물학자이자 다윈의 오른팔이었던 토머스 헉슬리의 손자이며, 소설가 올더스 헉슬리의 형제였던 진화생물학자 줄리언 헉슬리는 거의 50년 전에 『새 술은 새 부대에』에서 이렇게 썼다. "인간은 마치 진화사업이라는 대규모 사업의 관리소장으로 임명된 것 같다……. 자신들이 무슨 일을 하고 있는지, 또 하지 않고 있는지를 의식하든 아니든, 인간은 지구에서 진화가 나아갈 방향을 결정하고 있다. 이것은 인간의 피할 수 없는 운명이다. 그렇기에 인간이 그 사실을 더 빨리 깨달을수록 모두가 좋을 것이다."

우리의 정치적 이해관계에 더불어 우리가 진화에 미치는 영향을 부인하거나 무시한 결과, 경제적으로 중요한 여러 종들과 그 종들에 의존해 살던 수십만 인류의 생계가 타격을 입었다. 지금 수많은 종들이 적응할 수 없을 정도로 강도 높은 선택압을 받음으로써 심각한 위기에 처해 있다. 여러분은 진화 과정을 아는 것이 교양이나 철학의 문제일 뿐 아니라, 지속가능한 정책의 밑바탕임을 곧 알게 될 것이다.

부자연스러운 선택

큰뿔양은 와이오밍 일대에 있는 고산지대 방목지의 대표적인 상징일 것이다. 관광객들은 잘 숨는 큰뿔양을 한 번이라도 보려고 안달이고, 사냥꾼들은 세계 최고의 전리품인 큰뿔양 수컷을 다른 몇 종의 합법적인 사냥감들과 같이 잡아들인다. 사냥허가증은 경매장에서 수천 달러를 호가한다. 사냥허가증을 발급하여 벌어들인 수입은 보존 프로그램에 쓰인다. 큰뿔양 수컷을 몇 마리 잡아서 전체 야생동물을 관리할 경제적 이익이 생긴다면 밑질 것 없는 장사라는 것이다.

하지만 오랜 연구 결과, 큰뿔양 수컷의 선별 사냥이 의도치 않은 중대한 결과를 부르고 있음이 밝혀졌다. 사냥꾼들이 가장 잡고 싶어 하는 큰뿔양은 뿔이 큰 숫양이다. 그런데 불행히도, 암컷 큰뿔양이 원하는 것도 그렇다. 큰뿔양의 경우, 뿔의 길이는 거의 두 살과 네 살 사이에 성장한다. 서열이 높고 뿔 길이가 길수록, 그리고 약 여섯 살부터 짝짓기 성공률이 증가한다. 하지만 대부분의 숫양들은 여덟 살이 되기 전에 희생되고, 일부는 아직 어린 네 살 때 잡힌다.

30년 동안 캐나다 로키산맥의 한 지역에 사는 숫양들은 평균 몸 크기와 뿔 길이가 감소함으로써 '육종 가치'가 뚜렷하게 감소하는 추세를 보였다. 몸 크기나 뿔 길이는 대체로 유전으로 결정된다. 사냥

그림 10.4. 큰뿔양 수컷 뿔 길이와 몸 크기는 이 종의 번식 성공률에 커다란 영향을 미친다.
사진: 돈 게티.

은 더 빨리 자라고 더 강한 숫양을 줄이는 선택으로 작용하고 있다.
따라서 개체군 안에서 몸이 더 작고 뿔이 더 짧은 숫양들이 유전자를
전할 기회를 갖는다. 큰뿔양 개체군의 형태와 유전자 구성은 자연적
인 선택이 선호하는 최적상태에서 멀어지는 쪽으로 진화하고 있다.
여기서도 일상적인 수학—변이와 시간에 따른 선택이라는 수학—
이 작동하고 있다. 이 경우 다른 점은 잘못된 방향으로 가고 있다는
것이다.

큰뿔양 개체군의 진화는 특정 형질에 대한 인간의 선택이 우리가

바라는 것, 또는 개체군에게 최선인 것과는 반대 방향으로 진화를 몰아갈 수도 있음을 너무나도 잘 보여준다. 이것은 자연자원 관리에서 중대한 문제가 아닐 수 없다. 물고기의 경우가 특히 그렇다. 진화를 알고 제대로 된 자료를 바탕으로 관리하지 않는다면 내가 지금부터 이야기할 비극적인 사건들이 계속될 수밖에 없으며, 돌이킬 수 없는 재앙을 부를 것이다.

대구 없는 '대구 곶'

먼 바다로 떠나던 초기 탐험가들의 가장 큰 장애물은 식량 마련이었다. 먼 거리를 여행하려면 양식을 저장하고 비축하는 방법이 중요했다. 대구를 말리고 소금에 절이는 기술이 발달하면서 긴 항해가 가능해졌고, 이는 그린란드, 아이슬란드, 북아메리카 발견에 기여했다.

1497년에 지오반니 카보토(존 캐벗)는 크리스토퍼 콜럼버스가 간절히 바랐던 아시아로 가는 바닷길을 찾아 나섰다. 하지만 그 대신 그는 물고기를 절이고 말리기에 이상적인 장소에 상륙했고, 그곳에 '뉴펀들랜드'(new-found-land, '새로 발견한 땅'이라는 뜻/옮긴이)라는 이름을 붙였다. 머지않아 이 새로운 어장에 무한정 널려 있는 듯한 대구를 잡으러 유럽 전역에서 배들이 몰려왔고, 40년 만에 유럽에서 소비되는 물고기의 60퍼센트가 이 북대서양 해안에서 잡혀나갔다.

1602년에 영국인 바솔로뮤 고즈놀드는 자신이 '팔라비시노'라고 이름붙인 곳을 발견했다. 이곳은 그가 대구 때문에 골치라고 보고했

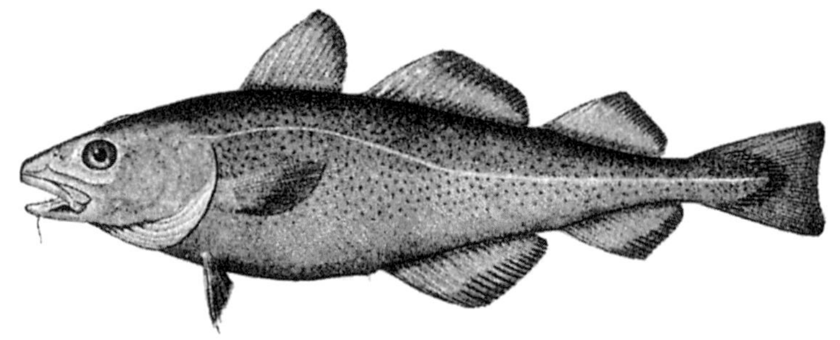

을 만큼 대구가 많았다[현재는 케이프코드cape cod라고 불린다(cod는 대구라는 뜻이다/옮긴이)]. 대구잡이는 새로운 식민지에서 주된 생계수단이 되었다. 글로스터와 매사추세츠(케이프 앤 지역) 같은 마을에서는 대구잡이가 상업의 중심을 차지했다. 글로스터는 19세기 대부분의 기간 동안 인구가 15,000명에 불과한 동네였음에도 바다에 나가서 죽은 남자가 3,800명에 이르렀다.

1992년 7월 2일에 캐나다 그랜드뱅크 북부의 대구 어장은 물고기가 잡히지 않아 어업을 시작한 지 500년 만에 문을 닫았다. 북부의 대구 개체군은 1960년대 수준에 비해 99.9퍼센트가 감소했다. 20,000명의 캐나다 어민들은 생계를 잃었다.

글로스터에서도 일부 어민들은 같은 운명이 다가오는 것을 감지했다. 고작 10~20년 전과도 비교가 안 될 정도로 어획량이 급격하게 줄었다. 연방정부는 어민들이 어업을 그만두도록 장려하기 위해 고깃배들을 사들이기 시작했고, 물고기 개체군을 회복시키기 위해 일부 해안어장을 폐쇄했다.

그러나 대구 어장은 회복되지 않았다.

무슨 일이 일어난 것일까?

간단히 말해, 대구와 대구잡이 어민들은 변이와 선택이라는 만고의 진리에 희생당한 것이다. 대구잡이 어민들은 더 큰(그리고 더 나이든) 물고기를 선택했다. 따라서 유전요인으로 인해 몸집이 더 커지고 나이가 더 들어야 성적으로 성숙하는 물고기들의 대부분은 번식도 하기 전에 잡혔다. 이러한 어획 패턴은 몸집이 더 작을 때 성숙하는 물고기들을 선호하는 선택으로 작용한다. 남획으로 개체군 크기가 줄어들면서, 물고기들은 더 빨리 더 몸집이 작을 때 성숙하는 쪽으로 나아갔다.

여러분은 물고기들이 더 빨리 성숙하면 개체군이 더 빨리 회복되지 않느냐고 되물을지도 모르겠다. 어항에서는 그럴지 모르지만, 바다라는 야생의 환경에서는 그렇지가 않다. 바다에는 대구를 노리는 다른 종들이 있기 때문이다. 대구가 바다 밑바닥에 사는 갑각류들과 부어(浮魚 바다의 표층 또는 중층에 사는 어류의 총칭. 고등어, 멸치, 방어, 참치류 등)를 잡아먹으며 우두머리 포식자 행세를 하던 곳에서, 이제 대구에게 잡아먹히던 어류 개체군들이 행세하기 시작했다. 예전에 대구의 먹이였던 종들이 대구의 포식자가 되어 대구의 알과 유충을 잡아먹고 대구 개체군의 회복에 태클을 걸었다. '적자'는 번식 **뿐 아니라** 생존의 문제임을 떠올려보라. 몸집이 작아진 대구는 전세가 역전된 생태계에서 번성할 수가 없다. 남획과 생태계 불균형은 대구뿐 아니라 바다의 수많은 대형 포식자들의 운명에 영향을 미치고 있다.

그 큰 물고기들은 다 어디로 갔을까?

대구 외에 바다의 대형 어류들에는 다랑어, 황새치, 청새치, 상어, 가오리, 수많은 '저서어류'(가자미, 넙치, 홍어)가 있다. 대형 어류 종들은 상업적 가치가 높으며, 일부 다랑어들은 대단히 값비싼 산해진미로 팔린다.

제2차 세계대전 후 이런 종들의 어획이 산업화되어, 커다란 '공장' 어선들이 거대한 바다를 효과적으로 훑어 큰 물고기들을 낚아 올렸다. 캐나다 노바스코샤 주 핼리팩스에 있는 댈하우지 대학의 생물학자 랜섬 마이어스와 보리스 웜은 1952년에서 1999년까지 실시된 저인망과 주낙어업에 대한 광범위한 자료분석 결과, 오늘날의 포식성 어류 개체군이 산업화 이전 수준의 약 10퍼센트밖에 되지 않는다는 사실을 알아냈다[●]

마이어스와 웜은 네 곳의 대륙붕과 아홉 곳의 해양 생태계에서 똑같은 추세가 일어나고 있음을 발견했다. 어획 15년 만에 개체군이 약 80퍼센트가 줄었다^{그림 10.6}. 주낙의 경우, 어획 10년 만에 어획량이 낚시 100개당 6～12마리에서 0.5～2마리로 떨어졌다. 이 같은 '단위노력당 어획량' 감소의 실상은 더 심각한데, 현재 잡히고 있는 어류의 크기가 매우 작아졌기 때문이다. 마이어스는 이렇게 지적한다. "먹이사슬의 꼭대기에 있는 포식자들의 평균 크기는 원래 크기의 5분

● 저인망: 바다 밑바닥으로 끌고 다니면서 깊은 바다 속의 물고기를 잡는 그물. 주낙어업: 긴 줄에 여러 개의 가짓줄을 달고 각 가짓줄마다의 낚싯바늘에 미끼를 끼워 일정시간이 지난 후에 건져내는 방법(옮긴이).

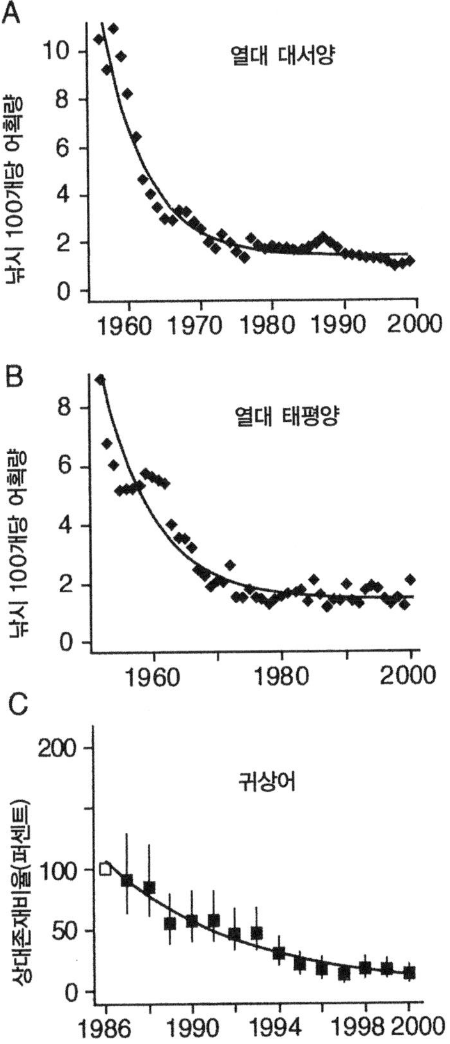

그림 10.6. 대형어류 개체군의 감소 주낙 어획률(다이아몬드와 네모상자)에 따르면, 대형어류의 수가 대서양(A)과 태평양(B) 모두에서 감소하고 있다. 귀상어는 대부분의 상어 종에게 나타나는 감소율을 보인다(C). R. 마이어스와 B. 웜, 「네이처」 423(2003), 280쪽과 J. K. 봄 등, 「사이언스」 299(2003), 389쪽에 나오는 자료를 토대로 리앤 올즈가 다시 그림.

의 1에서 2분의 1밖에 되지 않는다. 오늘날 일부 청새치들은 원래 몸무게의 5분의 1밖에 되지 않는다. 지금 잡히고 있는 어류들은 대부분이 강한 어획 압력 아래에 놓여 있다. 그들은 심지어 번식할 기회조차 갖지 못한다."

마이어스는 많은 글을 쓰고 왕성하게 활동하면서, 바다가 무한한 자원의 보고이며 해양어류는 멸종될 리 없다는 통념을 바로잡고자 애쓰고 있다. 1883년에는 심지어 토머스 헉슬리조차 바다의 물고기는 무한하다고 생각했다. 마이어스는 우리가 이러한 생각을 하는 것은 "해양생물이 무한한 것처럼 보이고, 해양생태계가 우리가 사는 곳에서 멀리 떨어져 있으며, 해양어류 개체군의 번식률이 높다고 여기기 때문인데, 이 논증들은 모두 틀린 것으로 드러나고 있다"라고 기술했다.

귀상어나 백상아리의 삶은 우리 사람들과 별 관련이 없는 듯 보이지만, 다른 연구(마이어스와 웜의 또 다른 공동연구)는 지난 15년 동안 이들 개체군이 75퍼센트나 줄었으며 모든 상어 개체군이 50퍼센트가량 줄었음을 밝혔다. 감소원인 중 하나는 다른 종의 어류를 잡기 위해 드리운 주낙이나 트롤망에 함께 걸려 올라오는 이른바 '부수어획' 때문이다. 최상위 포식자인 상어들은 해양 먹이그물의 구조와 생태계 작동에 중요한 영향을 미친다. 따라서 상어 개체군의 감소는 생태계의 선택 조건을 바꾸어 예기치 못한 결과들을 부른다.

저인망어업은 또 다른 차원의 선택을 일으킨다. 바로 어류의 크기에 대한 선택이다. 지난 몇십 년 동안 상업적인 어구들의 그물코 크기는 일률적으로 7∼14센티미터로 정해져 있었다. 이는 곧 일부 종은 저인망에 걸릴 수밖에 없고, 일부 종은 빠져나간다는 뜻이다.

북대서양의 홍어에서 이러한 크기 선택의 영향이 잘 조사되어 있다.

지난 수십 년 동안 홍어류 가운데 몸집이 작은 두 종인 가시홍어와 민가시홍어는 수가 늘어났다. 그러나 부화할 때 길이가 약 20센티미터이고 폭이 1미터까지 자라는 적갈색큰홍어는 멸종 위기에 처해 있다. 적갈색큰홍어의 감소는 수년 동안 드러나지 않았으나, 랜덤 마이어스와 뉴펀들랜드 메모리얼 대학교의 질 케이시가 뉴펀들랜드 남부 해안에서 지난 20년 동안 저인망에 적갈색큰홍어가 단 한 마리도 걸리지 않았음을 발견했다. 45년 전만 해도 적갈색큰홍어는 모든 저인망의 10퍼센트를 차지했다. 최근에 잡힌 유일한 적갈색큰홍어는 수심 1,000미터의 넙치 어장에서 잡힌 것이었다.

대형 포식성 어류의 감소나 대형 어류의 선택적 감소는 단순히 한 종이 사라지는 일로 치부할 문제가 아니다. 인간이 저지른 남획과 부수어획이 이들이 사는(또는 살았던) 생태계에 어떤 영향을 미치는지를 이해하는 것은 매우 중요하다.

도미노

산호초, 해조류 숲, 바다 밑바닥의 해초*밭, 바다로 흘러드는 강어귀 등, 지구의 해양 생태계에는 여러 유형이 있다. 군집마다 특정

● 해초는 해조류(바닷말)와 달리 꽃을 피우는 수중식물로서 뿌리를 내려 고착 생활을 하며 대규모 해초밭을 형성한다. 해초밭은 생태계를 이루고 있어 중요한 해양 자원으로 여겨진다(옮긴이).

종들이 군집의 구조와 다양성에 중요한 역할을 담당하고 있으며, 군집 내의 구성원들은 서로 복잡한 상호작용을 하며 얽혀 있다. 남획과 같은 인간의 활동들은 이 상호작용을 교란시켜 종종 재앙을 부른다.

예컨대 해조류 숲은 수많은 어류와 무척추동물은 물론 해달 같은 해양 포유류에게 보금자리를 제공한다. 정형성게는 해조류를 뜯어먹고 살지만, 그런 한편 대구 같은 저서어류들과 해달의 먹이가 되기도 한다. 남획으로 대구가 사라진 곳, 또는 해달이 모피 사냥꾼들에게 죽임을 당한 곳에서는 정형성게가 해조류를 초토화시켜 그 지역이 황폐화해진다. 이는 먹이그물의 최상위 소비자를 없앤 결과로 일어난 도미노 효과이다. 정형성게를 잡아들이면 해조류가 돌아오기는 하겠지만, 군집 내 다른 구성원들이 여전히 없는 상태이므로 해조류 숲은 계속 불모의 상태로 남는다.

산호초도 다양한 어류 종과 무척추동물들의 보금자리이며, 이 동물들은 다시 대형 해양생물들에게 잡아먹힌다. 악마불가사리는 산호를 먹고 살며, 몇몇 어류 종에게 잡아먹힘으로써 그 수가 억제되고 있는 듯하다. 그런데 1980년대에 대보초에 악마불가사리가 대규모로 출몰하면서 산호 개체군이 급감하고 이에 따라 수많은 동물들이 서식처를 잃었다.

만, 초호, 그 밖의 다른 해안지역을 뒤덮고 있는 해초밭의 건강도 해초를 먹고 사는 동물들에게 달려 있으며, 그 동물들의 삶은 다시 해초에 달려 있다. 바다거북은 해초를 뜯어먹는데, 이 때문에 영양분이 해저 퇴적물 속으로 들어가지 않고 먹이사슬에 머무르게 된다. 대부분의 지역에서 바다거북 개체군은 급격하게 감소하거나 절멸했고, 이 일은 다시 해초밭의 감소와 죽음을 부르고 있다.

듀공도 해초밭을 돌보는 중요한 동물이다. 오스트레일리아 식민지 개척자들은 19세기 말 퀸즐랜드 해안의 모어턴 만에서 거대한 듀공 떼를 보았다고 보고했다. 수만 마리의 듀공 떼가 5~6킬로미터씩 늘어섰던 것이 지금은 500마리로 줄었다. 기름과 고기를 얻기 위한 남획으로 듀공 '어장'은 빠르게 고갈되었다.

캘리포니아 라호야에 소재한 스크립스 해양지리학 연구소의 제레미 잭슨과 열여덟 명의 해양과학자들은 약 1만 년 전 문명이 시작된 이후부터 일어난 해안 생태계의 거대한 변화들을 분석했다. 세계적으로 세 단계의 비슷한 몰락 패턴이 나타났다. 처음에 원주민이 제한적으로 이용하고, 그 다음에 유럽이 팽창하며 식민지를 개척할 때 이용이 증가하며, 마지막으로 최근 들어 개체군과 생태계가 급격히 고갈되는 패턴이다. 연구자들은 최근에 일어난 변화를 측정하기 위해 기준으로 삼은 1950년 혹은 1960년의 해양 개체군 자체가 이미 인간이 그들을 이용하기 전에 존재했던 개체군의 일부에 지나지 않는다는 사실을 지적한다.

잭슨과 동료들은 "현대의 생태연구는 자연 그대로이던 시절에 바다에 대형 척추동물의 수가 얼마나 많았는지를 거의 고려하지 않는다"고 주의를 주면서, 세계의 수많은 지명들—섬 이름, 도시 이름, 만 이름 등등—이 더 이상 존재하지 않거나 있다 해도 과거에 존재한 거대한 개체군의 잔재에 불과한 동물들의 이름을 따서 지어졌음을 상기시킨다. 오늘날 알을 낳기 위해 특정 장소에 상륙하는 수만 마리의 바다거북 떼가 거대해 보일지 몰라도, 이 개체군들이 몇 백 년 전만 해도 **수천만**에 이르렀다는 것을 알면 더 이상 그렇지 않을 것이다.

퍼펙트 스톰

남획이 개체군 급감의 직접적인 원인임은 분명하지만, 산업혁명 이후에 일어난 인구증가와 산업발달은 이미 피폐한 생태계에 추가로 타격을 가했다. 현재 남획, 오염, 인간이 초래한 기후변화가 한꺼번에 '퍼펙트 스톰'으로 불어닥쳐 생태계에 돌이킬 수 없는 위협을 가하고 있다. 인구중심지 근처에 있는 서식지들만 살펴봐도 이 세 가지 힘의 시너지 효과를 보여주는 수많은 예들을 발견할 수 있다.

예를 들어 체서피크 만의 사례를 살펴보자. 체서피크 만은 미국에서 가장 거대한 강어귀이다. 150개 이상의 주요 강들과 지류들이 길이가 311킬로미터에 이르는 이 만으로 흘러들어온다. 영국의 식민지 개척자 존 스미스 대장은 1600년대 초에 체서피크 만을 탐험했을 때, 물이 맑고, 습지에는 해초에 게가 득실거리며, 굴 군집은 너무 거대해서 항해에 위험이 될 정도이며, 볼락을 비롯한 물고기 떼가 가득하다고 묘사했다.

모든 해양 서식지 가운데 온대지역의 만이 가장 커다란 피해를 입고 있다. 체서피크 만에는 한때 굴 군집이 거대하게 조성되어 그 지역 전체 수량에 해당하는 물을 3일마다 한 번씩 정화할 수 있었을 정도였다. 하지만 준설기를 이용한 산업적인 굴 채취가 시작하면서 굴 개체군은 급격히 줄었다. 우리가 이미 보았듯이 생태군집의 구조를 좌지우지하는 종이 사라지면 돌이킬 수 없는 결과가 일어난다.

굴 어장이 붕괴한 후 체서피크 만에 병적 징후들이 나타났다. 산소량이 줄고, 병이 발생했다. 후자는 자연 개체군에 강도 높은 선택을 행사하는 두 번째 인위적 성분인 오염 때문에 더욱 악화되었음이 분명하다. 피해를 입은 생태계는 산업 활동과 농업이 가져온 침전물, 양분, 미생물 수치의 변화를 제어할 힘이 없었다. 정부와 민간기구들이 20년 가까이 관심을 쏟아 부었음에도, 2004년 체서피크 만 중심 물줄기의 35퍼센트 이상이 산소가 고갈된 '데드 존'이었다.

피해, 쇠락, 죽음의 패턴이 한때 굴 군집으로 가득했던 세계 곳곳의 만들에서 나타나고 있다. 불행히도 이런 상황에서 진화가 어떻게 반복될지는 너무나도 뻔하다.

지금은 남획과 오염뿐 아니라, 자연 개체군에 강한 선택을 행사하는 세 번째 요소가 새로 나타났다. 바로 기후변화이다. 기후변화의 영향은 정량적으로 측정하기가 더 어렵다. 수많은 생태계가 이미 오염된 상태이기 때문이다. 그렇기는 하지만 곳곳의 기후변화들이 생태군집에 엄청난 영향을 미치고 있음은 분명한 사실이다. 이미 충분히 스트레스를 받고 충분히 남획된 생물군집은 또 하나의 문제를 감당해야 하게 생겼다.

한 지역에 일어난 남획과 오염의 피해를 복구하는 것만도 엄청나게 힘든 과제이지만, 전 지구적인 변화가 일어나고 있는 상황이기에 문제는 정말 심각하다. 인간 집단은 주로 남획된 대서양과 태평양 주변에 살기 때문에, 거대한 남대서양과 사람이 살지 않는 남극은 해양 생물다양성의 마지막 보루로 남을 수 있을까? 슬프지만 그렇지가 않다. 대구, 황새치, 청새치, 듀공, 굴, 바다거북, 해달 등 북쪽의 물에 사는 수많은 종들의 소멸을 부른 역사가 남대서양에서 반복되었고, 지금도 반복되고 있다.

다시 부베 섬으로

디틀레프 루스타드와 요한 루드가 남대서양에 간 가장 큰 이유는 북쪽 바다에 고래 개체수가 줄어 노르웨이의 고래잡이배들이 고래잡이를 할 만한 새로운 장소를 찾아야 했기 때문이었다. 노르웨이는 1900년대 초에 남극 바다에서 고래잡이를 시작하여 1904년에서 1906년까지 236마리의 고래를 잡았다. 이 수치는 1912년에 10,760마리로 늘었고, 1940년에는 40,000마리까지 증가했다.

고래잡이배들은 고래 개체수가 줄어듦에 따라 종을 옮겨가며 고래를 잡았다. 예를 들어 1930년에서 1931년까지 29,000마리의 흰긴수염고래를 잡았다. 고래잡이배들은 그 다음에 수염고래, 멸치고래, 혹등고래, 그리고 밍크고래로 옮겨갔다. 대부분의 나라들이 남극 고래잡이를 한시적으로 중단하는 조처에 동의했을 즈음에는, 이미 예전에 20만 마리에 이르던 흰긴수염고래 개체수가 6천 마리로 줄었고, 혹등고래 개체수도 비슷한 정도로 줄었으며, 수염고래와 멸치고래는 예전의 20퍼센트로 줄어든 상태였다.

루스타드의 연구대상은 남극 먹이그물의 중심을 차지하는 작은 갑각류인 크릴새우였다. 고래잡이 산업이 쇠하자 1972년에서 1973년부터 크릴새우가 대량 어획의 목표로 떠오르기 시작했다. 크릴새우는 인간의 식량자원이나 가축의 사료, 양식 물고기의 먹이로 개발되고 있다. 크릴새우는 어쩌면 지구상에서 가장 풍부한 동물일지도 모른다. 거대한 크릴새우 무리는 거의 500제곱킬로미터에 이르는 바다를 뒤덮고, 2백만 톤에 이르는 새우를 포함하고 있다. 크릴새우 무리의 1세제곱미터 안에는 1백만 마리의 크릴새우가 들어 있다. 크릴

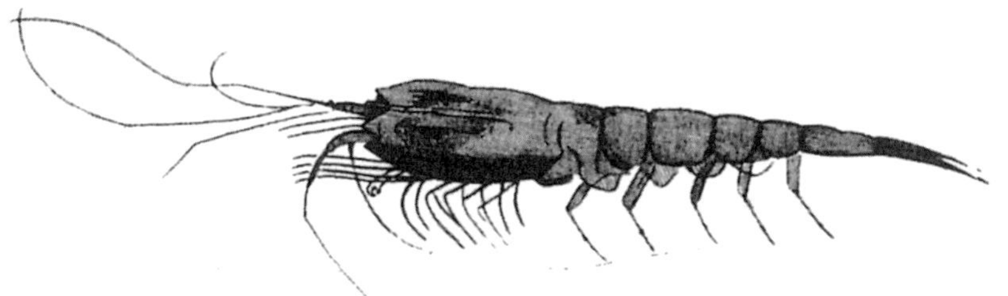

그림 10. 7. 크릴새우 에우파시아 수페르바 *Euphasia superba*. 이 새우는 지구상에서 가장 많은 동물이며, 남극 먹이그물의 중심이다. 크릴의 밀도는 지난 75년 동안 80퍼센트가 줄었다.

새우 어획이 최고조에 이른 1982년에는 어획량이 50만 톤이 넘었고, 지금은 연평균 10만 톤을 잡는다. 크릴새우의 총 개체수는 수천만 톤에서 수억 톤에 이르는 것으로 추산된다. 그렇다면 지금과 같은 속도로 잡아도 크릴새우에게 위협이 될 것 같지 않다. 그러나 장기적인 연구들은 지난 75년 동안 크릴새우의 수가 80퍼센트나 떨어졌음을 말해준다. 어획 때문은 분명 아닌 듯한데, 무슨 일이 일어나고 있는 것일까?

남극대륙의 기온은 지난 50년 동안 섭씨 2.2~2.8도쯤 올랐다. 전 세계 평균기온 상승분의 5배가 넘는 수치이다. 기온이 상승하자 바다에 빙하의 양이 줄어들었다. 크릴새우는 해빙 아래에 서식하는 식물성 플랑크톤인 얼음 조류를 먹고 산다. 그러니까 지구온난화로 빙하가 녹고, 빙하의 감소로 얼음 조류가 줄고, 얼음 조류의 감소로 크릴새우가 줄어드는 도미노 현상이 일어나고 있는 듯 보인다.

여러분도 잘 알겠지만 기온과 수온이 상승하고 바다의 빙하가 줄어드는 걱정스러운 추세는 지구온난화로 인해 앞으로도 계속될 것 같다. 일부 과학자들은 앞으로 100년 동안 기온이 섭씨 2.2~2.8도쯤 오를 것이라고 내다본다. 남극에서 기온이 이 정도 상승하면 분명 바닷말이 자라는 데 필요한 빙하의 양이 줄어들 테고, 이런 현상은 크릴새우를 먹고 사는 동물 개체군뿐만 아니라 차가운 수온에 적응한 종들을 압박할 것이다.

그렇다면 얼음물고기의 운명은 어떻게 될까? 앞으로 일어날 기후변화만 생각해도 걱정스러운데 얼음물고기는 이미 재앙을 체험하고 있다. 고래잡이 산업이 쇠퇴하면서 사람들은 남극의 다른 어장으로 관심을 돌렸다. 얼음물고기도 그 가운데 하나였다. 얼음물고기 종인 캄프소케팔루스 군나리 *Champsocephalus gunnari*^{확보 B}의 어획은 1971년부터 시작되었다. 1978년에 어획고는 235,000톤으로 최고조에 달했다. 그런 다음에 내가 이 장에서 이야기한 슬픈 역사가 반복되었다. 어장이 붕괴하고 어획고는 1991년에 13,000톤으로 떨어졌으며, 1992년에는 66톤으로 곤두박질쳤고, 그 이후로 회복하지 못하고 있다.

우리는 (수십 년 동안 시간낭비와 정치적 논쟁 이후) 흰긴수염고래를 겨우 절멸로부터 구해냈지만, 그럼에도 아직 제대로 정신을 차리지 못했다.

얼음물고기의 운명이 어떻게 될지는 모르지만 아무튼 얼음물고기 개체군이 회복되려면 남획, 생태계 교란, 기후변화의 물결을 거슬러야만 할 것이다. 생리기능이 차가운 수온에 맞추어져 있기 때문에, 이미 줄어든 얼음물고기가 단 1세기 동안의 놀라운 수온상승에 적응할 수 있을지는 미지수이다. 게다가 먹이까지 감소한다면 얼음물고기의 미래는 더욱 불투명하다.

경종이 울리고 있다

장래를 내다보는 눈이 부족하고, 간단하고 효과적인 행동이 있는데도 행동하지 않으려 하고, 명확한 생각을 하지 못하고, 위기가 닥치고 생존 본능이 경종을 울려댈 때까지 우왕좌왕하는 것. 이것은 역사에서 수없이 되풀이되었던 일들이다

— 윈스턴 처칠(1935년 5월 2일. 영국 하원에서 한 연설)

나는 우리의 식후 대화가 너무 비관적으로 흐르고 있음을 잘 안다. 하지만 그럴 필요가 있다고 생각한다. 나는 명색이 생물학자이면서도 이 장을 쓰기 위해 조사를 할 때까지 내가 방금 제시한 비극적인 통계수치들을 거의 몰랐다. 여러분은 내가 여기서 열대우림과 같은 다른 서식지에서 일어나고 있는 일을 다루지 않았음에 안도해야 한다.

윈스턴 처칠의 말은 내가 전할 수 있는 가장 적절한 마무리 메시지이다. 현재로서는 자연의 미래는 1935년 처칠의 눈에 비친 세계정세만큼이나 암울해 보인다. 그는 파시즘, 나치즘, 소련식 공산주의의 위협을 보고 수많은 경고를 했음에도 수년 동안 아무도 귀담아 듣지 않았다. 그때도 지금처럼 서양의 지도자들 대부분은 무작정 잘 될 거라는 맹목적인 낙관주의에 이끌려 상황을 부인하기만 했었다. 그들은 쓸데없는 조약, 공허한 말잔치, 뼈대 없는 유화정책 등의 상징적 제스처를 취하기에 바빴다. 1940년에 프랑스가 순식간에 쓰러지고 나서, 처칠의 영국은 일본의 갑작스러운 진주만 침공으로 미국이 전쟁 막판에 참전할 때까지 홀로 버텼다. 자연은 50년에 걸쳐 갈수록

치열해지는 전쟁을 치르고 있는데, 강대국들은 자연에 도움의 손길을 거의 내밀지 않고 있다.

우리는 자연의 죽음을 되돌려야함은 물론, 당장 몰락부터 멈추어야 한다. 랜섬 마이어스는 이렇게 한탄한다. "우리는 집단적인 부인에 사로잡혀, 마지막 남은 물고기를 서로 잡아들이기 위해 인공위성과 센서까지 동원해가며 다투고 있다. 우리는 이 물고기들의 일부가 현재 멸종에 얼마나 가까이 와 있는지를 알아야 한다. 또한 돌이킬 수 없는 지점에 이르기 전에 어서 행동에 나서야 한다. 나는 다섯 살 난 내 아들이 어른이 되었을 때도 귀상어와 참다랑어를 볼 수 있기를 바란다. 만일 현재의 속도로 어획이 계속된다면 이 커다란 물고기들은 공룡의 길을 따르게 될 것이다."

물론 이러한 우려를 말하면 돌아오는 반응은 대체로 부인과 변명이다. 마이어스는 주정부의 해양수산부에서 일할 때 관료들에게 막막함을 느꼈다. 그는 부처 측이 대구어장의 붕괴가 차가운 수온과 늘어나는 물범 탓이라고 발표하려 했을 때 동의하지 않았다는 이유로 징계를 받았으며, 부처를 공개적으로 비판했을 때는 명예훼손으로 고소까지 당했다.

환경에 대한 우려는 종종 괴담으로 폄훼되고, 특별한 철학이나 감상적인 태도로 치부당하기 일쑤다. 하지만 우리 앞에 던져진 냉엄한 자료는 우리가 지금 그러한 동기를 따질 때가 아님을 말해준다. 현재의 통계수치와 과거의 경험을 본인의 생존이 걸린 실용적인 문제로만 생각해보라. 랜섬 마이어스와 보리스 웜은 이렇게 말한다. "오늘날의 의사결정은 우리가 생물학적으로 다양하고 경제적으로 중요한 어류 군집을 지금으로부터 20년 또는 50년 이후에도 계속 누릴 수 있을지 아닐지, 또는 우리가 끝내 되돌리지 못한 붕괴와 멸종의 역사를 회고할 날을 맞을지 말지를 결정한다."

하지만 21세기에 우리는 지난 200년 동안의 진화과학의 혜택을 누리면서도 아직도 진화가 일어났느냐 마느냐를 가지고 논쟁을 하고 있다. 또 남획과 오염의 결과를 200년 이상 겪고 있으면서도 얼마 남지 않은 물고기를 계속 잡아들이고 있다.

헉슬리 형제는 우리에게 이렇게 경종을 울린다. "사실은 무시한다고 사라지지 않으며", 우리는 지금 "지구의 진화가 나아갈 방향을 결정하고 있다"고. 우리는 이 엄정한 사실들을 직시하고 우리의 책임을 받아들여야 하지 않을까? 거창한 이유까지 필요 없이 당장 내 자신의 이익을 위해서라도. 아니면 대구, 다랑어, 청새치, 흰긴수염고래, 듀공, 얼음물고기 같은 수많은 물고기들이 와이오밍의 야자나무처럼 되는 것을 그저 지켜보고만 있겠는가?

참고문헌

내가 이 책에서 설명한 발견과 개념들은 수많은 생물학자들이 이루어놓은 업적이다. 폭넓은 독자들을 위해 쓴 책이라서, 각 발견과 관련이 있는 사람이나 연구소의 이름을 일일이 거론하지 않았으며, 본문에 주석을 달지도 않았다. 대신 이 지면에 참고문헌과 출처를 두 부분으로 나누어 제공한다. 첫 번째 부분에서는 더 읽어보면 좋을 진화 관련 서적들을 몇 권 소개한다. 두 번째 부분에서는, 도움을 받은 참고문헌들을 장별로 정리한다. 대부분의 경우 과학학술지에 실린 논문들의 제목은 생략한다. 제목이 없어도 해당 자료를 충분히 찾을 수 있다. 생물학 연구논문들의 초록은 대부분 정부가 후원하는 데이터베이스인 퍼브메드PubMed를 통해 무료로 열람할 수 있다(http://www.ncbi.nlm.nih.gov/pubmed).

진화에 대한 일반 참고문헌

진화를 다룬 훌륭한 책들이 많지만, 이 책의 독자들이 읽어보면 좋을 만한 책들을 골랐다.

Carroll, Sean, Endless forms Most Beautiful: The New Science of Evo Devo and the Making of the Animal Kingdom. New York: W. W. Norton, 2005. (션 캐럴, 『이보디보, 생명의 블랙박스를 열다』.)

Conway Morris, Simon. Life's Solution: Inevitable Humans in a lonely Universe. Cambridge: Cambridge Universe Press, 2003.

Dawkins, Richard. The Ancestor's Tale: A Pilgrimage to the Dawn of Evolution. New York: Houghton Mifflin, 2004. (리처드 도킨스, 『조상 이야기 — 생명의 기원을 찾아서』.)

──────. *The Blind Watchmaker: Why the Evidence of Evolution Reveals a Universe Without Design*. New York: W. W. Norton, 1986. (리처드 도킨스, 『눈먼 시계공』.)

──────. *Climbing Mount Improbable*. New York: W. W. Norton, 1996.

Desmond, Adrian, and James Moore. *Darwin: The Life of a Tormented Evolutionist*. London: Michael Joseph, 1991.

Knoll, Andrew. *Life on a Young Planet: The First Three Billion Years of Evolution on Earth*. Princeton, N. J.: Princeton University Press, 2003. (앤드루 놀, 『생명 최초의 30억 년』.)

Palumbi, Stephen. *The Evolution Explosion: How Humans Cause Rapid Evolutionary Change*. New York: W. W. Norton, 2001.

Ridley, Matt. *The Red Queen: Sex and the Evolution of Human Nature*. London: Penguin, 1993. (매트 리들리, 『붉은 여왕』.)

Weiner, Jonathan. *The Beak of the Finch: A Story of Evolution in Our Time*. New York: Alfred A. Knopf, 1994. (조너선 와이너, 『핀치의 부리』.)

Zimmer, Carl. *Evolution: The Triumph of an Idea*. New York, HarperCollins, 2001.(칼 짐머, 『진화』.)

서문

케빈 리 그린이 죄를 벗은 이야기는 "What Every Law Enforcement Officer Should Know About DNA Evidence" (National Institute of Justice, National Commission on the Future of DNA Evidence, 1999)와, 결백프로젝트(www.innocenceproject.org)의 사례사에서 찾아볼 수 있다. 영구미제사건을 해결하기 위해 DNA 검사를 이용하는 사례가 늘어나고 있다는 사실은 "National Forensic DNA Study Report" (Smith Alling Lane, P.S., and Washington State University, 2003)에 설명되어 있다.

공공 데이터베이스에 등록되는 DNA 서열이 급속도로 늘어나고 있음은 GenBank(http://www.ncbi.nlm.nih.gov/Genbank/index.html)에서 확인해볼 수 있다.

1장

S. S. 노르베쟈 호 항해에서 디틀레프 루스타드가 실시한 연구와 그가 찍은 사진들은 O. Holtedahl, ed., *Scientific Results of the Norwegian Antarctic Expeditions, 1927~1928*(Oslo: I. Kommisjon Hos Jacob Dybwad, 1935)에 기록되어 있다.

요한 루드는 *Scientific American* 213(1965): pp. 108~115에서 자신의 남극 탐험에 대해 설명했다. 얼음물고기에 적혈구가 없다는 사실을 최초로 다룬 그의 논문은 *Nature* 173(1954): pp. 848~850이다.

얼음물고기의 글로빈 유전자에 대한 설명은 G. di Prisco et al., *Gene* 295 (2002): pp. 185~191; E. Cocca et al., *Proceedings of the National Academy of Sciences, USA* 92(1995): pp. 1817~1823; and Y. Zhao et al., *Journal of Biological Chemistry* 273 (1998): pp. 14745~14752에 나와 있다. 얼음물고기의 생물학과 유전학을 전반적으로 검토한 논문은 B. D. Sidell, *Gravitational and Space Biology Bulletin* 13(2000): pp. 25~34이다. 얼음물고기의 미세소관의 진화에 대해서는 H. W. Detrich et al., *Journal of Biological Chemistry* 275(2000): pp. 37038~37047을 참조했다. 얼음물고기가 가지고 있는 결빙방지 단백질의 기원에 대해서는 L. Chen, A. L. DeVries, and C. −H. C. Cheng, *Proceedings of the National Academy of Sciences, USA* 94(1997): pp. 3811~3816을 참조했다. 얼음물고기의 미오글로빈의 운명에 대해서는 B. D. Sidell et al., *Proceedings of the National Academy of Sciences, USA* 94(1997): pp. 3420~3424; T. J. Moylan and B. D. Sidell, *The Journal of Experimental Biology* 203(2000): pp. 1277~1286; and D. J. Small et al., *The Journal of Experimental Biology* 206(2003): pp. 131~139에 자세히 나와 있다.

남극의 지질학과 남대서양의 역사는 J. Zachos et al., *Science* 292(2001): pp. 686~693에 나와 있고, 바다의 냉각에 대해서는 A. E. Shevenall, J. P. Kennett, and D. W. Lea, *Science* 305(2004): pp. 1766~1770에 설명되어 있다. 노토테니오이다이아목*Notothenioidae*에 속하는 물고기의 역사는 T. J. Near, *Antarctic Science* 16(2004): pp. 37~44; and T. J. Near, J. J. Pesavento, and C. −H. C. Cheng, *Molecular Phylogenetics and Evolution* 32(2004): pp. 881~891을 참조했다.

다윈의 항해, 발견, 삶, 글은 수많은 뛰어난 전기에 소개되어 있다. 구체적인 날짜와 내용은 A. Desmond and J. Moore, *Darwin: The Life of a Tormented Evolutionist*(London: Michael Joseph, 1991)를 참조했다. 『종의 기원』의 단락들은 1859년에 출판된 초판에서 가져왔다. '적자생존'이라는 어구는 철학자 허버트 스펜서의 『사회정역학 *Social Statics*』(재판 1851)에 처음 출현했다.

여기 인용된 피터 메다워 경의 말은 J. A. Moore, *Science as a Way of Knowing: The Foundation of Modern Biology*(Cambridge, Mass: Harvard University Press, 1993)에서 가져왔다.

남극에 크릴 새우가 감소하고 있는 현상에 대한 이야기는 A. Atkinson et al., *Nature* 432(2004): pp. 100~103에 나와 있다.

2장

캘리포니아 주립대학교의 마이크 오킨 교수는 2001년 8월 22일 CNN 리포터 다린 케이건과의 인터뷰에서 복권에 당첨될 확률을 자동차 사고 같은 불행한 일을 당할 확률과 비교하여 설명했다. 개에 물리거나, 상어의 공격을 당하거나, 사자에게 다칠 확률은 2004년 2월 22일자 *San Diego Union-Tribune*에서 스캇 래티 Scott Latee 기자가 보도한 것이다.

비둘기에 대한 다윈의 관심은 *The Variation of Animals and Plants under Domestication*(London: John Murray, 1868)에도 분명히 나타난다. 윌리엄 캐슬, R. C. 퍼네트, H. T. J. 노턴, J. B. S. 홀데인, 그 밖의 다른 사람들에 대한 정보는 윌리엄 B. 프로빈의 진화유전학에 대한 포괄적이면서 간결한 역사서 *The Origins of Theoretical Population Genetics*(Chicago: University of Chicago Press, 1971)에서 일부 가져왔다. 야생에서 일어나는 자연선택을 다룬 문헌들은 다음과 같다. John A. Endler, *Natural Selection in the Wild*(Princeton, N. J.: Princeton University Press, 1986); J. G. Kingsolver et al., *The American Naturalist* 157(2001): pp. 245~261; and A. P. Hendry and M. T. Kinnison, *Evolution* 53 (1999): 1637~1653.

얼룩나방의 진화에 대해서는 M. Majerus, *Melanism: Evolution in Action* (Oxford: Oxford University Press, 1998); B. S. Grant, *Evolution* 53(1999): 980~984;

and B. S. Grant, D. F. Owen, and C. A. Clarke, *Journal of Heredity* 87(1996): pp. 351~357에 나와 있다. J., Mallet, *Genetics Society News*, issue 50: pp. 34~38, and J. Coyne, *Nature* 396 (1998): pp. 35~36도 보라.

동물의 몸 색깔에 작동하는 선택상수에 대해서는 H. Hoekstra, K. E. Drumm, and M. W. Nachman, *Evolution* 58(2004): pp. 1329~1341에 잘 정리되어 있다. 매의 비둘기 사냥에 대한 장기적인 야외연구는 A. Palleroni et al., *Nature* 434(2005): pp. 973~974에 나와 있다. 로버그 호수의 큰가시고기 진화에 대한 장기적인 연구는 M. A. Bell, W. E. Aguirre, and N. J. Buck, *Evolution* 58(2004): pp. 814~824이다.

포유류의 돌연변이율은 S. Kumer and S. Subramanian, *Proceedings of the Natural Academy of Sciences, USA* 99(2002): pp. 803~808에, 사람의 돌연변이율은 M. W. Nachman and S. L. Crowell, *Genetics* 154(2000): pp. 297~304에 잘 정리되어 있다. 바위주머니생쥐의 검은 털색 유발 돌연변이 비율은 G. Schlager and M. M. Dickie, *Mutation Research* 11(1971): pp. 89~96에서 일반 생쥐의 자연 돌연변이율을 어림한 값을 바탕으로 추정했다. 돌연변이가 일어날 수 있는 자리의 개수는 M. W. Nachman, H. E. Hoekstra, and S. L. D'agostino, *Proceedings of the National Academy of Sciences, USA* 100(2003): pp. 5268~5273, 그리고 거기에 소개된 참고문헌을 바탕으로 했다. 진화적 변화가 일어나기 위해 필요한 시간을 계산하는 수학공식은 Wen-Hsiung Li, *Molecular Evolution* (Sunderland, Mass.: Sinauer Associates, 1997)에서 가져왔다. 주머니생쥐의 번식률은 H. E. Hoekstra and M. W. Nachman, *University of California Publications in Zoology* 2005: pp. 61~81에서 가져왔다. 바위주머니생쥐 개체군에서 이주와 선택이 담당하는 역할은 M. W. Nachman, *Genetica* 123(2005): pp. 125~136에 잘 나와 있다.

진화 속도에 대한 전반적인 연구로는 P. D. Gingerich, *Science* 222(1983): pp. 159~161이 있다.

중립설에 대한 키무라의 대표적인 연구들로는 M. Kimura, *Nature* 217(1968): pp. 624~626; M. Kimura, *Proceedings of the National Academy of Sciences, USA* 63(1969): pp. 1181~1188; and M. Kimura, *The Neutral Theory of Molecular Evolution*(Cambridge: Cambridge University Press, 1983)이 있다.

3장

T. D. 브록이 옐로스톤 국립공원에서 한 발견과 경험은 T. D. Brock, *Annual Review of Microbiology* 49(1995): pp. 1~28; T. D. Brock, *Genetics* 145(1997): pp. 1207~1210; and T. D. Brock, *Life at High Temperatures*(Yellowstone Association for Natural Science, History, and Education, 1994)에 소개되어 있다. 고세균 도메인의 정립과 관련한 칼 우즈의 중요한 연구로는 C. R. Woese and G. F. Fox, *Proceedings of the National Academy of Sciences, USA* 74(1977): pp. 5088~5090; and C. R. Woese, O. Kandler, and M. L. Wheel, *Proceedings of the National Academy of Sciences, USA* 87(1990): pp. 4576~4579가 있다.

게놈 서열의 비교에 대한 문헌은 현재 매우 방대하다. 특정 종들에 대해 인용된 자료들은 E. V. Koonin, *Nature Review Microbiology* 1(2003): pp. 127~136; K. S. Makarova et al., *Genome Research* 9(1999): pp. 608~628; R. L. Tatusov et al., *BMC Bioinformatics* 4(2003): p. 41; G. M. Rubin et al., *Science* 287(2000): 2204~2215; K. S. Makarova and E. V. Koonin, *Genome Biology* 4(2003): p. 115; and O. Jaillon et al., *Nature* 431 (2004): pp. 946~957에서 가져왔다.

모든 도메인이 공유하는 '불멸의' 핵심 단백질들에 대해서는 E. V. Koonin, *Nature Review Microbiology* 1(2003): pp. 127~136에 논의되어 있다. 모든 도메인이 공유하는 핵심 단백질이 약 500개라는 것은 2004년 11월 2일에 E. V. 쿠닌에게 개인적으로 들은 이야기다.

진핵생물이 고세균과 박테리아 '부모'에게서 진화했다는 사실은 M. C. Rivera and J. A. Lake, *Nature* 431(2004): pp. 152~155에 자세히 나와 있고, W. Martin and T. M. Embley, *Nature* 431(2004); 134~136; and A. B. Simonson et al., *Proceedings of the National Academy of Science, USA* 102(2005): pp. 6608~6613에도 잘 나와 있다.

신장인자 1-α의 염기서열은 공공 데이터베이스 진뱅크GenBank에서 가져왔다. 진핵생물과 고세균에 있는 신장인자 1-α의 서명 서열은 M. C. Rivera and J. A. Lake, *Science* 257(1992): pp. 74~76에서 보고했다.

4장

영장류에서 색각의 구실이 무엇인지는 B. C. Regan et al., *Proceedings of the Royal Society of London B. Biological Science* 356(2001): pp. 229~283에 잘 정리되어 있다. 콜로부스원숭이, 침팬지, 고함원숭이의 먹이 취향은 N. J. Dominy and P. W. Lucas, *Nature* 410(2001): pp. 363~366 and P. W. Lucas et al. *Evolution* 54(2003): pp. 2636~2643에 잘 설명되어 있다. 침팬지가 좋아하는 과실에 대한 이야기는 2005년 6월 14일에 N. J. 도미니에게 개인적으로 들은 것이다.

동물의 관점에서 색각을 보는 것이 중요하다는 것은 R. Dalton, *Nature* 428(2004): pp. 596~597에 나오는 이야기이다. 빛의 구성과 색각 메커니즘에 대한 기본정보는 각종 물리학과 생물학 개론서들뿐 아니라 인터넷에서 구할 수 있는 강의 자료에서 찾아볼 수 있다. 예를 들면, N. A. Campbell and J. B. Reece, *Biology*, 7th ed.(San Francisco: Benjamin Cummings, 2004)가 있다. 인간의 색각이 어떻게 진화했으며 그 생리 메커니즘이 어떠한지를 밝힌 연구는 J. Nathans, *Neuron* 24(1999): pp. 299~312이다. 짧은꼬리원숭이의 색맹 분포는 A. Onishi et al., *Nature* 402(1999): pp. 139~140에 보고되어 있다.

SINE를 이용해 호미니드의 진화적 계통수를 해결한 것은 A. −H. Salem et al., *Proceedings of the National Academy of Sciences. USA* 100(2003): pp. 12787~12791이다.

진화에서 유전자 중복이 어떤 역할을 하는지를 알려주는 가장 좋은 참고문헌은 S. Ohno, *Evolution by Gene Duplication*(Berlin and New York: SpringerVerlag, 1970)이다. 최근의 문헌으로는 M. Lynch and V. Katju, *Trends in Genetics* 20(2004): pp. 544~549; J. A. Cotton and R. D. M. Page, *Proceedings of the Royal Society B* 272(2005): pp. 277~283; and M. Lynch and J. S. Conery, *Science* 290 (2000): pp. 1151~1155가 있다.

척추동물의 색각을 다룬 문헌은 대단히 많다. 옵신의 분자적 진화에 대한 개관은 S. Yokoyama, *Gene* 300(2002): pp. 69~78을 보면 된다. 이 장에서 참고한 다른 참고문헌으로는 S. Yokoyama and F. B. Radlwimmer, *Genetics* 158 (2001): pp. 1697~1710; J. I. Fasick and P. R. Robinson, *Visual Neuroscience* 17(2000): pp. 781~788; J. I. Fasick and P. R. Robinson, *Biochemistry*

37(1998): pp. 433~438; S. Yokoyama and N. Takenaka, *Molecular Biology and Evolution* 21(2004): pp. 2071~2078; and A. J. Hope et al., *Proceedings of Biological Science* 22(1997): pp. 155~163이 있다. 소를 포함한 유제류(발굽동물)와 고래목의 유연관계를 해결한 것은 M. Nikaido, A. P. Rooney, and N. Okada, *Proceedings of the National Academy of Sciences, USA* 96(1999): pp. 10261~10266; and M. Nikaido et al., *Proceedings of the National Academy of Sciences, USA* 98(2001): pp. 7384~7389이다.

자외선 시각을 위한 옵신의 조정은 Y. Shi and S. Yokoyama, *Proceedings of the National Academy of Sciences, USA* 100(2003): pp. 8308~8313; S. Yokoyama, F. B. Radlwimmer, and N. S. Blow, *Proceedings of the National Academy of Sciences, USA* 97(2000): pp. 7366~7371; Y. Shi, F. B. Radlwimmer, and S. Yokoyama, *Proceedings of the National Academy of Science, USA* 98(2001): pp. 11731~11736; and A. Üdeen and O. Hastad, *Molecular Biology and Evolution* 20(2003): pp. 855~861에 잘 설명되어 있다.

여러 조류에서 자외선 빛의 기능을 입증한 논문들은 다음과 같다. 금화조는 A. T. D. Bennett et al., *Nature* 380(1996): pp. 433~435, 찌르레기는 A. T. D. Bennett et al., *Proceedings of the National Academy of Sciences, USA* 94(1997): pp. 8618~8621, 푸른박새는 S. Hunt et al., *Proceedings of the Royal Society of London B. Biological Science* 265(1998): pp. 451~455, 사랑앵무는 S. M. Pearn et al., *Proceedings of the Royal Society of London B Biological Science* 268(2000): pp. 2273~2279, 새끼 새들은 V. Jaurdie et al., *Nature* 431(2004): 262~263, 조류 일반은 R. Dalton, *Nature* 428(2004): pp. 596~597이다. 새들의 자외선을 반사하는 깃털에 대해서는 F. Hausmann et al., *Proceedings of the Royal Society of London B Biological Sciences* 270(2003): pp. 61~67에, 풍금조에 속하는 종들의 경우는 R. Bleiweiss, *Proceedings of the National Academy of Sciences, USA* 101(2004): pp. 16561~16564에 잘 설명되어 있다. 황조롱이류의 자외선 시각이 어떤 역할을 하는지는 J. Vlitala et al., *Nature* 373(1995): pp. 425~427에, 박쥐의 경우는 Y. Winter, J. Lopez, and O. van Helverson, *Nature* 425(2003): pp. 612~614에 설명되어 있다.

콜로부스원숭이에서 췌장 리보뉴클레아제 유전자의 진화는 J. Zhang,

Nature Genetics, in press에 설명되어 있다.

5장

실러캔스의 발견과 실러캔스의 생물학적 특성에 대한 연구 현황은 K. S. Thomson, *Living Fossil: The Story of the Coelacanth*(New York: W. W. Norton, 1991); and S. Weinberg, A *Fish Caught in Time: The Search for the Coelacanth*(New York: HarperCollins, 2000)에 잘 설명되어 있다.

실러캔스 SWS 옵신의 화석화는 S. Yokoyama et al., *Proceedings of the National Academy of Sciences, USA* 96(1999): pp. 6279~6284에 설명되어 있다. 병코돌고래 SWS 옵신 유전자의 화석화는 J. I. Fasick et al., *Visual Neuroscience* 15(1998): pp. 643~651에, 그 밖의 다양한 돌고래와 고래의 경우는 D. H. Levenson and A. Dizon, *Proceedings of the Royal Society of London B. Biological Science* 270(2003): pp. 673~679에 설명되어 있다.

올빼미원숭이와 갈라고원숭이의 SWS 옵신 유전자의 화석화는 G. H. Jacobs, M. Neitz, and J. Neitz, *Proceedings of the Royal Society of London B Biological Science* 263(1996): pp. 705~710에, 늘보원숭이 SWS 옵신 유전자의 화석화는 S. Kawamura and N. Kubotera, *Journal of Molecular Evolution* 58 (2004): pp. 314~321에, 장님쥐 SWS 옵신 유전자 화석화는 Z. K. David-Gray et al., *European Journal of Neuroscience* 16(2002): pp. 1186~1194에 설명되어 있다.

쥐의 방대한 후각 수용체 유전자들에 대한 설명은 X. Zhang et al., *Genomics* 83(2004): pp. 802~811에 나와 있다. 인간의 후각 수용체 유전자의 화석화에 대해서는 Y. Nimura and M. Nei, *Proceedings of the National Academy of Sciences, USA* 100(2003): pp. 12235~12240; B. Malnic, P. A. Godfrey, and L. R. Buck, *Proceedings of the National Academy of Sciences, USA* 101(2004); pp. 2584~2589; and Y. Gilad et al., *Public Library of Science Biology* 2(2004): pp. 120~125에 자세히 나와 있다. 페로몬 경로의 화석화에 대해서는 E. R. Liman and H. Inan, *Proceedings of the National Academy of Sciences, USA* 100(2003): pp. 3328~3332에 나와 있다.

효모의 갈락토오스 경로 유전자 화석화에 대해서는 C. T. Hittinger, A. Rokas, and S. B. Carroll, *Proceedings of the National Academy of Sciences, USA,* 101(2004): pp. 14144~14149에, 나균 유전자의 대량 소멸에 대해서는 S. T. Cole et al., *Nature* 409(2001): pp. 1007~1011에 잘 나와 있다.

나팔꽃의 꽃 색깔 유전자들의 퇴화는 R. A. Zufall and M. D. Rausher, *Nature* 428(2004): pp. 847~850이 입증했다. 인간의 MYH16 유전자 퇴화는 H. Stedman et al., *Nature* 428(2004)이 보고했으며, G. H. Perry, B. C. Verrelli, and A. C. Stone, *Molecular Biology and Evolution* 22(2004): pp. 379~382가 더욱 심도 깊이 분석했다.

6장

고함원숭이가 완전한 삼원색 시각을 갖추고 있음이 발견된 일은 G. H. Jacobs et al., *Nature* 382(1996): pp. 156~158에 나와 있다. 고함원숭이가 진화하면서 옵신 유전자에 중복이 일어난 일은 D. M. Hunt et al., *Vision Research* 38(1998): pp. 3299~3306; and K. S. Dulai et al., *Genome Research* 9(1999): pp. 629~638에 설명되어 있다. 영장류의 색각 진화사에 대한 개관으로는 D. M. Hunt, *Biologist* 48(2001): pp. 67~71을 보라. 후각 수용체 유전자 소실과 색각 유전자 획득의 연관성은 Y. Gilad et al., *Public Library of Science Biology* 2(2004): pp. 120~125에 설명되어 있다.

새김질동물의 리보뉴클레아제 유전자의 진화는 J. Zhang, *Molecular Biology and Evolution* 20(2003): pp. 1310~1317에, 콜로부스아과에서 리보뉴클레아제가 반복하여 진화한 사실은 J. Zhang, Y. Zhang, and H. F. Rosenberg, *Nature Genetics* 30(2002): pp. 411~415; and J. Zhang(TBA)에 설명되어 있다. 효모에서 갈락토오스 경로 유전자의 반복된 소실은 C. T. Hittinger, A. Rokas, and S. B. Carroll, *Proceedings of the National Academy of Science, USA* 101(2004): pp. 14144~14149에 보고되어 있다.

멕시코의 눈먼 동굴 어류에서 똑같은 체색 유전자가 반복되어 불활성화된 사건은 M. E. Protas et al., *Nature Genetics*(2005): p. 38, pp. 107~111이 밝혀냈다. MC1R 유전자 돌연변이를 통해 척추동물의 검은색 형태가 반복 진화한 사실은 M. E. N. Majerus and N. I. Mundy, *Trends in Genetics* 19(2003): pp. 585~588에 정리되어 있고, 이 사실들을 처음 보고한 것은 N. I. Mundy et al., *Science* 303(2004): pp. 1870~1873; S. M. Doucet et al., *Proceedings of the Royal Society of London B Biological Science* 271(2004): pp. 1663~1670; E. B. Rosenblum, H. E. Hoekstra, and M. W. Nachman, *Evolution* 58(2004): pp. 1794~1808; N. I. Mundy and J. Kelly, *American Journal of Physical Anthropology* 121(2003): pp. 67~80; E. Eizirik et al, *Current Biology* 12(2003): pp. 448~453; K. Ritland et al., *Current Biology* 13(2001): pp. 1468~1472; M. W. Nachman et al., *Proceedings of the National Academy of Sciences, USA* 100(2003): pp. 5268~5273; and E. Theron et al., *Current Biology* 11(2001: pp. 550~557이다.

남극과 북극 어류에서 결빙방지 단백질이 독립적으로 진화한 사실에 대해서는 L. Chen, A. L. DeVries, and C. −H. C. Cheng, *Proceedings of the National Academy of Sciences, USA* 94(1997): pp. 3817~3822에 설명되어 있다.

칼륨 채널을 막는 독 단백질들의 상이한 구조들은 S. Gasparini, B. Gilquin, and A. Menez, *Toxicon* 43(2004): pp. 901~908; M. Dauplous et al., *The Journal of Biological Chemistry* 272(1997): pp. 4302~4309; S. Gasparini et al., *The Journal of Biological Chemistry* 273(1998); pp. 25393~25403; and K. −J. Shon, *The Journal of Biological Chemistry* 273(1998): pp. 33~38이 보고했다.

조류 SWS 옵신의 유전자 서열들은 유전자은행 진뱅크GenBank에서 가져왔다. 조류 개체군 크기의 어림값은 국립 오두본협회National Audubon Society의 "조류 현황 2004"("State of the Birds 2004"), *Audubon*, September−October 2004에서 가져왔다.

내가 언급한 자크 모노의 책은 『우연과 필연 *Chance and Necessity*』(New York: Vintage, 1997)이다. 진화가 반복되는 일반적인 현상을 분자적·해부적 수준에서 자세히 검토한 책으로는 S. 콘웨이 모리스의 *Life's Solution: Inevitable Humans in a Lonely Universe*(Cambridge: Cambridge University Press, 2003)이 있다.

7장

영원을 삼켰다가 죽은 오리곤 남자의 사례는 S. G. Bradley and L. J. Klika, *Journal of the American Medical Association* 246(1981): p. 247에 자세히 나와 있다. 영원과 가터뱀의 군비경쟁은 S. Geffeney et al., *Science* 297(2002): pp. 1336~1339; and B. L. Williams et al., *Herpetologica* 59(2003): pp. 155~163에 설명되어 있다.

W. C. 웰스의 삶에 대한 이야기는 W. H. G. Armytage, *British Medical Journal* 6(1957): p. 1302에서 가져왔다. 인간의 피부색, 지리학, 자연선택 관련 이론들을 검토한 두 개의 리뷰논문은 J. Diamond, *Nature* 435(2005): pp. 283~284; and N. G. Jablonski, *Annual Review of Anthropology* 33(2004): pp. 585~623이다. 인간 MC1R 유전자의 유전적 변이, 피부색의 다양성과 자연선택과의 관련성에 대해서는 B. K. Rana et al., *Genetics* 151(1999): pp. 1547~1557; R. M. Harding et al., *American Journal of Human Genetics* 66(2000): pp. 1351~1361; L. Naysmith, *Journal of Investigative Dermatology* 122(2004): pp. 423~428; E. Healy et al., *Human Molecular Genetics* 10(2001): pp. 2397~2402; and A. R. Rogers et al., *Current Anthropology* 45(2004): pp. 105~107에 잘 보고되어 있다.

겸상적혈구빈혈증과 말라리아의 관계에 대한 앤서니 앨리슨의 탐구를 1인칭 시점으로 접할 수 있는 것은 A. C. Allison, *Genetics* 166(2004): 1391~1399; and A. C. Allison, *Biochemistry and Molecular Biology Education* 30(2002): pp. 279~287이다. 최초의 논문들은 A. C. Allison et al., *Anthropological Institute* 82(1952): pp. 55~60; A. C. Allison, *British Medical Journal* 1(1954): pp. 290~294; and A. C. Allison, *Transactions of the Royal Society for Tropical Medicined and Hygiene* 48(1954): pp. 312~318이다. J. B. S. 홀데인은 탈라세미아(지중해빈혈증)가 말라리아와 관련이 있다는 가설을 *Proceedings International Congress on Genetics and Heredity* 35(1949): pp. 267~273(supplement)에서 제기했다. 아프리카와 아시아에서 겸상적혈구 돌연변이가 제각기 여러 차례 발생한 사실에 대해서는 D. Labie et al., *Human Biology* 61(1989): pp. 479~491; J. Pagnier et al., *Proceedings of the National Academy of Sciences, USA* 81(1984):

pp. 1771~1773; A. E. Kulozik et al., *American Journal of Human Genetics* 39(1986): pp. 239~244; and C. Lapouméroulie et al., *Human Genetics* 89(1992): pp. 333~337에 보고되어 있다.

말라리아와 인간의 역사에 대한 개관은 R. Carter and K. N. Mendis, *Clinical Microbiology Review* 15(2002): pp. 564~594를 보라. 말라리아 저항성과 G6PD 돌연변이의 관계에 대해서는 L. Luzzotoo and R. Notaro, *Science* 294(2001): pp. 442~443과, S. A. Tishkoff et al., *Science* 293(2001): pp. 455~462에 잘 나와 있다. 서아프리카인들의 삼일열원충에 대한 저항성에 대해서는 L. H. Miller et al., *The New England Journal of Medicine* 295(1976): pp. 302~304에 잘 설명되어 있다. 말라리아라는 병과 그 치료에 대한 대강의 개요는 질병관리예방센터 웹사이트 www.cdc.gov/malaria/history/에서 찾을 수 있다. 열대열원충의 최근 기원은 S. K. Volkman et al., *Science* 293(2001): pp. 482~484에 보고되어 있다.

병원체 저항성에 대한 낭포성 섬유증 돌연변이의 역할은 G. B. Pier, M. Grant, and T. S. Zaidi, *Proceedings of the National Academy of Sciences, USA* 94(1997): pp. 12088~12093; and G. B. Pier et al., *Nature* 393(1998): pp. 79~82가 제기했다. HIV 저항성에 대한 CCR5 수용체의 역할은 E. de Silva and M. P. Stumpf, *FEMS Microbiology Letters* 241(2004): pp. 1~12가 제기했다.

비용 면에서 효과적인 말라리아 약제와 말라리아 통제전략을 찾는 문제는 S. Sternberg가 *USA Today*, April 28, 2004에서 설명했다.

암 진행에서 돌연변이와 선택의 역할, 그리고 그것이 진화 과정과 어떤 관련이 있는지는 F. Michor, Y. Iwasa, and M. A. Nowak, *Nature Review Cancer* 4(2004): pp. 197~206에 설명되어 있다. 만성골수성백혈병의 글리벡에 대한 저항성은 M. E. Gorre et al., *Science* 293(2001): pp. 876~880; and C. Rouche-Lestienne and C. Prudhomme, *Seminars in Hematology* 40(2003): pp. 80~82(supplement)가 보고했다. 글리벡 저항성을 극복하는 전략은 N. P. Shah et al., *Science* 305(2004): pp. 399~401에 보고됐다.

8장

다윈이 구상한 산호초 형성 이론은 *The Structure and Distribution of Coral Reefs*(1842)에서 찾아볼 수 있다. 산호초 형성 이론을 둘러싼 논란을 심도 깊이 다룬 것은 D. Dobbs, *Reef Madness: Charles Darwin, Alexander Agassiz, and the Meaning of Coral*(New York: Pantheon, 2005)이다. 나는 대보초의 지질학과 생물학에 대한 정보를 오스트레일리아 퀸즐랜드의 레이디 엘리엇 섬에 대한 자료와 전시물에서 얻었다.

눈의 진화에 대한 E. 마이어와 L. V. 살비니-플라웬의 조사는 *Evolutionary Biology* 10(1997): pp. 207~263에 나와 있다. 아이리스 유전자와 척추동물에서 이에 상응하는 유전자 사이에 유사성이 있다는 사실은 R. Quiring, et al., *Science* 265(1994): pp. 785~789에 설명되어 있다. 팍스-6 유전자의 눈 조직 유도 기능에 대해서는 G. Halder, P. Callaerts, and W. J. Gehring, *Science* 267(1995): pp. 1788~1792에 보고되어 있다. 동물계에서 팍스-6 유전자가 어떻게 분포하고 있으며 어떻게 이용되고 있는지는 W. J. Gehring and K. Ikeo, *Trends in Genetics* 15(1999): pp. 371~377에 잘 나와 있다. 갯지렁이의 단순한 눈 발달은 D. Arendt et al., *Development* 129(2002): pp. 1143~1154에 설명되어 있다.

복잡한 눈이 진화하기 위해 필요한 시간을 다룬 논문은 D. E. Nilsson and S. Pelger, *Proceedings of the Royal Society of London B Biological Science* 256(1994): pp. 53~58이다. 눈의 유형, 광학, 진화에 대한 광범위한 논의로는 R. Dawkins in *Climbing Mount Improbable*(New York: W. W. Norton, 1996)가 있다. 또한 R. Fernald, *Current Opinion in Neurobiology* 10(2000): pp. 444~450; and R. Fernald, *International Journal of Development Biology* 48(2004): pp. 701~705도 보라.

서로 다른 유형의 광수용기 세포들의 기원을 탐구한 논문은 D. Arendt, *International Journal of Developmental Biology* 47(2003): pp. 563~571이며, 그 해결을 보고한 논문은 *Science* 306(2004): pp. 869~871이다.

동물들이 몸을 만드는 도구상자 유전자들을 널리 공유하고 있다는 사실은 내 저서 『이보디보, 생명의 블랙박스를 열다』에 자세히 설명되어 있다(New York: W. W. Norton, 2005). 형태의 진화와 생리기능의 진화 사이의 뚜렷한 차이와 서로 다른 유전 메커니즘을 중점적으로 다룬 논문은 S. B. Carroll, *Public Library of Science Biology* 3(2005): pp. 1159~1166이다.

큰가시고기에서 배지느러미 가시의 길이가 다르게 진화한 것과 Pix1 유전자의 역할은 M. D. Shapiro et al., *Nature* 428(2004): pp. 717~723에 설명되어 있다. 초파리 날개에 있는 점의 진화에 대해서는 N. Gompel et al., *Nature* 433(2005): pp. 481~487; and B. Prud'homme et al., *Nature*, in press에 나와 있다.

다윈이 '고안물contrivance'이라는 용어를 선택한 의미를 분석한 논문은 R. Moore, *BioScience* 47(1997): pp. 107~114; and by S. J. Gould, *The Structure of Evolutionary Theory*(Cambridge, Mass: Belknap Press, 2002)이다.

9장

산욕열의 역사와 루이 파스퇴르의 기여에 대한 이야기는 M. D. Reynolds, *How Pasteur Changed History: The Story of Louis Pasteur and the Pasteur Institute*(Bradenton, Fla.: McGuinn and McGuire, 1994); C. M. De Costa, *Medical Journal of Australia* 177(2002): pp. 668~671; P. Gallon "Déconverte de L' antisepsie et de l'asepsie chirurgicale," www.char-fr.net/docs/textes/antisepsie.html (accessed 10/19/03): and C. L. Case, "Handwashing," National Health Museum, www.accessexcellence.org/AE/AEC/CC/hand_background.html을 바탕으로 했다.

리처드 파넥의 멋진 책은 *Seeing and Believing: How the Telescope Opened Our Eyes and Minds to the Heavens*(New York: Penguin, 1998)이다. 갈릴레오의 재판에 대한 자료는 아주 많다. 예를 들면, *The Trial of Galileo* by D. Linden (2002) at www.law.umkc.edu/faculty/projects/ftrials/galileo가 있다.

V. N. 소이페르가 쓴 리센코 시대 이야기는 *Lysenko and the Tragedy of Soviet Science* translated by L. Gruliow and R. Gruliow(New Brunswick, N. J.: Rutgers University Press, 1994)이다. 또한 Z. A. 메드베데프의 *The Rise and Fall of T. D. Lysenko*(New York: Columbia University Press, 1969)과, H. F. 주드슨의 *The Eighth Day of Creation: The Makers of the Revolution in Biology*(New York: Simon and Schuster, 1979)도 참조했다. 메드베데프가 마셜 니렌버그에게 쓴 편지의 출처는 *The Marshall W. Nirenberg Paper*, available online as part of the Profiles in Science collection at the National Library of Medicine (http:// profiles.nlm.nih.gov)이다. N. 바빌로프의 간략한 프로필은 J. F. Crow, *Genetics* 134(1993): pp. 1~4을 보라. 리센코가 소련 농업에 미친 영향을 더 자세히 논의한 책은 R. W. Wheatcraft and S. G. Davies, *The Years of Hunger: Soviet Agriculture, 1931-1933*(New York: Palgrave Macmillan, 2004)이며, 리센코가 중국 농업의 실패에 미친 영향을 다룬 책은 J. Beckers, *Hungry Ghosts: Mao's Secret Famine* (New York: Henry Holt, 1996)이다.

카이로프랙틱 치료사들이 백신을 반대한 역사를 다룬 문헌은 S. Homola, *Bonesetting, Chiropractic, and Cultism*(1963에 출판된 책으로 www.chirobase.org 에서 구할 수 있다)과, J. B. Campbell, J. W. Busse, and H. S. Injeyan, *Pediatrics* 105(2000): pp. 43~50이 있다. 캐나다 카이로프랙틱 학생들의 백신에 대한 태도 조사는 J. W. Busse et al., *Canadian Medical Association Journal* 166(2002): pp. 1531~1534에 보고되어 있다. 또한 J. W. Busse et al., *Journal of Manipulative and Physiological Therapeutics* 28(2005): pp. 367~373과 S. M. Barrett, *Chiropractors and Immunization*, 그리고 www.chirobase.org에 인용된 참고문 헌들도 참조하라.

진화에 대한 부인을 다룬 최근의 책 세 권은 E. C. Scott, *Evolution vs. Creationism: An Introduction*(Westport, Conn.: Greenwood Press, 2004), M. Pigliucci, *Denying Evolution: Creationism, Scientism, and the Nature of Science* (Sunderland, Mass.; Sinauer Associates, 2002), M. Ruse, *The Evolution-Creation Struggle*(Cambridge, Mass.: Harvard University Press)이다.

진화에 대한 사회적 태도, 다양한 종파의 입장, 진화에 적대적인 개인과 조 직이 한 말들 같은 풍부한 자료를 구할 수 있는 곳은 National Center for Science Education(NCSE) Web site www.ncseweb.org이다. 만일 공립학교에서 진화를 가르치는 문제에 관심 있는 분이라면, NCSE를 적극 지원하시라.

본문에 인용된 말들은 NCSE 문서인 "Setting the Record Straight: A Response to Creationist Misinformation About the PBS Series *Evolution*"에서 가 져왔다. 이 문서는 K. Cumming의 "A Review of the PBS Video Series *Evolution*" (Santee, Calif.: Institute for Creation Research, 2004)을 포함한 다양한 비판들 에 대한 대답이다.

진화과학에 대한 창조론자들의 비판과 창조론자들의 오류를 잘 보여주는 예로는 H. M. Morris, *Science and the Bible*(Chicago: Moody Press, 1986); H. M. Morris, "The Scientific Case Against Evolution," *Impact* no. 330(2000). and P. Fernandes, "The Scientific Case Against Evolution" (Ph. D. thesis, Institute of Biblical Defense, 1997)이 있다.

켄 햄에 대해서는 "The 'Missing' Link to School Violence," *Creation Magazine*, April 29, 1999를 보라. 교황의 발언에 대한 칼 토머스의 논평은 the Los Angeles Times Syndicate on October 30, 1996에 실려 있다. 제리 버그먼이 히틀러 운운한 문헌은 *Creation ex Nihilo Journal* 13(1999): pp. 101~111이다.

진화가 정치적 명분에 저당 잡힌 현실을 논의한 스티븐 존스의 책은 *Darwin's Ghost: The Origin of Species Updated*(New York: Random House, 1999)이다. 콥 카운티의 교과서 스티커 사건은 *J. M. Selman et al. v. Cobb County School District and Cobb County Board of Education*이며, 판결은 2005년 1월 13일에 조지아 주 애틀랜타 북부지역 연방법원 판사 클러랜스 쿠퍼가 내렸다.

해리스 신부의 "오늘의 생각Thought for the Day" 방송은 2002년 3월 15일에 방영되었고, 내용은 www.oxford.anglican.org에서 찾아볼 수 있다. 창조론자들의 발언에 대한 또 다른 대답과, 과학에서 이론과 사실의 구분에 대해서는 J. Rennie, *Scientific American* 287(2002): pp. 78~85를 보라.

지적 설계에 대한 마이클 비히의 책은 『다윈의 블랙박스*Darwin's Black Box: The Biochemical Challenge to Evolution*』(New York: Free Press, 1996)이다. 켄 밀러의 비판은 *Creation/ Evolution* 16(1996): pp. 36~40에 나온다. 또한 K. R. Miller, "The Flagellum Unspun: The Collapse of Irreducible Complexity," in *Debating Design: From Darwin to DNA*, ed. M. Ruse and W. Dembski (Cambridge: Cambridge University Press, 2004): pp. 81~97; and H. A. Orr, "Devolution," *The New Yorker*, May 30, 2005도 참조하라.

내가 논의한 글로빈 유전자의 역사는 G. Di Prisco et al., *Gene* 295(2002): pp. 185~191; R. C. Hardison, *Proceedings of the National Academy of Sciences, USA* 98(2001): pp. 1327~1329; N. Gillesmans et al., *Blood* 101(2003): pp. 2842~2849; and R. Hardison, *Journal of Experimental Biology* 201(1998): pp.

1099~1117을 바탕으로 했다.

존스 판사의 판결의 출처는 *T. Kitzmiller et al. v. Dover Area School District et al.*, case 04CV2688, United States District Court for the Middle District of Pennsylvania이다. 위스콘신과 다른 주의 성직자들이 서명한 편지 내용은 www.uwash.edu/colleges/cols/religion_science-collaboration.htm에서 볼 수 있다.

10장

대륙횡단 철도 건설의 역사와 미국 서부의 웅장한 풍경은 H. T. Williams, *The Pacific Tourist: Williams Illustrated Guided to Pacific RR, California and Pleasure Resorts Across the Continent*(New York: Henry T. Williams, 1876)에 잘 나와 있다. '석회화된 물고기 단면'의 발견과 뷰트화석군의 지질학에 대한 설명은 P. O. McGrew and M. Casiliano, *The Geologic History of Fossil Butte National Monument and Fossil Basin*, National Park Service Occasional Paper 3에 나온다. 뷰트화석국립천연기념물에 대한 더 많은 정보는 www.nps.gov/fobu 에서 찾아볼 수 있으며, 화석 캐기 여행에 대해서는 Ulrich's Fossil Gallery, Fossil Station #308, Kemmerer, Wyoming, 83101(www.ulrichsfossilgallery.com)을 보라.

큰 사냥감을 노리는 큰뿔양 사냥의 진화적 결과에 대해서는 D. W. Coltman et al., *Nature* 426(2003): pp. 655~658에 설명되어 있다.

해양 탐험과 무역에서 대구가 맡은 중요성은 M. Kurlansky, *Cod: A Biography of the Fish That Changed the World*(New York: Walker, 1997)에 잘 나와 있다. 북대서양 대구 어장의 붕괴에 대해서는 E. Brubaker, in *Political Environmentalism*, ed. T. Anderson(Stanford, Calif.: Hoover Institution Press, 2000): pp. 161~210을 보라. 남획이 대구 진화에 끼친 영향은 E. M. Olsen et al., *Nature* 428(2004): pp. 932~935; and J. A. Hutchings, *Nature* 428(2004): pp. 899~900에 잘 나와 있다. 대구 어장 붕괴가 어부들에게 미친 영향은 T. Bartelme, in *The Post and Carrier*(Charleston, South Carolina) of June 23, 1996에 나와 있다. 크기 선택에 대한 반응으로 어류에 일어나는 비적응적인 변화는 M. R. Walsh et al., *Ecology Letters*(2006): pp. 142~148에 설명되어 있다.

큰 물고기가 전반적으로 감소한 현상은 R. A. Myers and B. Worm, *Nature* 423(2003): pp. 280~283; and R. A. Myers and B. Worm, *Proceedings of the Royal Society of London B Biological Science* 360(2005): pp. 13~20이 다루었다. 인용은 마이어스와 웜과의 인터뷰에서 가져왔으며, 출처는 *National Geographic News*, May 15, 2003이다.

적갈색큰홍어의 멸종위기 상태를 보고한 논문은 J. M. Casey and R. A. Myers, *Science* 281(1998): pp. 690~692이다. 상어 개체군의 감소를 분석한 논문은 J. K. Bauer et al., *Science* 299(2003): pp. 389~392이다.

남획이 해양 생태계의 붕괴에 미친 영향은 J. B. C. Jackson et al., *Science* 293(2001): pp. 629~638에 자세히 나와 있다. 산호초의 전 세계적인 감소를 분석한 논문은 J. H. Pandolfi et al., *Science* 301(2003): pp. 955~958이다.

체서피크 만의 안타까운 상황을 자세히 다룬 문헌은 *2004 State of the Bay Report* (Annapolis, Md.: Chesapeake Bay Foundation, 2004)이다. 기후 변화에 대한 개관으로는 C. Parmesan and H. Galbraith, "Observed Impacts of Global Climate Change in the U. S." (Pew Center on Global Climate Change, November 2004)를 보라. 기후 변화가 일부 해양 어장들의 분포에 끼친 영향을 보고한 논문은 A. L. Perry et al., *Science* 308(2005): pp. 1912~1915이다. 지속가능한 어장의 관리에서 선택의 역할을 밝힌 논문은 D. O. Conover and S. B. Munch, *Science* 297(2002): pp. 94~96이다.

상업적인 고래잡이가 시작되기 이전의 고래 개체수를 계산한 논문은 J. Roman and S. Palumbi, *Science* 301(2003): pp. 508~510이다. 고래잡이의 역사에 대한 자료는 International Whaling Commission의 간행물과, Antarctic History의 온라인 자료(www.antarcticonline.com)를 바탕으로 했다. 남극반도 주변의 크릴 개체군의 감소는 A. Atkinson et al., *Nature* 432(2004): pp. 100~103에 설명되어 있다. 남극의 기온과 수온 변화와 해빙에 대한 논의는 Lloyd Peck of the British Antarctic survey in The *Guardian/UK*(September 10, 2002)에 나와 있다. 얼음물고기 어장의 급속한 감소는 "Review of the State of the World Fishery Resources: Marine Fisheries," FAO Fisheries Circular No. 920(Rome: Marine Resource Service, Fishery Resource Division, Fisheries Department, Food and Agriculture Organization, 1997)에 나와 있다.

열두 살이나 열세 살쯤 되었을 무렵 삼촌(덕 삼촌)이 내게 커서 뭐가 되고 싶으냐고 물으셨다. 나는 불쑥 이렇게 말했다. "생물학자요!" 덕 삼촌은 유난히 긴 이마를 찡그리시며 대뜸 이러셨다. "그러면 돈을 못 벌어."

다행히 내 부모님은 세속적인 문제에 개의치 않으시며 네 자녀가 원하는 길을 가도록 밀어주셨고, 우리는 원하는 길을 갔다. 이후 나는 수많은 행복한 사람들 뒤에는 부모의 지원이 있었다는 사실을 알게 되었다. 내가 뱀, 영원, 도롱뇽, 도마뱀을 집 안에 들여놓아도, 이들의 징그러운 먹이들을 냉장고 안에 넣어놓아도 싫은 소리 한 번 하지 않으신 아버지와 어머니께 감사드린다.

내 특이한 관심사를 참아내야 하는 일은 이제 내가 꾸린 가족에게 넘어왔다. 가족의 지지, 격려, 사랑, 유머 감각이 없다면 나의 일은 불가능하며 의미도 없다. 내 아내 제이미는 부산한 남편을 참아내는 것 이상의 일을 해주었다. 아내는 이 책의 도판을 디자인하고 선택했으며, 문장을 읽을 만한 것으로 만들어주었다. 아들 월과 패트릭은 나와 함께(또는 나를 부추겨) 옐로스톤 국립공원과 뷰트화석국립천연기념물처럼 이 책에 언급된 멋진 장소에 가주었다. 코스타리카에 갔을 때 양아들 크리스가 고함원숭이의 소리를 따라내는 것을 듣고 6장의 영감을 얻었다.

또한 언제나 물심양면으로 나를 돕는 형제들에게도 고마움을 전한다. 피터와 짐은 몇 개의 장을 구상하는 데 도움을 주었고, 누이 낸시는 진화생물학 선구자들의 역사와 생각에 대해 나와 십 년 넘게 토론을 계속하고 있다.

위스콘신-메디슨 대학 동료들의 창의적이고 중요한 기여에 감사를 표한다. 리앤 올즈는 그림과 표들을 그려주고 이미 있는 그림을 내 의도에 맞게 고쳐주었다. 제임스 F. 크로우 교수, 안토니스 로카스 박사, 벵자멩 프뤼동, 스티프 패독, 크리스 히팅어는 초고 전체를 읽고 꼼꼼한 비판과 제안을 해주었다.

이 책에 기술된 발견들은 DNA 기록을 해독하는 방법들을 발명하고 수많은 종의 유전자와 게놈을 분석했던 과학자 수천 명의 빛나는 창의력과 고된 노동의 결실이다. 나는 이 책을 위해 도판을 제공해주고 전문지식과 생각을 함께 나누어준 많은 과학자들에게 감사한다. 특히, 마이클 나흐만, 마이클 린치, 클리프 태빈, 유진 쿠닌에게 고마움을 전한다.

나는 또한 20년 넘게 나와 함께 연구하고 일했던 사람들에게 많은 빚을 졌다. 내가 가르쳤던 박사후 연구원들과 학생들에게 나는 가르친 것보다 훨씬 많은 것을 배웠다. 오랜 세월 함께 해온 연구실 식구들의 헌신과 노력은 우리 연구실을 날마다 흥미진진하고 즐거운 장소로 만들어준다. 또한 세계 곳곳에 있는 내 가까운 동료들은 끊임없는 영감과 깨우침을 준다. 나는 하워드 휴즈 의학연구소의 너그러운 지원 덕분에 원하는 연구를 하는 특별한 자유를 누릴 수 있었다.

특별히 내 대리인 루스 갈렌에게 고마움을 표한다. 그는 이 책을 구상하는 과정에서 중요한 안내를 해주었을 뿐 아니라 책을 진행하는 내내 무한한 격려를 해주었다. 또한 대단한 열정을 보여주었고 비판적인 의견을 주었으며 이 책의 중요성에 대한 확신을 실어준 내 편집자 잭 렙첵에게 감사한다.

진화의 확실한 증거를 찾아서

"세계의 역사는 불완전하게 기록되고, 변화무쌍한 방언으로 씌어진다. 이런 역사 가운데서 우리는 겨우 두세 나라만을 다룬 마지막 한 권만을 가지고 있다. 이 한 권도 몇 개의 장만이 보존되었고, 한 페이지 속에서도 드문드문 몇 줄만이 남아 있다."『종의 기원』에서 다윈은 지질기록의 불완전함을 이렇게 표현했다. 다윈은 진화의 원리를 무려 150여 년 전에 밝혀냈지만, 다윈이 가지고 있는 물증은 그 시대의 가치에 매몰된 과학자, 지식인, 대중들을 설득하기에 터무니없이 부족했다. 그 뒤로 층서학이 발달하면서 사정이 좀 나아졌다. "다윈이 말하는 그 책에 설사 빠진 장이 있고 장마다 빠진 쪽이 있다 하더라도, 우리는 이 책을 여러 부 갖고 있고 책마다 빠진 부분도 다 다르기 때문에 남은 쪽들을 서로 포개는 원칙만 있다면 여기저기 흩어진 기록들을 한데 꿰맬 수 있다(『생명 최초의 30억 년, 앤드루 놀)." 물론 비교생물학의 증거들도 보탬이 된다. 오래 전부터 해부학자들은 여

러 종에 공통적으로 나타나는 특징을 비교했고, 발생학자들은 배胚
발생의 유사성을 추적하여 종 사이의 유연관계를 추정한다. 그러나
최근에 진화를 밝혀주는 보다 강력한 수단이 발전을 거듭하고 있다.
바로, DNA 분석이다. 한 마디로 이 책은 이 마지막 수단이 최근에 얼
마나 발전했으며, 그것이 진화의 구체적인 증거―지은이의 말에 따
르면 진화를 입증하는 최종적인 과학수사기록―로서 얼마나 위력적
인지를 보여주는 책이다. DNA라는 이 새로운 텍스트는 지질학 텍스
트를 보완하고 진화 연구의 새로운 가능성을 열어줄 무엇보다 든든
한 참고문헌으로 떠오르고 있다.

이러한 DNA 텍스트의 분석을 통해 '진화가 구체적으로 어떻게
일어나는지(최적자가 어떻게 만들어지는지)'를 보여주는 것이 이 책의
목적이다. 그동안은 주로 생물의 겉모습과 행동을 통해 진화를 추론
하였지만, DNA 자료를 이용하면 유전암호의 어떤 부분에 구체적으
로 어떤 변화가 일어났는지를 선명하게 볼 수 있다. 어떤 유전자들은
모든 생물의 영역에서 보존되고 있으며(불멸의 유전자), 어떤 유전자
는 새로운 요구에 따라 새로 생겨나고, 어떤 유전자는 파괴되어 흔적
만 남았거나 파괴되고 있는 중이다(화석 유전자). 이러한 변화들은 서
로 다른 종에서 마치 서로 의논이라도 한 것처럼 똑같이 일어나기도
한다. 이 모두는 진화의 원재료라는 변이의 실체와, 이 변이에 선택
의 힘이 어떻게, 또 얼마나 효과적으로 작용하고 있는지를 실감나게
보여준다. DNA의 특정 위치에 존재하는 이름표 같은 표지들을 가지
고 동물들 간의 유연관계를 밝혀내는 작업도 새로운 DNA 자료의 힘
을 잘 보여준다(이 표지들은 친자확인이나 범죄수사에 이용된다). 등장하
는 사례들도 무척이나 흥미로운데, 피가 얼 정도로 차가운 물에 사는

얼음물고기가 북극과 남극에서 피가 얼지 않도록 결빙방지 유전자를 제각기 따로 만들어낸 과정, 수많은 종에서 총천연색을 볼 수 있어야 하는지 어두운 빛 또는 자외선을 잘 볼 수 있어야 하는지에 따라 빛 감지 유전자가 제각기 다르게 또 똑같이 변한 과정 등, '필드'와 '실험실'을 넘나드는 예들은 유전자 위주의 과학책에서 뭔가 모를 허전함을 느꼈을 사람에게도, 흘러간 옛이야기의 반복이 슬슬 지루해지고 있던 사람에게도 큰 매력으로 다가올 것이다.

진화가 일어났다는 사실 자체에 의문을 갖지 않는 대부분의 독자들은 진화가 어떻게 일어나는지를 새로운 DNA 증거를 가지고 살펴보는 재미만 해도 쏠쏠하겠지만, 이 책은 두 가지 목적이 더 있다. 이 책은 어떤 면에서 진화를 반대하는 사람에게 내미는 가장 과학적인 반론으로 보인다. 책 말미에 진화를 받아들이지 않는 사람들의 논증과 그 논증이 얼마나 터무니없는지를 소개하고 있기 때문이기도 하지만, 진화를 부인하는 사람들을 의식한 듯 '도저히 진화로는 만들어질 수 없을 것 같은' 눈과 같은 복잡한 기관의 진화를 '도구상자 유전자'라는 열쇠로 풀어내고, 하등한 동물과 인간을 구별하고 싶어 하는 사람들에게 일격을 가하듯 인간의 사례를 꺼내 보인다. 그러나 생물이 대를 이어가는 사이에 변화를 한다는 사실을 유전물질인 DNA에 일어난 변화보다 확실하게 보여주는 것이 또 있을까.

다른 한 목적은 일반인에게 진화이론이 왜 필요하고 중요한지를 알리는 것이다. 특히 세계 곳곳에서 인간이 행하는 사냥과 남획, 생태계 파괴가 진화에 어떤 돌이킬 수 없는 영향을 미치는지를 소개함으로써, 이 책은 지적 호기심만으로도 충분히 재미있는 진화 이야기에 실용적 가치까지 더해진 보기 드문 교양과학서가 되었다. 또한 전

작 『이보디보, 생명의 블랙박스를 열다』에서 새로운 진화발생생물학
(이보디보)의 분야를 대중의 눈높이로 소개했던 쉽고 친절한 글쓰기
는 이 책에서도 여전히 빛을 발한다. 지은이 션 캐롤은 서문에서 이
책을 "멋지고 기억에 남을 만한 만찬"으로 꾸미고 싶다고 했는데, 이
요리를 가장 먼저 먹어본 사람으로서 여러 모로 음미해볼 만한 정말
흡족한 코스요리였다. 그가 다음에는 또 어떤 요리를 내놓을지 사뭇
기대된다.

2008년 9월

김명주

한치의 의심도 없는
진화 이야기

션 B. 캐럴 | 김명주 옮김

초판 1쇄 인쇄일 | 2008년 10월 6일
초판 1쇄 발행일 | 2008년 10월 13일

발행처 | 출판사 지호
발행인 | 장인용
출판등록 | 1995년 1월 4일
등록번호 | 제10-1087호
주소 | 경기도 고양시 일산동구 장항동 751번지 삼성 라끄빌 1319호
이메일 | chihopub@yahoo.co.kr
전화 | 031-903-9350
팩시밀리 | 031-903-9969

편집 | 김희중
마케팅 | 윤규성
본문디자인 | 박애영

종이 | 대림지업
인쇄 | 대원인쇄
제본 | 경문제책

ISBN 978-89-5909-044-0